相依样本下若干模型的统计推断

李永明　李乃医　著

科学出版社

北京

内 容 简 介

本书主要讲述混合、正负相协、拓广负相依、宽相依和负超可加相依等相依结构下的不等式研究,特别是非参数和半参数模型的统计理论和方法. 如若干相依序列的定义和不等式、密度函数和分布函数估计的相合性与渐近正态性、非参数回归函数小波估计的强相合和 Berry-Esseen 界、半参数回归模型小波估计的弱收敛速度和 Berry-Esseen 界、生存模型中几类函数估计的强逼近及收敛速度、风险度量 VaR 和 CVaR 估计的渐近性质等. 本书的大部分内容都是作者及合作者的研究成果.

本书可作为高等院校数学和统计学及相关专业高年级本科生、研究生的课外阅读资料,也可供其他专业科研人员和应用工作者参考.

图书在版编目(CIP)数据

相依样本下若干模型的统计推断/李永明,李乃医著. —北京:科学出版社,2022.12

ISBN 978-7-03-073835-6

I. ①相… Ⅱ. ①李… ②李… Ⅲ. ①非参数统计-研究②半参数模型-统计推断-研究 Ⅳ. ①O212.7②O211.3

中国版本图书馆 CIP 数据核字(2022)第 220741 号

责任编辑:李 欣 范培培/责任校对:樊雅琼
责任印制:吴兆东/封面设计:无极书装

科 学 出 版 社 出版
北京东黄城根北街 16 号
邮政编码:100717
http://www.sciencep.com

北京中石油彩色印刷有限责任公司 印刷
科学出版社发行 各地新华书店经销
*
2022 年 12 月第 一 版 开本:720×1000 1/16
2022 年 12 月第一次印刷 印张:16 1/4
字数:328 000
定价:128.00 元
(如有印装质量问题,我社负责调换)

前　言

　　相依数据是统计理论研究中的重要复杂数据类型之一, 在金融保险、生存分析和可靠性等众多领域都有广泛应用. 数据的相依性使得统计建模和推断变得十分困难, 一些传统的方法已不适用, 必须寻找新的有效的统计方法. 因此, 本书旨在将处理相依样本下统计理论和方法呈现给广大读者, 让他们对这一领域有比较系统的了解, 并从中得到一些启发.

　　本书主要介绍混合、正负相协、拓广负相依、宽相依和负超可加相依等相依下非参数和半参数模型的统计理论. 撰写中注重系统介绍相依变量的一些基本概念、理论和方法, 对基本的重要定理给出详细的证明, 能使读者较全面地掌握理论研究技术上的技巧. 在素材选取上, 精心设计, 既考虑深度和广度, 又兼顾内容的系统性和科学性, 能为实际应用者提供相依数据分析的统计方法.

　　全书由六章组成, 主要强调相依样本处理过程中的思想和方法, 选择了较重要的结果和技巧作为素材, 在结构上每个模型安排一章, 拓宽相依样本在统计模型中的应用.

　　第 1 章为预备知识, 分三节. 介绍了若干相依序列的定义, 给出了一些重要的性质和不等式. 这些不等式是证明各种统计大样本性质的必不可少的工具.

　　第 2 章介绍相依样本下密度函数和分布函数的几类估计, 分六节. 在负超可加相依、正相协和负相协样本下, 研究了非参数总体的最近邻密度估计、经验分布函数估计、递归密度函数估计的强相合及其收敛速度、渐近正态性、一致渐近正态性等.

　　第 3 章讨论相依误差下非参数回归模型的小波估计, 分六节. 在强混合及其生成的线性过程误差、负超可加相依阵列误差、正相协和负相协误差下, 给出了非参数回归函数的小波估计和加权核估计的强相合及其收敛速度、渐近正态性、Berry-Esseen 界等.

　　第 4 章研究相依误差下半参数回归模型的小波估计的收敛速度问题, 分五节. 在强混合及其生成的线性过程误差、正相协和负相协误差下, 建立了半参数回归函数模型的小波估计的弱收敛速度、强一致相合性以及 Berry-Esseen 界, 也在正相协下讨论了非线性模型的 M 估计的强相合性.

　　第 5 章研究相依数据下生存模型中几类函数估计的强逼近及收敛速度, 分四节. 在正相协、拓广负相依、宽相依数据下, 讨论了平均剩余寿命函数的非参数估计的相合性和渐近正态性, 删失数据生存函数估计的 Kaplan-Meier 估计的强逼近和强表示及其相应的收敛速度、风险率函数估计的强收敛速度.

第 6 章介绍相依样本下风险度量 VaR 和 CVaR 估计, 分四节. 在正相协、混合相依样本下, 给出了分位数估计的 Bahadur 表示, 建立了风险度量 VaR 分位数估计的一致渐近正态性等性质, 研究了条件风险价值 CVaR 估计的 Berry-Esseen 界.

本书的出版得到国家自然科学基金 (11461057, 12161074)、江西省自然科学基金重点项目 (20212ACB201006)、广东省自然科学基金 (2022A1515010978)、上饶市科技创新团队项目 (2020K006)、上饶师范学院学术著作出版基金的资助, 作者谨在此表示感谢. 作者也感谢所有帮助和支持本书完成的同行专家们.

书稿虽经作者多次检查、修改, 但疏漏和不足之处在所难免, 再加作者水平所限, 恳请各位同行和广大读者不吝赐教.

作 者

2022 年 8 月于上饶

目　　录

第 1 章 预 备 知 识

在 1.1 节中, 我们给出若干常见且重要的相依序列的定义; 在 1.2 节和 1.3 节中, 分别给出相依序列的一些重要的性质和不等式.

1.1 定   义

定义 1.1.1 称随机序列 $\{X_n, n \geqslant 1\}$ 为 α 混合或强混合的, 若混合系数

$$\alpha(n) = \sup_{k \geqslant 1} \sup_{A \in \mathcal{F}_1^k, B \in \mathcal{F}_{k+n}^\infty} |P(AB) - P(A)P(B)| \to 0, \quad n \to \infty,$$

其中 $\mathcal{F}_1^k = \sigma(X_j, 1 \leqslant j \leqslant k)$, $\mathcal{F}_{k+n}^\infty = \sigma(X_j, j > k + n)$ 分别为随机变量 $\{X_j, 1 \leqslant j \leqslant k\}$ 和 $\{X_j, j > k + n\}$ 生成的 σ 域.

定义 1.1.2 称随机序列 $\{X_n, n \geqslant 1\}$ 为 φ 混合的, 若混合系数

$$\varphi(n) = \sup_{k \in \mathbb{N}} \sup_{A \in \mathcal{F}_1^k, B \in \mathcal{F}_{k+n}^\infty, P(A) > 0} |P(B|A) - P(B)| \to 0, \quad n \to \infty.$$

定义 1.1.3 称随机序列 $\{X_n, n \geqslant 1\}$ 为 ψ 混合的, 若混合系数

$$\psi(n) = \sup_{m \geqslant 1} \sup_{A \in \mathcal{F}_1^m, B \in \mathcal{F}_{m+n}^\infty, P(A)P(B) \neq 0} \left| \frac{P(AB)}{P(A)P(B)} - 1 \right| \to 0, \quad n \to \infty.$$

定义 1.1.4 称随机变量 $\{X_j, 1 \leqslant j \leqslant n\}$ 为负相协 (negatively associated, NA) 的, 如果对 $\{1, 2, \cdots, n\}$ 任何两个不相交的非空子集 A_1 与 A_2, 都有

$$\mathrm{Cov}(f_1(X_i, i \in A_1), f_2(X_j, j \in A_2)) \leqslant 0,$$

其中 f_1 与 f_2 是任何两个使得协方差存在且对每个变元均非降 (或对每个变元均非升) 的函数. 称随机序列 $\{X_n, n \geqslant 1\}$ 是 NA 序列, 如果对于每个 $n \geqslant 2$, $\{X_1, \cdots, X_n\}$ 都是 NA 的.

定义 1.1.5 称随机变量 $\{X_j, 1 \leqslant j \leqslant n\}$ 为正相协 (positively associated, PA) 的, 如果对 $\{1, 2, \cdots, n\}$ 任何两个不相交的非空子集 A_1 与 A_2, 都有

$$\mathrm{Cov}(f_1(X_i, i \in A_1), f_2(X_j, j \in A_2)) \geqslant 0,$$

其中 f_1 和 f_2 是任何两个使得协方差存在且对每个变元均非降 (或对每个变元均非升) 的函数. 称随机序列 $\{X_n, n \geqslant 1\}$ 为 PA 序列, 如果对任何 $n \geqslant 2$, $\{X_1, \cdots, X_n\}$ 都是 PA 的.

定义 1.1.6　称函数 $\phi : \mathbb{R}^n \to \mathbb{R}$ 为超可加函数, 如果对所有的向量 $x, y \in \mathbb{R}^n$, 满足

$$\phi(x \vee y) + \phi(x \wedge y) \geqslant \phi(x) + \phi(y),$$

其中, $\vee$ 代表它们之间的最大值, $\wedge$ 代表它们之间的最小值.

定义 1.1.7　称随机变量 $\{X_j, 1 \leqslant j \leqslant n\}$ 为负超可加相依 (negatively superadditive dependent, NSD) 的, 如果存在相互独立的随机变量 $X_1^*, \cdots, X_n^*$, 使得对每个 i, X_i^* 与 X_i 同分布, 且

$$E\phi(X_1, \cdots, X_n) \leqslant E\phi(X_1^*, \cdots, X_n^*),$$

其中 ϕ 是超可加函数, 并且使得其期望存在.

定义 1.1.8　称有限个随机变量 $\{X_j, 1 \leqslant j \leqslant n\}$ 为拓广负相依 (extended negatively dependent, END) 的, 如果存在常数 $M \geqslant 1$, 使得对任意的实数 $x_1, \cdots, x_n$,

$$P(X_1 > x_1, X_2 > x_2, \cdots, X_n > x_n) \leqslant M \prod_{i=1}^{n} P(X_i > x_i)$$

和

$$P(X_1 \leqslant x_1, X_2 \leqslant x_2, \cdots, X_n \leqslant x_n) \leqslant M \prod_{i=1}^{n} P(X_i \leqslant x_i)$$

成立. 称无穷个随机变量 $\{X_n, n \geqslant 1\}$ 为 END 序列, 当且仅当对其任意的有限的随机变量子列均为 END 的.

定义 1.1.9　对于随机序列 $\{X_n, n \geqslant 1\}$, 如果存在有限实数列 $\{\varphi_U(n), n \geqslant 1\}$, 使得对每一个 $n \geqslant 1$ 以及所有的 $x_i \in (-\infty, \infty)$, $1 \leqslant i \leqslant n$, 都有

$$P(X_1 > x_1, \ X_2 > x_2, \cdots, X_n > x_n) \leqslant \varphi_U(n) \prod_{i=1}^{n} P(X_i > x_i),$$

则称随机序列 $\{X_n, n \geqslant 1\}$ 是宽上象限相依 (widely upper orthant dependent, WUOD) 的; 如果存在有限实数列 $\{\varphi_L(n), \ n \geqslant 1\}$, 使得对每一个 $n \geqslant 1$ 以及对所有的 $x_i \in (-\infty, \infty)$, $1 \leqslant i \leqslant n$, 都有

$$P(X_1 \leqslant x_1, \ X_2 \leqslant x_2, \cdots, X_n \leqslant x_n) \leqslant \varphi_L(n) \prod_{i=1}^{n} P(X_i \leqslant x_i),$$

则称随机变量 $\{X_n, n \geqslant 1\}$ 是宽下象限相依 (widely low orthant dependent, WLOD) 序列; 如果随机变量 $\{X_n, n \geqslant 1\}$ 既是宽上象限相依又是宽下象限相依序列, 则称随机变量 $\{X_n, n \geqslant 1\}$ 是宽相依 (widely orthant dependent, WOD) 的, 其控制系数为 $\varphi(n) = \max\{\varphi_U(n), \varphi_L(n)\}$.

定义 1.1.10 函数 φ 称为是 τ-正规的 ($\varphi \in S_\tau, \tau \in \mathbb{N}$), 如果对任意的 $l \leqslant \gamma$ 和正数 k, 有 $\left| \dfrac{\partial_\varphi^l}{dx^l} \right| \leqslant C_k (1 + |x|)^{-1}$, 此处 C_k 为依赖于 k 的常数.

定义 1.1.11 一个函数空间 $H^\nu (\nu \in \mathbb{R})$ 被称为是 ν 阶 Sobolev 空间, 如果对 $h \in H^\nu$, 有 $\int |\hat{h}(w)|^2 (1 + w^2)^\nu dw < \infty$, 此处 $\hat{h}$ 是 h 的 Fourier 变换.

定义 1.1.12 设 $\{X, X_n, n \geqslant 1\}$ 是概率空间 $(\Omega, \mathbf{F}, P)$ 上的随机变量序列, 如果 $P(\lim\limits_{n \to \infty} X_n = X) = 1$, 则称 $\{X_n\}$ 几乎处处收敛于 X, 记为 $X_n \to X$ a.s. 或 $X_n \xrightarrow{\text{a.s.}} X$.

定义 1.1.13 设 $\{X, X_n, n \geqslant 1\}$ 是概率空间 $(\Omega, \mathbf{F}, P)$ 上的随机变量序列, 如果对每一 $\varepsilon > 0$, 有 $\lim\limits_{n \to \infty} P(|X_n - X| \geqslant \varepsilon) = 0$, 则称 $\{X_n\}$ 依概率收敛于 X, 记为 $X_n \xrightarrow{P} X$. 特别当 $X = C$ 时, 如果 $\lim\limits_{n \to \infty} P(|X_n - C| \geqslant \varepsilon) = 0$, 则称 $\{X_n\}$ 依概率收敛于 C, 记为 $X_n \xrightarrow{P} C$ 或 $X_n = O_P(C)$.

注 1.1.1 α 混合或强混合的概念是 Rosenblatt(1956) 所引入. φ 混合的概念是 Dobrushin(1956) 所引入. ψ 混合的概念是 Blum 等 (1963) 所引入. NA 的概念和 PA 的概念是 Block 等 (1982) 所引入. NSD 的概念是胡太忠 (2000) 所引入. END 的概念是 Liu (2009) 所引入. WOD 的概念是 Wang 和 Cheng (2011) 所引入.

1.2 基 本 性 质

性质 1.2.1 (Joag-Dev and Proschan, 1983) 设 $X_1, X_2, \cdots, X_n$ 为 NA(或为 PA) 变量, $A_1, A_2, \cdots, A_m$ 是集合 $\{1, 2, \cdots, n\}$ 的两两不相交的非空子集, 记 $\alpha_i = \sharp(A_i)$, 其中 $\sharp(A)$ 表示集合 A 中元素的个数, 如果

$$f_i : \mathbb{R}^{\alpha_i} \to \mathbb{R}, \quad i = 1, 2, \cdots, m$$

是 m 个对每个变元均非降 (或同为对每个变元均非升) 的函数, 则

$$f_1(X_j, j \in A_1), \; f_2(X_j, j \in A_2), \; \cdots, \; f_m(X_j, j \in A_m)$$

仍为 NA (或为 PA) 变量.

性质 1.2.2 (胡太忠, 2000)   设 $\{X_n, n \geqslant 1\}$ 是 NSD 序列, 如果 $f_n(x)$ 关于 x 为非升 (降) 的连续函数, 则 $\{f_n(X_n), n \geqslant 1\}$ 仍是 NSD 序列.

性质 1.2.3 (Liu, 2010)   设 $\{X_1, \cdots, X_n\}$ 是 END 序列.

(i)   如果 $f_1, \cdots, f_n$ 是非降或非增的函数, 则随机变量 $f_1(X_1), \cdots, f_n(X_n)$ 是 END 的.

(ii) 对任意的 $n \geqslant 1$, 存在 $M > 0$ 使得

$$E\left(\prod_{j=1}^{n} X_j^+\right) \leqslant M \prod_{j=1}^{n} EX_j^+.$$

性质 1.2.4 (Shen, 2013)   (i) 设 $\{X_n, n \geqslant 1\}$ 是 WOD 序列, 其控制系数为 $\varphi(n)$. 如果 $\{f_n(\cdot), n \geqslant 1\}$ 是单调不减 (或单调不增) 的函数列, 则 $\{f_n(X_n), n \geqslant 1\}$ 为 WOD 序列, 且控制系数仍为 $\varphi(n)$.

(ii) 设 $\{X_n, n \geqslant 1\}$ 是 WOD 序列, 则对每一个 $n \geqslant 1$ 和任意的 $s > 0$,

$$E \exp\left\{s \sum_{i=1}^{n} X_i\right\} \leqslant \varphi(n) \prod_{i=1}^{n} E \exp\{sX_i\}.$$

性质 1.2.5 (Serfling, 1980)   设 $F(x)$ 是右连续的分布函数, 则广义逆函数 $F^{-1}(t)$ 在 $0 < t < 1$ 非降且左连续, 并且满足

(i) $F^{-1}(F(x)) \leqslant x, -\infty < x < \infty$;

(ii) $F(F^{-1}(t)) \geqslant t, 0 < t < 1$;

(iii) $F(x) \geqslant t \Longleftrightarrow x \geqslant F^{-1}(t)$.

性质 1.2.6 (Wang X J et al., 2011)   令 $\xi_{p,n} = F_n^{-1}(p) = \inf\{x : F_n(x) \geqslant p\}$, $p \in (0, 1)$. 假设 $P(X_i = X_j) = 0, i \neq j$, 那么

$$p < F_n(\xi_{p,n}) < p + \frac{1}{n}, \quad \text{a.s.}.$$

性质 1.2.7 (林正炎等, 1999)   对任意的 $q \in \mathbb{R}$

$$\sup |\Phi(px) - \Phi(x)| \leqslant \frac{p-1}{\sqrt{2\pi e}}, \quad p \geqslant 1,$$

$$\sup |\Phi(px) - \Phi(x)| \leqslant \frac{p^{-1}-1}{\sqrt{2\pi e}}, \quad 0 < p < 1,$$

$$\sup |\Phi(x+q) - \Phi(x)| \leqslant \frac{|q|}{\sqrt{2\pi}}.$$

性质 1.2.8 (李永明和李佳, 2013)　　设 $\{Z_j, j \geqslant 1\}$ 是随机序列, 如果存在常数 $\rho > 0$, 使得 $E|Z_j| = O(j^{-(1+2\rho)})$, 则有 $\sum_{j=1}^{\infty} Z_j$ a.s. 收敛.

性质 1.2.9 (吴群英, 2006)　　设 $\{X_{nj}, j \geqslant 1, n \geqslant 1\}$ 是被随机变量 X 随机控制的随机序列, 则对任意的 $\alpha > 0, b > 0$, 有下面两式成立:

$$E|X_{nj}|^{\alpha} I(|X_{nj}| \leqslant b) \leqslant C_1[E|X|^{\alpha} I(|X| \leqslant b) + b^{\alpha} P(|X| > b)],$$

$$E|X_{nj}|^{\alpha} I(|X_{nj}| > b) \leqslant C_2 E|X|^{\alpha} I(|X| > b),$$

其中 C_1 和 C_2 是正数. 进一步有 $E|X_{nj}|^{\alpha} \leqslant CE|X|^{\alpha}$, 其中 C 是正数.

1.3　重要不等式

下面, 给出本书研究中十分有用的相依序列的重要不等式.

对于 α 混合序列, 我们给出如下的矩不等式和特征函数不等式.

引理 1.3.1 (杨善朝, 2000b, 2007)　　设 $\{X_j : j \geqslant 1\}$ 是 α 混合序列.

(i) 如果 $E|X_j|^{2+\delta} < \infty, \delta > 0$, 则

$$E\left(\sum_{j=1}^{n} X_j\right)^2 \leqslant \left(1 + 20 \sum_{m=1}^{n} \alpha^{\delta/(2+\delta)}(m)\right) \sum_{j=1}^{n} ||X_j||_{2+\delta}^2, \quad \forall n \geqslant 1.$$

(ii) 如果 $E|X_j|^{r+\tau} < \infty, \alpha(n) = O(n^{-\lambda}), r > 2, \tau > 0, \lambda > r(r+\tau)/2\tau$. 那么, 对任意给定的 $\varepsilon > 0$, 存在不依赖于 n 的正常数 $C = C(r, \tau, \lambda, \varepsilon)$, 使得

$$E\left|\sum_{j=1}^{n} X_j\right|^r \leqslant C\left\{n^{\varepsilon} \sum_{j=1}^{n} E|X_j|^r + \left(\sum_{j=1}^{n} ||X_j||_{r+\tau}^2\right)^{r/2}\right\}, \quad \forall n \geqslant 1.$$

(iii) 如果 $EX_j = 0, E|X_i|^{r+\delta} < \infty, \alpha(n) \leqslant Cn^{-\theta}, r > 2, \delta > 0, C > 0, \theta > r(r+\delta)/(2\delta)$. 则对任意 $\varepsilon > 0$, 存在正常数 $K = K(\varepsilon, r, \delta, \theta, C) < \infty$, 使得

$$E \max_{1 \leqslant j \leqslant n} |S_j|^r \leqslant K\left\{n^{\varepsilon} \sum_{i=1}^{n} E|X_i|^r + \left(\sum_{i=1}^{n} ||X_i||_{r+\delta}^2\right)^{r/2}\right\}.$$

引理 1.3.2 (杨善朝和李永明, 2006)　　设 $\{X_j : j \geqslant 1\}$ 是 α 混合序列. p 和 q 是两个正整数. 令 $\eta_l := \sum_{j=(l-1)(p+q)+1}^{(l-1)(p+q)+p} X_j, 1 \leqslant l \leqslant k$. 如果 $r > 0, s > 0$, 使得 $\frac{1}{r} + \frac{1}{s} = 1$. 那么

$$\left|E \exp\left(\mathbf{i}t \sum_{l=1}^{k} \eta_l\right) - \prod_{l=1}^{k} E \exp(\mathbf{i}t\eta_l)\right| \leqslant C|t|\alpha^{1/s}(q) \sum_{l=1}^{k} ||\eta_l||^r.$$

对于 φ 混合序列, 有如下的协方差不等式、矩不等式和特征函数不等式.

引理 1.3.3 (Lin and Lu, 1996)　设 $\{X_j : j \geqslant 1\}$ 是 φ 混合序列, ξ 和 η 分别是 $\mathcal{F}_{-\infty}^k$ 和 $\mathcal{F}_{k+n}^\infty$ 可测随机变量.

(i)　如果 $E|\xi|^p < \infty$, $E|\eta|^q < \infty$, $p, q \geqslant 1$, $1/p + 1/q = 1$, 那么

$$|E(\xi\eta) - (E\xi)(E\eta)| \leqslant 2(\varphi(n))^{\frac{1}{p}} \parallel \xi \parallel_p \cdot \parallel \eta \parallel_q .$$

(ii)　如果 $E|\xi| < \infty$, $|\eta| \leqslant C$, 那么

$$|E(\xi\eta) - (E\xi)(E\eta)| \leqslant 2C\varphi(n)E|\xi|.$$

引理 1.3.4 (杨善朝, 1995)　假设 $\{X_j, j \geqslant 1\}$ 是 φ 混合序列, $q \geqslant 2$. 如果 $EX_j = 0$, $E|X_j|^q < \infty$, $\sum_{j=1}^n \varphi^{1/2}(j) < \infty$, 那么

$$E\left(\sum_{j=1}^n X_j\right)^q \leqslant C\left\{\sum_{j=1}^n E|X_j|^q + \left(\sum_{j=1}^n E|X_j|^2\right)^{q/2}\right\}.$$

引理 1.3.5 (Li Y M et al., 2008)　假设 $\{X_j, j \geqslant 1\}$ 是 φ 混合序列, p 和 q 是两个正整数. 记 $\eta_l := \sum_{j=(l-1)(p+q)+1}^{(l-1)(p+q)+p} X_j$, $1 \leqslant l \leqslant k$, 则有

$$\left|E\exp\left(\mathrm{i}t\sum_{l=1}^k \eta_l\right) - \prod_{l=1}^k E\exp(\mathrm{i}t\eta_l)\right| \leqslant C|t|\varphi(q)\sum_{l=1}^k E|\eta_l|.$$

对于 ψ 混合序列有如下矩不等式、Bernstein 型不等式和特征函数不等式.

引理 1.3.6 (陆传荣和林正炎, 1997)　设 $\{X_n, n \geqslant 1\}$ 是 ψ 混合序列, $X \in F_{-\infty}^k$, $Y \in F_{k+n}^\infty$, $E|X| < \infty$, $E|Y| < \infty$, 那么

$$E|XY| < \infty, \quad |EXY - EXEY| \leqslant \psi(n)E|X|E|Y|.$$

特别当 $|X| \leqslant C_1$, $|Y| \leqslant C_2$ 时,

$$|EXY - EXEY| \leqslant C_1 C_2 \psi(n).$$

引理 1.3.7 (李永明等, 2014)　设 $\{X_n, n \geqslant 1\}$ 是 ψ 混合序列, $|X_n| \leqslant d < \infty$, a.s., 且 $\sum_{j=1}^\infty \psi(j) < \infty$, 那么

$$\mathrm{Var}\left(\sum_{i=m+1}^{m+n} X_i\right) \leqslant Cn, \quad m, n = 1, 2, \cdots.$$

引理 1.3.8 (Serfling, 1980) 设 $\{X_n, \ n \geqslant 1\}$ 是 ψ 混合序列, $EX_n = 0$, $E|X_n|^q < \infty$, $q \geqslant 2$ 且 $\sum_{n=1}^{\infty} \psi(n) < \infty$, 那么

$$E \left| \sum_{i=1}^{n} X_i \right|^q \leqslant C \left\{ \sum_{i=1}^{n} E|X_i|^q + \left(\sum_{i=1}^{n} EX_i^2 \right)^{\frac{q}{2}} \right\}.$$

引理 1.3.9 (胡舒合等, 2012) 设 $\{X_n, \ n \geqslant 1\}$ 是 ψ 混合序列, $EX_i = 0$, $|X_i| \leqslant d < \infty$, a.s., $0 < \beta < 1$, $m = [n^\beta]$, $\Delta = \sum_{i=1}^{n} EX_i^2$. 则对 $\forall \varepsilon > 0$ 和 $n \geqslant 2$,

$$P \left(\left| \sum_{i=1}^{n} X_i \right| > \varepsilon \right) \leqslant 2\mathrm{e} \, C_1 \exp \left\{ - \frac{\varepsilon^2}{2C_2(2\Delta + n^\beta d\varepsilon)} \right\},$$

其中 $C_1 = \exp\left\{ 2\mathrm{e}n^{1-\beta}\psi(m) \right\}$, $C_2 = 4\left[1 + 4\sum_{i=1}^{2m} \psi(i) \right]$.

引理 1.3.10 (李永明等, 2014) 设 $\{X_n, \ n \geqslant 1\}$ 是 ψ 混合序列, 记 p, q 是两个正整数, $\eta_l = \sum_{j=(l-1)(p+q)+1}^{(l-1)(p+q)+p} X_j$, $1 \leqslant l \leqslant k$, 那么

$$\left| E \exp \left(\mathrm{i}t \sum_{l=1}^{k} \eta_l \right) - \prod_{l=1}^{k} E \exp(\mathrm{i}t\eta_l) \right| \leqslant C|t|\psi(q) \sum_{l=1}^{k} |\eta_l|.$$

对于相协序列, 给出如下的协方差不等式和 Rosenthal 型矩不等式.

引理 1.3.11 (袁明和苏淳, 2000) 设 A, B 为有限不交集, $\{X_i, i \in A \bigcup B\}$ 是 NA 随机变量, 如果 $f : \mathbb{R}^{\#(A)} \to \mathbb{R}$ 和 $g : \mathbb{R}^{\#(B)} \to \mathbb{R}$ 有有界微分, 则有

$$|\mathrm{Cov}(f((X_i), i \in A), g((X_j), j \in B))| \leqslant \sum_{i \in A} \sum_{j \in B} \left\| \frac{\partial f}{\partial t_i} \right\|_{\infty} \left\| \frac{\partial g}{\partial t_j} \right\|_{\infty} |\mathrm{Cov}(X_i, Y_j)|.$$

引理 1.3.12 (苏淳等, 1996) 设 $\{X_j, j \geqslant 1\}$ 为 NA 序列, $EX_j = 0$, 对 $E|X_j|^p < \infty$, $p > 2$. 记 $S_n = \sum_{j=1}^{n} X_j$, 则存在仅与 p 有关的常数 $c_p > 0$, 使得

$$E|S_n|^p \leqslant c_p n^{\frac{p}{2}-1} \sum_{j=1}^{n} E|X_j|^p.$$

引理 1.3.13 (杨善朝, 2000a) 设 $\{X_j, j \geqslant 1\}$ 是 NA 序列, 且 $EX_j = 0$, $E|X_j|^p < \infty$, $p > 1$. 又设 $\{a_j, j \geqslant 1\}$ 是实常数列. 则存在仅仅依赖给定 p 的常数 C_p, 使得

$$E \left| \sum_{j=1}^{n} a_j X_j \right|^p \leqslant C_p \sum_{j=1}^{n} E|a_j X_j|^p, \quad 1 < p \leqslant 2$$

和

$$E\left|\sum_{j=1}^n a_j X_j\right|^p \leqslant C_p\left\{\sum_{j=1}^n E|a_j X_j|^p + \left(\sum_{j=1}^n E\left(a_j X_j\right)^2\right)^{p/2}\right\}, \quad p > 2.$$

引理 1.3.14 (杨善朝和黎玉芳, 2005) 设 $\{X_j, j \geqslant 1\}$ 是 PA 序列, $EX_j = 0$, $E|X_j|^2 < \infty$. 又设 $\{a_j, j \geqslant 1\}$ 是实常数列. 记 $a := \sup\limits_j |a_j| < \infty$. 如果对 $r > 2$, $\delta > 0$, $\sup\limits_{j \geqslant 1} E|\xi_j|^{2+\delta} < \infty$, $v(n) = O(n^{-(r-2)(r+\delta)/(2\delta)})$, 则有

$$E\left|\sum_{j=1}^n a_j X_j\right|^r \leqslant Ca^r n^{r/2}.$$

对于相协序列, 给出如下 Bernstein 型不等式和特征函数不等式.

引理 1.3.15 (杨善朝和王岳宝, 1999) 设 $\{X_j, j \geqslant 1\}$ 为 NA 序列, $EX_j = 0, |X_j| \leqslant d_j, \text{a.s.}, t > 0$ 为实数, 且满足 $t \cdot \max\limits_{1 \leqslant j \leqslant n} d_j \leqslant 1$, 则对任意的 $\varepsilon > 0$ 有

$$P\left(\left|\sum_{j=1}^n X_j\right| > \varepsilon\right) \leqslant 2\exp\left\{-t\varepsilon + t^2\sum_{j=1}^n EX_j^2\right\}.$$

引理 1.3.16 (杨善朝和王岳宝, 1999) 设 $\{X_j, j \geqslant 1\}$ 为 NA 序列, $EX_j = 0, |X_j| \leqslant b, \text{a.s.}$. 又设 $\sigma^2 = \frac{1}{n}\sum_{j=1}^n \text{Var}(X_j)$, 则对任意的 $\varepsilon > 0$ 有

$$P\left(\frac{1}{n}\left|\sum_{n=1}^n X_i\right| > \varepsilon\right) \leqslant 2\exp\left\{-\frac{n\varepsilon^2}{2(2\sigma^2 + b\varepsilon)}\right\}.$$

引理 1.3.17 (Newman, 1984) 设 $\{X_j, 1 \leqslant j \leqslant n\}$ 是 NA 序列, 则有

$$\left|E\exp\left(\text{i}t\sum_{j=1}^n X_j\right) - \prod_{j=1}^n E\exp(\text{i}tX_j)\right| \leqslant 4t^2\sum_{1 \leqslant j < k \leqslant n} \text{Cov}(X_j, X_k).$$

引理 1.3.18 (Yang S C, 2003; 杨善朝和黎玉芳, 2005) 设 $\{X_j, j \geqslant 1\}$ 是 PA 或 NA 序列, $\{a_j, j \geqslant 1\}$ 是实常数列, $1 = m_0 < m_1 < m_2 < \cdots < m_k = n$. 定义 $Y_l =: \sum_{j=m_{l-1}+1}^{m_l} a_j X_j, 1 \leqslant l \leqslant k$, 则有

$$\left|E\exp\left(\text{i}t\sum_{l=1}^k Y_l\right) - \prod_{l=1}^k E\exp(\text{i}tY_l)\right| \leqslant 4t^2\sum_{1 \leqslant j < k \leqslant n} |a_s a_j||\text{Cov}(X_j, X_k)|.$$

对于广义相依序列, 有如下指数不等式、矩不等式和 Bernstein 型不等式.

引理 1.3.19 (Shen and Wang, 2016)   设 $\{X_j, j \geqslant 1\}$ 是 NSD 序列, $EX_j = 0, |X_j| \leqslant b_j$, a.s., 且 $t \cdot \max\limits_{1 \leqslant j \leqslant n} b_j \leqslant 1$, 其中 $t > 0$. 则对任意的 $\varepsilon > 0$ 有

$$P\left(\left|\sum_{j=1}^{n} X_j\right| \geqslant \varepsilon\right) \leqslant 2\exp\left(-t\varepsilon + t^2 \sum_{j=1}^{n} EX_j^2\right).$$

引理 1.3.20 (Shen et al., 2015)   设 $\{X_n, n \geqslant 1\}$ 是 NSD 序列, 满足 $EX_j = 0$, 对某个 $p \geqslant 2, E|X_n|^p < \infty$. 则存在只依赖于 p 的正数 C_p, 使得对所有 n 都有

$$E\left(\max_{1 \leqslant k \leqslant n}\left|\sum_{j=1}^{k} X_j\right|^p\right) \leqslant C_p\left\{\sum_{j=1}^{n} E|X_j|^p + \left(\sum_{j=1}^{n} EX_j^2\right)^{\frac{p}{2}}\right\}.$$

引理 1.3.21 (Wang et al., 2015)   设 $\{X_n, n \geqslant 1\}$ 是 END 序列, $EX_n = 0$, $|X_n| \leqslant d_n$ a.s., $n \geqslant 1$, 其中 $\{d_n, n \geqslant 1\}$ 为正常数列. 假设存在 $t > 0$, 使得 $t \cdot \max\limits_{1 \leqslant i \leqslant n} d_i \leqslant 1$, 则对任意的 $\varepsilon > 0$, 存在常数 $M > 0$, 使得

$$P\left(\left|\sum_{i=1}^{n} X_i\right| > \varepsilon\right) \leqslant 2M\exp\left\{-t\varepsilon + t^2 \sum_{i=1}^{n} EX_i^2\right\}.$$

引理 1.3.22 (Li Y M et al., 2018)   设 $\{X_n, n \geqslant 1\}$ 是控制系数为 $\varphi(n)$ 均值为零的 WOD 序列. 如果存在正常数序列 $\{d_n, n \geqslant 1\}$, 使得 $|X_n| \leqslant d_n$ a.s., 且 $r \cdot \max\limits_{1 \leqslant i \leqslant n} d_i \leqslant 1$, 其中 $r > 0$. 则对任意的 $\varepsilon > 0$ 有

$$P\left(\left|\sum_{i=1}^{n} X_i\right| > \varepsilon\right) \leqslant 2\varphi(n)\exp\left\{-r\varepsilon + r^2 \sum_{i=1}^{n} EX_i^2\right\}.$$

对于随机序列的分布函数、经验分布函数、特征函数有如下不等式.

引理 1.3.23 (杨善朝, 2003)   设 $F(x)$ 是连续分布函数, 其经验分布函数为 $F_n(x)$. 令 $x_{n,k}$ 满足 $F(x_{n,k}) = k/n$, 其中 $n \geqslant 3, k = 1, 2, \cdots, n-1$, 那么

$$\sup_{-\infty < x < \infty} |F_n(x) - F(x)| \leqslant \max_{1 \leqslant k \leqslant n-1} |F_n(x_{n,k}) - F(x_{n,k})| + \frac{2}{n}.$$

引理 1.3.24 (Yang, 2003)   设 $\{\zeta_n\}$ 和 $\{\eta_n\}$ 是两个随机序列, $\{\gamma_n\}$ 是一个正常数序列, 且 $\gamma_n \to 0$. 如果 $\sup\limits_{u} |F_{\zeta_n}(u) - \Phi(u)| \leqslant C\gamma_n$, 则对任意的 $\varepsilon > 0$ 有

$$\sup_{u} |F_{\zeta_n+\eta_n}(u) - \Phi(u)| \leqslant C\{\gamma_n + \varepsilon + P(|\eta_n| \geqslant \varepsilon)\}.$$

引理 1.3.25 (Li Y M et al., 2011) 设 $\{X_n,\ n \geqslant 1\}$, $\{Y_n,\ n \geqslant 1\}$ 和 $\{Z_n,\ n \geqslant 1\}$ 是三个随机序列, $\{V_n,\ n \geqslant 1\}$ 是正常数序列, 且 $V_n \to 0$, $n \to \infty$. 如果 $|F_{X_n}(u) - \Phi(x)| \leqslant CV_n$, 那么, 对任意的 $\varepsilon_1 > 0$, $\varepsilon_2 > 0$, 有

$$\sup \left| F_{X_n+Y_n+Z_n} - \Phi(x) \right| \leqslant C \left\{ V_n + \varepsilon_1 + \varepsilon_2 + P(|Y_n| \geqslant \varepsilon_1) + P(|Z_n| \geqslant \varepsilon_2) \right\}.$$

引理 1.3.26 (Esseen 不等式; Pollard, 1984) 令 $F(u)$ 和 $G(u)$ 是分布函数, $f(t)$ 和 $\tilde{f}(t)$ 分别为 $F(u)$ 和 $G(u)$ 的特征函数. 则当 $b > 1/2$ 时, 对任意的 $T > 0$,

$$\sup_u |F(u) - G(u)|$$
$$\leqslant b \int_{-T}^{T} \left| \frac{f(t) - \tilde{f}(t)}{t} \right| dt + bT \sup_u \int_{|y| \leqslant c(b)/T} |G(u+y) - G(u)|,$$

其中 $c(b)$ 是仅仅与 b 有关的正常数.

第 2 章　相依样本总体分布的非参数估计

在本章, 我们给出负超可加相依、正相协和负相协样本下, 非参数总体分布的最近邻密度估计、经验分布函数估计、一般密度函数估计和递归密度函数估计的强相合及其收敛速度、渐近正态性、一致渐近正态性等.

2.1　NSD 样本最近邻密度估计的强相合性

2.1.1　最近邻密度估计

最近邻 (nearest neighbor, NN) 密度估计是 Loftsgarden 和 Quesenberry (1965) 提出来的. 设总体 X 的分布密度函数为 $f(x)$, $X_1, X_2, \cdots, X_n$ 是抽自该总体的样本, 确切地说, $X_i(i = 1, 2, \cdots, n)$ 与 X 同分布. 又设 $\{k_n, n \geqslant 1\}$ 为给定的正整数列, 满足 $1 \leqslant k_n \leqslant n$. 令 $a_n(x)$ 为最小的正数 a, 使得 $[x - a, x + a]$ 中至少包含 $X_1, X_2, \cdots, X_n$ 中的 k_n 个, 则密度函数 $f(x)$ 的最近邻密度估计为

$$f_n(x) = \frac{k_n}{2na_n(x)}. \tag{2.1.1}$$

关于最近邻密度估计的性质, 在独立样本下已有许多经典的结果, 见陈希孺 (1981)、Loftsgaarden 和 Quesenberry(1965)、Moore 和 Henrichon(1969)、Devroye 和 Wagner(1977) 的文献.

由于超可加函数在实际中有比较广泛的应用, 从而胡太忠 (2000) 在超可加函数的基础上给出了 NSD 随机序列, 具有很好的理论价值和实际应用价值.

本节对 NSD 样本, 讨论了最近邻密度估计的弱相合性、强相合性和一致强相合性. 主要结论如下.

定理 2.1.1　设 $\{X_n, n \geqslant 1\}$ 为同分布的 NSD 序列, 有共同的密度函数 $f(x)$, 设 k_n 满足 $k_n \to \infty, k_n/n \to 0$, 则对 $f(x)$ 的任意连续点 x, 有

(i) **弱相合**　当 $k_n^2/n \to \infty$ 时, $f_n(x) \xrightarrow{P} f(x)$;

(ii) **强相合**　当 $k_n^2/(n \log n) \to \infty$ 时, $f_n(x) \xrightarrow{\text{a.s.}} f(x)$.

定理 2.1.2 (一致强相合)　设 $\{X_n, n \geqslant 1\}$ 为 NSD 序列, 具有共同的密度函数 $f(x)$, $\sup\limits_x |f(x)| < \infty$ 且 $f(x)$ 一致连续, 设 $k_n \to \infty, \dfrac{k_n}{n} \to 0, \dfrac{k_n^2}{n \log n} \to \infty$,

则

$$\sup_x |f_n(x) - f(x)| \to 0, \quad \text{a.s..}$$

2.1.2　定理的证明

定理 2.1.1 的证明　对任意给定的 $\varepsilon > 0$, 令 $b_n(x) = \dfrac{k_n}{2n(f(x) + \varepsilon)}$, $c_n(x) =$

$\dfrac{k_n}{2n\left(f(x) - \dfrac{\varepsilon}{2}\right)}$, 则有

$$P(|f_n(x) - f(x)| > \varepsilon)$$
$$= P(f_n(x) - f(x) > \varepsilon) + P(f_n(x) - f(x) < -\varepsilon)$$
$$= P(f_n(x) > f(x) + \varepsilon) + P(f_n(x) < f(x) - \varepsilon)$$
$$= P\left(\frac{k_n}{2nf_n(x)} < \frac{k_n}{2n(f(x) + \varepsilon)}\right) + P\left(\frac{k_n}{2nf_n(x)} > \frac{k_n}{2n(f(x) - \varepsilon)}\right)$$
$$\leqslant P\left(a_n(x) < \frac{k_n}{2n(f(x) + \varepsilon)}\right) + P\left(a_n(x) > \frac{k_n}{2n\left(f(x) - \dfrac{\varepsilon}{2}\right)}\right)$$
$$= P(a_n(x) < b_n(x)) + P(a_n(x) > c_n(x))$$
$$=: I_1 + I_2.$$

当 $f(x) \leqslant \varepsilon$ 时, 由 $f_n(x)$ 的非负性知, 事件 $f_n(x) < f(x) - \varepsilon$ 是不可能事件, 其概率为零. 故对于 $P(a_n(x) > c_n(x))$ 只考虑 $f(x) > \varepsilon$ 时的情况.

令 $p_n = \displaystyle\int_{x-b_n(x)}^{x+b_n(x)} f(t)dt$. 因为 x 是 $f(x)$ 的连续点, 由 $k_n/n \to 0$ 得 $b_n(x) \to 0$, 故有

$$p_n \leqslant \frac{f(x) + \varepsilon}{f(x) + \dfrac{\varepsilon}{2}} f(x) 2b_n(x) = 2\frac{f(x) + \varepsilon}{f(x) + \dfrac{\varepsilon}{2}} f(x) \frac{k_n}{2n(f(x) + \varepsilon)}$$

$$= \frac{k_n}{n} \frac{f(x)}{f(x) + \dfrac{\varepsilon}{2}} \leqslant \frac{k_n}{n}. \tag{2.1.2}$$

从而有

$$k_n - np_n \geqslant k_n - n\frac{k_n}{n} \frac{f(x)}{f(x) + \dfrac{\varepsilon}{2}} = k_n \frac{\varepsilon}{2f(x) + \varepsilon} > 0. \tag{2.1.3}$$

令 $\dot{\eta}_i = I(X_i \leqslant x + b_n(x))$, $\zeta_i = I(X_i \leqslant x - b_n(x))$, $\xi_i = I(x - b_n(x) < X_i \leqslant x + b_n(x))$. 则 $\xi_i = \eta_i - \zeta_i$, 且 $E\eta_i - E\zeta_i = p_n$, 由 $a_n(x)$ 的定义有

$$
I_1 = P(a_n(x) < b_n(x)) = P\left(\sum_{i=1}^n \xi_i \geqslant k_n\right) = P\left(\sum_{i=1}^n (\eta_i - \zeta_i) \geqslant k_n\right)
$$

$$
= P\left(\left[\sum_{i=1}^n (\eta_i - E\eta_i) - \sum_{i=1}^n (\zeta_i - E\zeta_i)\right] \geqslant k_n - \sum_{i=1}^n (E\eta_i - E\zeta_i)\right)
$$

$$
= P\left(\left[\sum_{i=1}^n (\eta_i - E\eta_i) - \sum_{i=1}^n (\zeta_i - E\zeta_i)\right] \geqslant k_n - np_n\right)
$$

$$
\leqslant P\left(\left|\sum_{i=1}^n (\eta_i - E\eta_i)\right| \geqslant \frac{k_n - np_n}{2}\right) + P\left(\left|\sum_{i=1}^n (\zeta_i - E\zeta_i)\right| \geqslant \frac{k_n - np_n}{2}\right)
$$

$$
=: I_{11} + I_{12}.
$$

又令 $Z_i = \eta_i - E\eta_i$, $S_i = \zeta_i - E\zeta_i$, 由性质 1.2.2 知 $\{Z_i, 1 \leqslant i \leqslant n\}$ 和 $\{S_i, 1 \leqslant i \leqslant n\}$ 仍为 NSD 随机变量, 且

$$
EZ_i = ES_i = 0, \quad |Z_i| \leqslant 1, \quad |S_i| \leqslant 1, \quad \sum_{i=1}^n E(Z_i)^2 \leqslant n, \quad \sum_{i=1}^n E(S_i)^2 \leqslant n.
$$

取 $t = (k_n - np_n)/(4n)$, 由引理 1.3.21 知

$$
I_{11} = P\left(\left|\sum_{i=1}^n Z_i\right| \geqslant \frac{k_n - np_n}{2}\right) \leqslant 2\exp\left\{-t\frac{k_n - np_n}{2} + t^2 n\right\}
$$

$$
= 2\exp\left\{-\frac{(k_n - np_n)^2}{8n} + \frac{(k_n - np_n)^2}{16n}\right\} = 2\exp\left\{-\frac{(k_n - np_n)^2}{16n}\right\}
$$

$$
\leqslant 2\exp\left\{-\frac{k_n^2}{n}\frac{\varepsilon^2}{16(2f(x) + \varepsilon)^2}\right\}.
$$

令 $c_1 = \dfrac{\varepsilon^2}{16(2f(x) + \varepsilon)^2}$, 可得

$$
I_{11} \leqslant 2e^{-c_1 \frac{k_n^2}{n}}. \tag{2.1.4}
$$

同理可得

$$
I_{12} \leqslant 2e^{-c_2 \frac{k_n^2}{n}}. \tag{2.1.5}
$$

类似于 (2.1.2) 和 (2.1.3) 式, 令 $q_n = \int_{x-c_n(x)}^{x+c_n(x)} f(t)dt$ 可得

$$q_n \geqslant \frac{f(x) - \dfrac{\varepsilon}{2}}{f(x) - \dfrac{\varepsilon}{4}} f(x) 2c_n(x) = \frac{k_n}{n} \frac{f(x)}{f(x) - \dfrac{\varepsilon}{4}} > \frac{k_n}{n}, \tag{2.1.6}$$

$$nq_n - k_n \geqslant n\frac{k_n}{n} \frac{f(x)}{f(x) - \dfrac{\varepsilon}{4}} - k_n = k_n \frac{\varepsilon}{4f(x) - \varepsilon} > 0. \tag{2.1.7}$$

记

$$\eta_i' = I(X_i \leqslant x + c_n(x)), \quad \zeta_i' = I(X_i \leqslant x - c_n(x)),$$

$$\xi_i' = I(x - c_n(x) < X_i \leqslant x + c_n(x)), \quad i = 1, 2, \cdots, n,$$

则有

$$\xi_i' = \eta_i' - \zeta_i', \quad E\eta_i' - E\zeta_i' = q_n.$$

由 $a_n(x)$ 的定义可得

$$I_2 = P(a_n(x) > c_n(x)) = P\left(\sum_{i=1}^{n} \xi_i' \leqslant k_n\right) = P\left(\sum_{i=1}^{n}(\eta_i' - \zeta_i') \leqslant k_n\right)$$

$$= P\left(\left[\sum_{i=1}^{n}(\eta_i' - E\eta_i') - \sum_{i=1}^{n}(\zeta_i' - E\zeta_i')\right] \leqslant k_n - \sum_{i=1}^{n}(E\eta_i' - E\zeta_i')\right)$$

$$= P\left(\left[\sum_{i=1}^{n}(\eta_i' - E\eta_i') - \sum_{i=1}^{n}(\zeta_i' - E\zeta_i')\right] \leqslant k_n - nq_n < 0\right)$$

$$\leqslant P\left(\left|\sum_{i=1}^{n}(\eta_i' - E\eta_i') - \sum_{i=1}^{n}(\zeta_i' - E\zeta_i')\right| \geqslant nq_n - k_n\right)$$

$$\leqslant P\left(\left|\sum_{i=1}^{n}(\eta_i' - E\eta_i')\right| \geqslant \frac{nq_n - k_n}{2}\right) + P\left(\left|\sum_{i=1}^{n}(\zeta_i' - E\zeta_i')\right| \geqslant \frac{nq_n - k_n}{2}\right)$$

$$=: I_{21} + I_{22}.$$

令 $Z_i' = \eta_i' - E\eta_i'$, $S_i' = \zeta_i' - E\zeta_i'$, 由性质 1.2.2 知 $\{Z_i', 1 \leqslant i \leqslant n\}$ 和 $\{S_i', 1 \leqslant i \leqslant n\}$ 仍为 NSD 随机变量, 且

$$EZ_i' = ES_i' = 0, \quad |Z_i'| \leqslant 1, \quad |S_i'| \leqslant 1, \quad \sum_{i=1}^{n} E(Z_i')^2 \leqslant n, \quad \sum_{i=1}^{n} E(S_i')^2 \leqslant n.$$

又令 $t = (nq_n - k_n)/(4n)$, 由引理 1.3.21 可得

$$
\begin{aligned}
I_{21} &= P\left(\left|\sum_{i=1}^{n} Z_i'\right| \geqslant \frac{nq_n - k_n}{2}\right) \leqslant 2\exp\left\{-t\frac{nq_n - k_n}{2} + t^2 n\right\} \\
&= 2\exp\left\{-\frac{(nq_n - k_n)^2}{8n} + \frac{(nq_n - k_n)^2}{16n}\right\} \\
&= 2\exp\left\{-\frac{(nq_n - k_n)^2}{16n}\right\} \\
&\leqslant 2\exp\left\{-\frac{k_n^2}{n}\frac{\varepsilon^2}{16(4f(x) - \varepsilon)^2}\right\}.
\end{aligned}
$$

令 $c_3 = \dfrac{\varepsilon^2}{16(4f(x) - \varepsilon)^2}$, 则有

$$
I_{21} \leqslant 2e^{-c_3\frac{k_n^2}{n}}. \tag{2.1.8}
$$

同理可证

$$
I_{22} \leqslant 2e^{-c_4\frac{k_n^2}{n}}. \tag{2.1.9}
$$

取常数 $c = \min\{c_1, c_2, c_3, c_4\}$, 由 (2.1.4)、(2.1.5)、(2.1.8) 和 (2.1.9) 式可得

$$
P(|f_n(x) - f(x)| > \varepsilon) \leqslant 8e^{-c\frac{k_n^2}{n}}.
$$

又当 $n \to \infty$ 时, $\dfrac{k_n^2}{n} \to \infty$, 故有

$$
P(|f_n(x) - f(x)| > \varepsilon) \to 0,
$$

即

$$
f_n(x) \xrightarrow{P} f(x).
$$

从而当 $k_n^2/(n\log n) \to \infty$ 时, 对充分大的 n, 有 $k_n^2/n > \dfrac{2}{c}\log n$ 成立. 由此

$$
\sum_{i=1}^{n} P(|f_n(x) - f(x)| > \varepsilon) \leqslant \sum_{i=1}^{n} 8e^{-c\frac{k_n^2}{n}} \leqslant \sum_{i=1}^{n} 8e^{-c\frac{2}{c}\log n} \leqslant \sum_{i=1}^{n} \frac{8}{n^2} < \infty.
$$

根据 Borel-Cantelli 引理得

$$
P(|f_n(x) - f(x)| > \varepsilon, \text{ i.o.}) = 0, \quad \text{亦即} \quad f_n(x) \xrightarrow{\text{a.s.}} f(x).
$$

定理 2.1.1 证毕.

定理 2.1.2 的证明　由于

$$A_x = \{|f_n(x) - f(x)| > \varepsilon\} \subset \{a_n(x) < b_n(x)\} \cup \{a_n(x) < c_n(x)\}$$

$$\subset \left\{ F_n(x + b_n(x)) - F_n(x - b_n(x)) \geqslant \frac{k_n}{n} \right\}$$

$$\cup \left\{ F_n(x + c_n(x)) - F_n(x - c_n(x)) \leqslant \frac{k_n}{n} \right\}$$

$$=: A_{1x} \cup A_{2x}, \tag{2.1.10}$$

其中 $F_n(\cdot)$ 表示样本的经验分布函数. 由微分中值定理知, 存在

$$\theta_1 \in (x - b_n(x), x + b_n(x)), \quad \theta_2 \in (x - c_n(x), x + c_n(x)),$$

使得

$$F(x + b_n(x)) - F(x - b_n(x)) = 2b_n(x)f(\theta_1), \tag{2.1.11}$$

$$F(x + c_n(x)) - F(x - c_n(x)) = 2c_n(x)f(\theta_2). \tag{2.1.12}$$

因为 $f(x)$ 一致连续, 故对任意 $\varepsilon > 0$, 存在 $\delta > 0$, 使得当 $|x - y| < \delta$ 时有

$$|f(x) - f(y)| < \frac{\varepsilon}{4}. \tag{2.1.13}$$

由 $\frac{k_n}{n} \to 0$ 知, 存在正整数 $N > 1$, 使得当 $n > N$ 时, 有 $\frac{k_n}{\varepsilon n} < \delta$, 从而有

$$b_n(x) = \frac{k_n}{2n(f(x) + \varepsilon)} \leqslant \frac{k_n}{2n\varepsilon} < \delta$$

关于 x 一致成立, 且由 $f(x) > \varepsilon$ 知

$$c_n(x) = \frac{k_n}{2n\left(f(x) - \dfrac{\varepsilon}{2}\right)} \leqslant \frac{k_n}{2n\left(\varepsilon - \dfrac{\varepsilon}{2}\right)} < \delta$$

关于 x 一致成立. 又

$$\theta_1 \in (x - b_n(x), x + b_n(x)), \quad \theta_2 \in (x - c_n(x), x + c_n(x)),$$

所以

$$|x - \theta_1| < \delta, \quad |x - \theta_2| < \delta.$$

故由式 (2.1.13) 得

$$|f(x) - f(\theta_1)| < \frac{\varepsilon}{4}, \quad |f(x) - f(\theta_2)| < \frac{\varepsilon}{4}. \tag{2.1.14}$$

记 $M = \sup_{x} f(x) < \infty$. 由式 (2.1.10)—(2.1.12) 和式 (2.1.14) 可得

$$F_n(x + b_n(x)) - F_n(x - b_n(x)) - F(x + b_n(x)) + F(x - b_n(x))$$

$$\geqslant \frac{k_n}{n} - 2b_n(x)f(\theta_1) = \frac{k_n}{n} \frac{f(x) - f(\theta_1) + \varepsilon}{f(x) + \varepsilon}$$

$$\geqslant \frac{k_n}{n} \frac{-\dfrac{\varepsilon}{4} + \varepsilon}{f(x) + \varepsilon} \geqslant \frac{k_n}{n} \frac{\varepsilon}{4(M + \varepsilon)}$$

以及

$$F_n(x + c_n(x)) - F_n(x - c_n(x)) - F(x + c_n(x)) + F(x - c_n(x))$$

$$\leqslant \frac{k_n}{n} - 2c_n(x)f(\theta_2) = \frac{k_n}{n} \frac{f(x) - f(\theta_2) - \dfrac{\varepsilon}{2}}{f(x) - \dfrac{\varepsilon}{2}}$$

$$\leqslant -\frac{k_n}{n} \frac{\dfrac{\varepsilon}{2} - \dfrac{\varepsilon}{4}}{f(x) - \dfrac{\varepsilon}{2}} \leqslant -\frac{k_n}{n} \frac{\varepsilon}{4(M + \varepsilon)}.$$

故

$$A_{1x} = \left\{ F_n(x + b_n(x)) - F_n(x - b_n(x)) \geqslant \frac{k_n}{n} \right\}$$

$$= \left\{ F_n(x + b_n(x)) - F_n(x - b_n(x)) - F(x + b_n(x)) + F(x - b_n(x)) \right.$$

$$\geqslant \frac{k_n}{n} - 2b_n(x)f(\theta_1) \Big\}$$

$$\subset \left\{ F_n(x + b_n(x)) - F_n(x - b_n(x)) - F(x + b_n(x)) + F(x - b_n(x)) \geqslant 2\frac{k_n}{n}u \right\}$$

$$\subset \left\{ |F_n(x + b_n(x)) - F(x + b_n(x))| \geqslant \frac{k_n}{n}u \right\}$$

$$\cup \left\{ |F_n(x - b_n(x)) - F(x - b_n(x))| \geqslant \frac{k_n}{n}u \right\}$$

$$\subset D$$

以及

$$A_{2x} = \left\{ F_n(x + c_n(x)) - F_n(x - c_n(x)) \leqslant \frac{k_n}{n} \right\}$$

$$= \left\{ F_n(x + c_n(x)) - F_n(x - c_n(x)) - F(x + c_n(x)) \right.$$

$$\left. + F(x - c_n(x)) \leqslant \frac{k_n}{n} - 2c_n(x)f(\theta_2) \right\}$$

$$\subset \left\{ F_n(x + c_n(x)) - F_n(x - c_n(x)) - F(x + c_n(x)) + F(x - c_n(x)) \leqslant -2\frac{k_n}{n}u \right\}$$

$$\subset \left\{ |F_n(x + c_n(x)) - F(x + c_n(x))| \geqslant \frac{k_n}{n}u \right\}$$

$$\cup \left\{ |F_n(x - c_n(x)) - F(x - c_n(x))| \geqslant \frac{k_n}{n}u \right\}$$

$$\subset D,$$

其中

$$u = \frac{\varepsilon}{8(M + \varepsilon)}, \quad D = \left\{ \sup_x |F_n(x) - F(x)| \geqslant \frac{k_n}{n}u \right\}.$$

因此有 $A_x \subset A_{1x} \cup A_{2x} \subset D$. 再由 $k_n \to \infty$, 可知 $\frac{2}{n} < \frac{k_n}{2n}u$. 故由引理 1.3.23, 得

$$P\left(\sup_x |f_n(x) - f(x)| > \varepsilon \right) = P\left(\bigcup_x A_x \right) \leqslant P(D)$$

$$= P\left(\sup_x |F_n(x) - F(x)| \geqslant \frac{k_n}{n}u \right)$$

$$\leqslant P\left(\max_{1 \leqslant k \leqslant n-1} |F_n(x_{n,k}) - F(x_{n,k})| + \frac{2}{n} \geqslant \frac{k_n}{n}u \right)$$

$$\leqslant P\left(\max_{1 \leqslant k \leqslant n-1} |F_n(x_{n,k}) - F(x_{n,k})| \geqslant \frac{k_n}{2n}u \right)$$

$$\leqslant \sum_{k=1}^{n-1} P\left(|F_n(x_{n,k}) - F(x_{n,k})| \geqslant \frac{k_n}{2n}u \right)$$

$$\leqslant \sum_{k=1}^{n-1} P\left\{ \left| \sum_{i=1}^n X_i^{(nk)} \right| \geqslant \frac{k_n}{2}u \right\},$$

这里
$$X_i^{(nk)} = I(X_i < x_{n,k}) - EI(X_i < x_{n,k}), \quad 1 \leqslant i \leqslant n.$$
由性质 1.2.2 可知 $\{X_i^{(nk)}, \ 1 \leqslant i \leqslant n\}$ 仍为 NSD 随机变量且有

$$EX_i^{(nk)} = 0, \quad |X_i^{(nk)}| \leqslant 1, \quad \sum_{i=1}^{n} E(X_i^{(nk)})^2 \leqslant n.$$

令 $t = \dfrac{k_n}{4n}u$, 由 $\dfrac{k_n}{n} \to 0$, 可知 $t \to 0$, 故满足引理 1.3.21 的条件. 由 $\dfrac{k_n^2}{n \log n} \to \infty$

可知, 当 n 足够大时有 $\dfrac{k_n^2}{n} > \dfrac{3 \log n}{C}$. 从而

$$
\begin{aligned}
P\left(\sup_x |f_n(x) - f(x)| > \varepsilon\right) &\leqslant \sum_{k=1}^{n-1} P\left\{\left|\sum_{i=1}^{n} X_i^{(nk)}\right| \geqslant \frac{k_n}{2}u\right\} \\
&\leqslant \sum_{k=1}^{n-1} 2 \exp\left\{-\frac{t k_n u}{2} + t^2 n\right\} \\
&= \sum_{k=1}^{n-1} 2 \exp\left\{-\frac{k_n^2}{n} \frac{u^2}{16}\right\} \\
&\leqslant 2(n-1) \exp\{-3 \log n\} \leqslant 2n^{-2}.
\end{aligned}
$$

因此

$$\sum_{n=1}^{\infty} P\left(\sup_x |f_n(x) - f(x)| > \varepsilon\right) \leqslant 2 \sum_{n=1}^{\infty} n^{-2} < \infty.$$

由 Borel-Cantelli 引理得

$$\sup_x |f_n(x) - f(x)| \to 0, \quad \text{a.s..}$$

定理 2.1.2 证毕.

2.2　NA 样本经验分布函数的渐近正态性

设 $X_1, X_2, \cdots, X_n$ 是严平稳 NA 序列, 其分布函数为 $F(x)$, 令 $S(x) = P(X > x)$ 为其生存函数, 此处 X 的分布函数为 F, 显然 $S(x) = 1 - F(x) = \overline{F}(x)$. 又令 $F_n(x)$ 是基于 $X_1, X_2, \cdots, X_n$ 的经验分布函数, 则生存函数估计为

$$S_n(x) = 1 - F_n(x) = \overline{F}_n(x).$$

由于生存函数 $S(x)$ 估计以及建立估计量 $S_n(x)$ 的渐近最优性质是有意义的, 而且对 $S(x) > 0$, $f(x)$ 是 $F(x)$ 的概率密度函数, 估计风险率或失效率函数 $r(x) = \dfrac{f(x)}{S(x)}$ 是至关重要的.

NA 序列是包含独立在内的一种极其广泛的序列, 它是由 Block 等 (1982) 以及 Joag-Dev 和 Proschan(1983) 提出的. 鉴于 NA 变量在可靠性理论、概率过程、随机过程、多元统计、空间统计等领域中有广泛的应用, 而且在大气、地质、海洋生物、经济等领域也有着十分重要的应用, 本节将基于 NA 序列, 分割在较弱的条件下, 利用大小块研究 $n^{\frac{1}{2}}[\overline{F}_n(x) - \overline{F}(x)]$ 的渐近正态性. 作为在可靠性中的应用, 对生存函数 $S(x)$ 的一个自然的估计是 $\overline{F}_n(x)$, 建立了 $n^{\frac{1}{2}}[\overline{F}_n(x) - \overline{F}(x)]$ 的渐近正态性.

2.2.1　主要结果

基于 $X_1, X_2, \cdots, X_n$, 定义 $F_n(x)$ 如下

$$F_n(x) = \frac{1}{n} \sum_{j=1}^{n} Y_j(x), \quad Y_j(x) = I_{(X_j \leqslant x)}, \tag{2.2.1}$$

则

$$EY_j(x) = F(x), \quad \mathrm{Var}[Y_j(x)] = F(x)[1 - F(x)] =: \sigma_1^2(x), \tag{2.2.2}$$

$$n^{\frac{1}{2}}[F_n(x) - F(x)] = n^{-\frac{1}{2}} \sum_{j=1}^{n} Z_j, \quad Z_j(x) = Y_j(x) - EY_j(x), \tag{2.2.3}$$

其中 Z_j 代表 $Z_j(x)$, 且 $Z_j, j = 1, \cdots, n$ 的界为 1. 把 (2.2.3) 式做如下分解

$$n^{-\frac{1}{2}} \sum_{j=1}^{n} Z_j = n^{-\frac{1}{2}}(T_{n1} + T_{n2} + T_{n3}), \tag{2.2.4}$$

$$T_{n1} = \sum_{m=1}^{\mu} y_m, \quad T_{n2} = \sum_{m=1}^{\mu} y_m', \quad T_{n3} = y_{\mu+1}', \tag{2.2.5}$$

$$y_m = \sum_{i=k_m}^{k_m+\alpha-1} Z_i, \quad k_m = (m-1)(\alpha+\beta)+1, \quad m = 1, \cdots, \mu, \tag{2.2.6}$$

$$y_m' = \sum_{i=l_m}^{l_m+\beta-1} Z_j, \quad l_m = (m-1)(\alpha+\beta)+\alpha+1, \quad m = 1, \cdots, \mu, \tag{2.2.7}$$

$$y'_{\mu+1} = \sum_{j=\mu(\alpha+\beta)+1}^{n} Z_j. \qquad (2.2.8)$$

再令

$$\sigma_0^2 = \sigma_1^2(x) + 2\sigma_2(x), \ \ \sigma_1^2(x) = F(x)[1 - F(x)], \ \ \sigma_2(x) = \sum_{j=1}^{\infty} E(Z_1 Z_{j+1}). \quad (2.2.9)$$

定理 2.2.1 设 $X_1, \cdots, X_n, \cdots$ 是严平稳的 NA 序列, 分布函数为 $F(x)$, 密度函数 $f(x)$ 是有界的. 又 X_1, X_j 的联合分布为 $F_{1,j+1}(x,y)$, $x, y \in \mathbb{R}$, $j > 1$. 令 $u(n) = \sum_{j=n}^{\infty} \sup\limits_{(x,y) \in \mathbb{R}^2} |F_{1,j+1}(x,y) - F(x)F(y)|$, 满足 $u(1) < \infty$. 又记 $0 < \alpha = \alpha_n < n$, $0 < \beta = \beta_n < n$ 为整数, $0 < \mu = \mu_n = [n/(\alpha+\beta)] \to \infty$, 使得

$$\mu(\alpha+\beta) \leqslant n, \quad \mu(\alpha+\beta)/n \to 1, \quad \mu\beta/n \to 0, \quad \alpha^2/n \to 0.$$

那么

$$n^{\frac{1}{2}}[F_n(x) - F(x)] \xrightarrow{d} N(0, \sigma_0^2). \qquad (2.2.10)$$

推论 2.2.1 在定理 2.2.1 的条件下

$$n^{\frac{1}{2}}[\overline{F}_n(x) - \overline{F}(x)] \xrightarrow{d} N(0, \sigma_0^2). \qquad (2.2.11)$$

2.2.2 辅助引理

引理 2.2.1 在定理 2.2.1 条件下, 对任意的整数 $k \geqslant 2$ 有

$$\left| \sum_{1 \leqslant i < j \leqslant k} E(Z_i Z_j) \right| \leqslant Ck < \infty.$$

证明 注意到

$$|\mathrm{Cov}(Z_i, Z_j)| = |\mathrm{Cov}(I_{(X_i \leqslant x)}, I_{(X_j \leqslant y)})| = |F_{i,j+1}(x,y) - F(x)F(y)|. \quad (2.2.12)$$

则有

$$\left| \sum_{1 \leqslant i < j \leqslant k} \mathrm{Cov}(Z_i, Z_j) \right| \leqslant \sum_{1 \leqslant i < j \leqslant k} |\mathrm{Cov}(Z_i, Z_j)|$$

$$\leqslant C \sum_{1 \leqslant i < j \leqslant k} |F_{i,j+1}(x,y) - F(x)F(y)|$$

$$\leqslant C \sum_{i=1}^{k} \sum_{j=1}^{\infty} |F_{1,j+1}(x,y) - F(x)F(y)| \leqslant Ckc(1) = Ck < \infty.$$

引理 2.2.2　在定理 2.2.1 条件下

$$\frac{\mu}{n} E(y_i')^2 \to 0.$$

证明　由平稳性可得

$$\frac{\mu}{n} E(y_i')^2 = \frac{\mu}{n} E\left(\sum_{j=1}^{\beta} Z_j\right)^2$$

$$= \frac{\beta\mu}{n}\sigma_1^2(x) + 2\frac{\mu}{n}\sum_{j=1}^{\beta-1}(\beta - j)\mathrm{Cov}(Z_1, Z_{j+1})$$

$$\leqslant \frac{\beta\mu}{n}\sigma_1^2(x) + 2\frac{\mu}{n}\sum_{j=1}^{\beta-1}(\beta - j)|F_{1,j+1}(x,y) - F(x)F(y)|$$

$$\leqslant \frac{\beta\mu}{n}\sigma_1^2(x) + 2\left(\frac{\mu}{n}\beta\right)\sum_{j=1}^{\infty}|F_{1,j+1}(x,y) - F(x)F(y)| \to 0.$$

引理 2.2.3　在定理 2.2.1 条件下

$$\frac{1}{n}\sum_{1\leqslant i<j\leqslant \mu} E(y_i'y_j') \to 0.$$

证明　利用 (2.2.7) 式中 y_1' 和 y_{j+1}' 的表达式, 以及平稳性得

$$|E(y_1'y_{j+1}')| = \left|\sum_{i=\alpha+1}^{\alpha+\beta}\sum_{l=j(\alpha+\beta)+\alpha+1}^{(j+1)(\alpha+\beta)}\mathrm{Cov}(Z_i, Z_l)\right|$$

$$= \left|\sum_{r=1}^{\beta}(\beta - r + 1)\mathrm{Cov}(Z_1, Z_{j(\alpha+\beta)+r})\right|$$

$$+ \left|\sum_{r=1}^{\beta-1}(\beta - r)\mathrm{Cov}(Z_{r+1}, Z_{j(\alpha+\beta)+1})\right|$$

$$= \left|\sum_{r=1}^{\beta}(\beta - r + 1)\mathrm{Cov}(Z_1, Z_{j(\alpha+\beta)+r})\right|$$

$$+ \left| \sum_{r=1}^{\beta-1} (\beta - r) \mathrm{Cov}(Z_1, Z_{j(\alpha+\beta)-r+1}) \right|$$

$$\leqslant \beta \left| \sum_{r=j(\alpha+\beta)-(\beta-2)}^{j(\alpha+\beta)+\beta} \mathrm{Cov}(Z_1, Z_r) \right|$$

$$= \beta \left| \sum_{r=j(\alpha+\beta)-(\beta-1)}^{j(\alpha+\beta)+(\beta-1)} \mathrm{Cov}(Z_1, Z_{r+1}) \right|$$

$$\leqslant \beta \sum_{r=j(\alpha+\beta)-(\beta-1)}^{j(\alpha+\beta)+(\beta-1)} |F_{1,r+1}(x,y) - F(x)F(y)|. \tag{2.2.13}$$

再由 (2.2.13) 式可得

$$\left| \frac{1}{n} \sum_{1 \leqslant i < j \leqslant \mu} E(y_i' y_j') \right| \leqslant \frac{1}{n} \sum_{j=1}^{\mu-1} (\mu - j)|E(y_1' y_{j+1}')|$$

$$\leqslant \frac{\mu}{n} \sum_{j=1}^{\mu-1} |E(y_1' y_{j+1}')|$$

$$\leqslant C \frac{\beta\mu}{n} \sum_{j=1}^{\mu} \sum_{r=j(\alpha+\beta)-(\beta-1)}^{j(\alpha+\beta)+(\beta-1)} |F_{1,r+1}(x,y) - F(x)F(y)|$$

$$= C \frac{\beta\mu}{n} \sum_{r=\alpha+1}^{\mu(\alpha+\beta)+\beta-1} |F_{1,r+1}(x,y) - F(x)F(y)|$$

$$\leqslant C \left(\frac{\beta\mu}{n} \right) u(\alpha+1) \to 0.$$

引理 2.2.4 在定理 2.2.1 条件下, 由 (2.2.5) 式给出的 T_n, T_n', 成立

(i) $\dfrac{1}{n} E T_n^2 \to 0$; (ii) $\dfrac{1}{n} E(T_n')^2 \to 0$.

证明 (i) 由引理 2.2.2 和引理 2.2.3 可得

$$\frac{1}{n} E T_n^2 = \frac{\mu}{n} E(y_1')^2 + \frac{2}{n} \sum_{1 \leqslant i < j \leqslant \mu} E(y_i' y_j') \to 0.$$

(ii) 此处由不等式 $\mu(\alpha + \beta) \leqslant n < (\mu+1)(\alpha+\beta)$, 可得

$$\frac{n - \mu(\alpha + \beta)}{n} < \frac{1}{\mu}.$$

再由平稳性, 利用引理 2.2.3, 对 $k = n - \mu(\alpha + \beta)$, 有

$$\frac{1}{n}E(T'_n)^2 = \frac{n - \mu(\alpha + \beta)}{n}\sigma_1^2(x) + \frac{2}{n}\sum_{\mu(\alpha+\beta)+1\leqslant i<j\leqslant n}\mathrm{Cov}(Z_i, Z_j)$$

$$\leqslant \frac{n - \mu(\alpha + \beta)}{n}\sigma_1^2(x) + C\frac{2(n - \mu(\alpha + \beta))}{n}$$

$$\leqslant \frac{1}{\mu}[\sigma_1^2(x) + C] \to 0.$$

引理 2.2.5　在定理 2.2.1 条件下, 对任意 $\{n\}$ 趋于无穷的子序列 $\{m\}$ 有

$$\lim_{m\to\infty}\frac{1}{m}\sum_{1\leqslant i<j\leqslant m}E(Z_iZ_j) = \lim_{n\to\infty}\frac{1}{m}\sum_{j=1}^m E(Z_1Z_{j+1}) = \sigma_2(x),$$

对某一有限的 $\sigma_2(x)$ 有

$$\frac{1}{\alpha}Ey_1^2 \to \sigma_1^2(x) + 2\sigma_2(x) = \sigma_0^2(x).$$

证明　易得

$$\frac{1}{m}\sum_{1\leqslant i<j\leqslant m}E(Z_iZ_j) = \frac{1}{m}\sum_{j=1}^{m-1}(m-j)E(Z_1Z_{j+1})$$

$$= \sum_{j=1}^{m-1}E(Z_1Z_{j+1}) - \frac{1}{m}\sum_{j=1}^{m-1}jE(Z_1Z_{j+1})$$

$$= \sum_{j=1}^{m-1}E(Z_1Z_{j+1}) - \frac{1}{m}\sum_{j=1}^m jE(Z_1Z_{j+1}) + E(Z_1Z_{m+1}).$$

但由

$$|E(Z_1Z_{m+1})| \leqslant C|F_{1,m+1}(x,x) - F^2(x)| \to 0, \quad m\to\infty,$$

则有

$$\left|\sum_{j=1}^\infty E(Z_1Z_{j+1})\right| \leqslant \sum_{j=1}^\infty |E(Z_1Z_{j+1})|$$

$$\leqslant C \sum_{j=1}^{\infty} |F_{1,j+1}(x,y) - F(x)F(y)| = Cu(1) < \infty.$$

从而 $\sum_{j=1}^{\infty} E(Z_1 Z_{j+1})$ 收敛到一个有限值. 再由 Kronecker 引理可得

$$\frac{1}{m} \sum_{j=1}^{n} j E(Z_1 Z_{j+1}) \to 0.$$

由此可得

$$\lim_{n \to \infty} \frac{1}{m} \sum_{1 \leqslant i < j \leqslant m} E(Z_i Z_j) = \lim_{n \to \infty} \sum_{j=1}^{m} E(Z_1 Z_{j+1}) = \sigma_2(x).$$

推论 2.2.2 在定理 2.2.1 条件下

$$\frac{\mu}{n} E y_1^2 \to \sigma_0^2(x).$$

证明 根据引理 2.2.5 可得

$$\frac{\mu}{n} E y_1^2 = \left(\frac{\alpha \mu}{n}\right) \frac{1}{\alpha} E y_1^2 \to \sigma_0^2(x),$$

且 $\frac{\beta \mu}{n} \to 0$ 意味着 $\frac{\alpha \mu}{n} \to 1$. 由此即得.

2.2.3 定理的证明

为建立 (2.2.10) 式中的渐近正态性, 我们分两部分完成. 首先证明 $\sum_{m=1}^{\mu} n^{-\frac{1}{2}} y_m$ 的特征函数减去 $n^{-\frac{1}{2}} y_m, m = 1, 2, \cdots, \mu$ 的特征函数的乘积的绝对值收敛到 0. 其次证明其分布由 $\sum_{m=1}^{\mu} n^{-\frac{1}{2}} y_m$ 的特征函数乘积决定, 即其渐近分布为 $N(0, \sigma_0^2)$.

引理 2.2.6 在定理 2.2.1 条件下

$$\left| E \exp\left(\mathrm{i}t \sum_{m=1}^{\mu} n^{-\frac{1}{2}} y_m\right) - \prod_{m=1}^{\mu} E \exp(\mathrm{i}t n^{-\frac{1}{2}} y_m) \right| \to 0.$$

证明 由于 $\mu\alpha/n \to 0$ 及平稳性, 利用引理 1.3.17 可知

$$\left| E \exp\left(\mathrm{i}t \sum_{m=1}^{\mu} n^{-\frac{1}{2}} y_m\right) - \prod_{m=1}^{\mu} E \exp(\mathrm{i}t n^{-\frac{1}{2}} y_m) \right|$$

$$\leqslant \frac{4t^2}{n} \sum_{1 \leqslant i < j \leqslant \mu} \sum_{s=k_i}^{k_i+\alpha-1} \sum_{l=k_j}^{k_j+\alpha-1} |\mathrm{Cov}(Z_s, Z_l)|$$

$$\leqslant C\frac{4t^2}{n}\sum_{1\leqslant i<j\leqslant \mu}\sum_{s=k_i}^{k_i+\alpha-1}\sum_{l=k_j}^{k_j+\alpha-1}|F_{s,l}(x,y)-F(x)F(y)|$$

$$\leqslant C\frac{4t^2}{n}\sum_{i=1}^{\mu-1}\sum_{s=k_i}^{k_i+\alpha-1}\sum_{j=i+1}^{\mu}\sum_{l=k_j}^{k_j+\alpha-1}|F_{s,l+1}(x,y)-F(x)F(y)|$$

$$=C\frac{4t^2}{n}\sum_{i=1}^{\mu-1}\sum_{s=k_i}^{k_i+\alpha-1}\sum_{l=\beta}^{\infty}|F_{s,l+1}(x,y)-F(x)F(y)|$$

$$\leqslant Ct^2\frac{\mu\alpha}{n}u(\beta)\to 0.$$

引理 2.2.7　在定理 2.2.1 条件下

$$n^{-\frac{1}{2}}S_n \xrightarrow{d} N(0,\sigma_0^2).$$

证明　考虑随机序列 $n^{-1/2}y_m, m=1,2,\cdots,\mu$. 令 $z_{nm}, m=1,2,\cdots,\mu$ 是独立的且具有与 $n^{-1/2}y_1$ 相同的分布, 则 $Ez_{nm}=0$. 根据引理 2.2.6, 有

$$\left|E\exp\left(\mathbf{i}t\sum_{m=1}^{\mu}n^{-\frac{1}{2}}y_m\right)-\prod_{m=1}^{\mu}E\exp(\mathbf{i}tz_{nm})\right|\to 0,$$

或者由 z_{nm} 的独立性, 有

$$\left|E\exp\left(\mathbf{i}t\sum_{m=1}^{\mu}n^{-\frac{1}{2}}y_m\right)-E\exp\left(\mathbf{i}t\sum_{m=1}^{\mu}z_{nm}\right)\right|\to 0.$$

下面证明

$$\sum_{m=1}^{\mu}z_{nm}\xrightarrow{d} N(0,\sigma_0^2(x)).\tag{2.2.14}$$

令

$$s_n=\sum_{m=1}^{\mu}\mathrm{Var}(z_{nm}),\quad Z_{nm}=\frac{z_{nm}}{s_n}.$$

则随机变量 $Z_{nm}, m=1,\cdots,\mu$ 是独立的且有 $EZ_{n1}=0$, $\mathrm{Var}(Z_{n1})=1/\mu$. 因此 $\sum_{m=1}^{\mu}\mathrm{Var}(Z_{nm})=1$. 由推论 2.2.2 可得 $s_n^2\to\sigma_0^2(x)$. 这样 (2.2.14) 式收敛等价于

$$\sum_{m=1}^{\mu}Z_{nm}\xrightarrow{d} N(0,1).\tag{2.2.15}$$

令 G_n 是 $\dfrac{n^{-1/2}y_1}{s_n}$ 的分布函数, 则对任意的 $\varepsilon > 0$, 有

$$g_n(\varepsilon) = \mu \cdot \int_{(|x| \geqslant \varepsilon)} x^2 dG_n \to 0.$$

再由 (2.2.4) 式可得

$$\left| \frac{n^{-1/2}y_1}{s_n} \right| \leqslant \frac{C\alpha}{s_n\sqrt{n}},$$

此处 C 是 K 的界. 因此

$$\left| \frac{n^{-1/2}Z_{n1}}{s_n} \right| \leqslant \frac{C\alpha}{s_n\sqrt{n}}.$$

由此及 $\dfrac{\alpha^2}{n} \to 0$, 可得

$$\begin{aligned}
g_n(\varepsilon) = \mu \int_{(|x| \geqslant \varepsilon)} x^2 dG_n &\leqslant \mu E\left[Z_{nm}^2 I_{(|Z_{n1}| \geqslant \varepsilon)} \right] \\
&\leqslant \frac{C^2\alpha^2\mu}{ns_n^2} P(|Z_{n1}| \geqslant \varepsilon) \\
&\leqslant \frac{C^2\alpha^2\mu}{ns_n^2} \mathrm{Var}(Z_{n1}) = \frac{C^2}{s_n^2}\mu\,\mathrm{Var}(Z_{n1})\frac{\alpha^2}{n} \to 0.
\end{aligned}$$

根据 Lindeberg-Feller 中心极限定理证得 (2.2.14) 式. 从而引理 2.2.7 得证.

定理 2.2.1 的证明 根据引理 2.2.4 可得

$$n^{-1}E[T_n^2 + (T_n')^2] \to 0,$$

从而

$$n^{-\frac{1}{2}}(T_n + T_n') \xrightarrow{P} 0.$$

再结合引理 2.2.7, 即证得 (2.2.10) 式, 从而定理 2.2.1 证毕.

推论 2.2.1 的证明 注意到

$$\overline{F}_n(x) - \overline{F}(x) = F(x) - F_n(x),$$

根据定理 2.2.1, 即得证 (2.2.11) 式. 从而推论 2.2.1 证毕.

2.3　NA 样本密度函数核估计的一致渐近正态性

设 $\{X_n, n \geqslant 1\}$ 是实值平稳随机序列, 具有未知概率密度函数 $f(x)$, 考虑密度核估计

$$f_n(x) = \frac{1}{nh_n} \sum_{i=1}^{n} K\left(\frac{x - X_i}{h_n}\right), \tag{2.3.1}$$

其中 $K(\cdot)$ 是已知的密度函数, 窗宽参数 h_n 满足 $h_n \to 0, n \to \infty$.

对上述估计的有关渐近正态性, 国内外学者们进行了一定的研究, 特别是 Roussas (1995) 研究了 NA 样本下随机场的分布函数的光滑估计的渐近正态性, Cai 和 Roussas (1999) 研究了相协样本下的分布函数的光滑估计的 Berry-Esseen 界, Roussas (2000) 得到了 NA 样本下的密度函数核估计的渐近正态性.

本节在 NA 样本下, 讨论了密度函数核估计的一致渐近正态性.

2.3.1　假设条件和主要结果

我们给出一些假设条件.

条件 (A₁)　设 $X_1, X_2, \cdots$ 是平稳 NA 序列, 具有未知概率密度函数 $f(x)$, 且

(i)　$X_1, X_2, \cdots$ 具有有限二阶矩, 即 $EX_i^2 < \infty$ 且 $u(1) < \infty$, $u(n) =: \sum_{j=n}^{\infty} |\mathrm{Cov}(X_1, X_{j+1})|$;

(ii)　设 X_1, X_{j+1} 的联合密度函数为 $f_{1,j}$, 对任意的 $u, v \in \mathbb{R}$ 和 $j \geqslant 1$ 有

$$|f_{1,j}(u,v) - f(u)f(v)| \leqslant c.$$

条件 (A₂)　设 $K(\cdot)$ 是已知的密度核函数满足

(i) $K(u) \leqslant C$, $u \in \mathbb{R}$, $\lim_{|u| \to \infty} (|u|K(u)) = 0$;

(ii) $K(u)$ 是绝对连续的函数, $\sup_{u \in \mathbb{R}} |K'(u)| \leqslant B$.

条件 (A₃)　设 $0 < p = p_n < n$, $0 < q = q_n < n$ 是均趋向 $\infty(n \to \infty)$ 的正整数列. 记 $k = [n/(p+q)]$, $0 \leqslant k = k_n \xrightarrow{n \to \infty} \infty$. 则 $k(p+q) \leqslant n$, $k(p+q)/n \to 1$. 并且 p_n, q_n, k_n 还满足下列条件:

(i) $p_n k_n/n \to 1$, $p_n h_n \to 0$, $u(q_n)/h_n^3 \to 0$.

(ii) $\Psi_{1n} =: qp^{-1} + q^2 p^{-1} h_n \to 0$, $\Psi_{2n} =: \dfrac{p}{n} \to 0$.

(iii) $\Psi_{3n} =: np^\varepsilon h_n^{(\theta-1)/(\theta+1)} \left(\dfrac{1}{nh_n}\right)^{\frac{3\theta-1}{2(\theta+1)}} \to 0$, 其中 $\theta > 1$, ε 为任意小的正数.

下面给出一些记号:

$$K_{nj}(x) = K\left(\frac{x - X_j}{h_n}\right), \quad Z_{nj} = \frac{1}{nh\sigma_n}(K_{nj} - EK_{nj}), \quad \sigma_n^2 = \text{Var}[f_n(x)], \quad (2.3.2)$$

$$S_n = \frac{f_n(x) - Ef_n(x)}{\sigma_n} = \frac{\displaystyle\sum_{j=1}^{n}(K_{nj} - EK_{nj})}{nh\sigma_n} = \sum_{j=1}^{n} Z_{nj}. \quad (2.3.3)$$

利用大小块分割原理, S_n 可分解为

$$S_n = S_n' + S_n'' + S_n''', \quad (2.3.4)$$

其中

$$S_n' = \sum_{m=1}^{k} y_{nm}, \quad S_n'' = \sum_{m=1}^{k} y_{nm}', \quad S_n''' = y_{nk+1}',$$

$$y_{nm} = \sum_{j=k_m}^{k_m+p-1} Z_{nj}, \quad y_{nm}' = \sum_{j=l_m}^{l_m+q-1} Z_{nj}, \quad y_{nk+1}' = \sum_{j=k(p+q)+1}^{n} Z_{nj},$$

$$k_m = (m-1)(p+q)+1, \quad l_m = (m-1)(p+q)+p+1, \quad m = 1, \cdots, k. \quad (2.3.5)$$

令 $F_n(u) = P(S_n < u)$, $\Phi(u)$ 是标准正态 $N(0,1)$ 的分布函数, 则有

定理 2.3.1 若条件 (A_1)—条件(A_3) 满足. 如果 $u(n) \leqslant Cn^{-\theta}$ $(\theta > 1)$, 则

$$\sup_u |F_n(u) - \Phi(u)| \leqslant C\left\{\Psi_{1n}^{1/3} + \Psi_{2n}^{1/3} + \Psi_{3n} + \left(\frac{u(q)}{h_n^3}\right)^{1/3}\right\}.$$

注 2.3.1 在定理 2.3.1 中, 为达到该收敛速度, 条件 $u(n) \leqslant Cn^{-\theta}$ $(\theta > 1)$ 是必要的. 例如, 设

$$\widetilde{u}(n) =: \sum_{j=n}^{\infty} |\text{Cov}(X_1, X_{j+1})|^{1/3},$$

易得 $u(n) \leqslant C\widetilde{u}(n)$. 当

$$\widetilde{u}(n) = O(n^{-\alpha}) \ (\alpha > 0), \quad \widetilde{u}(n) = O(n^{-\alpha}) \ (\alpha > 1), \quad \widetilde{u}(n) = O(e^{-\beta n}) \ (\beta > 0)$$

时, 分别得到文献 (Cai and Roussas, 1999) 中的推论 2.3—推论 2.5.

推论 2.3.1 若条件 (A_1) 和条件 (A_2) 成立, $u(n) \leqslant Cn^{-\theta}$ $(\theta > 1)$, $h_n =$

$Cn^{-\tau}$, $0 < \tau \leqslant 1$. 当 θ, τ 满足 $\max\left\{\dfrac{1}{2} + \dfrac{3\tau}{2\theta}, \dfrac{3\tau - 1}{2} + \dfrac{6}{\theta + 1}, \dfrac{1 + \theta + 3\tau}{2\theta + 1}\right\} < \tau$,

且 ρ 满足 $\max\left\{\dfrac{1}{2} + \dfrac{3\tau}{2\theta}, \dfrac{3\tau - 1}{2} + \dfrac{6}{\theta + 1}, \dfrac{1 + \theta + 3\tau}{2\theta + 1}\right\} < \rho < \tau$ 时, 则

$$\sup_u |F_n(u) - \Phi(u)| = O\left(n^{-(1-\rho)/3}\right).$$

注 2.3.2 在推论 2.3.1 中, 取 $\theta = 36$, $\rho = \dfrac{2}{3}$, $\tau = \dfrac{2}{3} + \varepsilon$, 而 $0 < \varepsilon < \dfrac{1}{9 \times 37}$. 容易验证 $\max\left\{\dfrac{1}{2} + \dfrac{3\tau}{2\theta}, \dfrac{3\tau - 1}{2} + \dfrac{6}{\theta + 1}, \dfrac{1 + \theta + 3\tau}{2\theta + 1}\right\} < \rho < \tau$. 从而

$$\sup_u |F_n(u) - \Phi(u)| = O(n^{-1/9}).$$

注 2.3.3 在推论 2.3.1 中, 如果 θ 充分大, $\tau \leqslant \dfrac{2}{3}$, 只要 τ, ρ 满足 $\dfrac{1}{2} < \rho < \tau \leqslant \dfrac{2}{3}$. 则当 $\rho \approx \dfrac{1}{2}$ 时

$$\sup_u |F_n(u) - \Phi(u)| \approx O(n^{-1/6}).$$

注 2.3.4 本节得到 NA 样本下的收敛速度 $O(n^{-1/6})$, 比独立同分布样本下的收敛速度 $O(n^{-1/2})$ 慢, 这主要是 NA 样本的协方差较难处理造成的.

2.3.2 辅助引理

下面给出在证明过程中要用到的一些引理和结果.

引理 2.3.1 设 $2 < p < r < \infty$, $f(x)$ 是绝对连续函数且 $\sup\limits_{x \in \mathbb{R}} |f'(x)| \leqslant B$. $\{X_n, n \geqslant 1\}$ 是 NA 序列, $Ef(X_n) = 0$, $\|f(X_n)\|_r =: (E|X_n|^r)^{1/r} < \infty$. 设

$$u(n) = \sup_{i \geqslant 1} \sum_{j:|j-i| \geqslant n} |\mathrm{Cov}(X_j, X_i)| < \infty, \quad u(n) \leqslant Cn^{-\theta}, \quad C > 0, \theta > 0.$$

则对任意 $\varepsilon > 0$, 存在 $K = K(\varepsilon, r, p, \theta) < \infty$, 使得

$$E\left|\sum_{i=1}^n f(X_i)\right|^p \leqslant K\left\{n^{1+\varepsilon} \max_{i \leqslant n} E|f(X_i)|^p + \left(n \max_{i \leqslant n} \sum_{j=1}^n |\mathrm{Cov}(f(X_i), f(X_j))|^{p/2}\right)\right.$$
$$\left. + n^{1+\varepsilon} \max_{i \leqslant n} \|f(X_i)\|_r^{r(p-2)/(r-2)} (B^2 C)^{(r-p)/(r-2)}\right\},$$

这里 $\theta \geqslant (r-1)(p-2)/(r-p)$.

证明   见文献 (袁明和苏淳, 2000) 中定理 4.2.

引理 2.3.2   在条件 (A_1)—条件(A_3) 下

$$nh_n\sigma_n^2 \to f(x)\int_{\mathbb{R}} K^2(u)du =: \sigma^2, \quad \frac{1}{h_n}\mathrm{Var}\left(K\left(\frac{x-X_j}{h_n}\right)\right) \to \sigma^2.$$

证明   由文献 (Roussas, 2000) 中引理 3.1 和引理 3.5 即得.

注 2.3.5   由引理 2.3.2 得 $nh_n\sigma_n^2 \leqslant C$.

引理 2.3.3   设条件 (A_1)—条件(A_3) 成立, 那么

$$E(S_n'')^2 \leqslant C\Psi_{1n}, \quad E(S_n''')^2 \leqslant C\Psi_{2n}. \tag{2.3.6}$$

证明   由于

$$
\begin{aligned}
E(S_n'')^2 &\leqslant \sum_{m=1}^{k}\mathrm{Var}(y_{nm}') + 2\sum_{1\leqslant m_1 < m_2\leqslant k}|\mathrm{Cov}(y_{nm_1}', y_{nm_2}')| \\
&\leqslant \sum_{m=1}^{k}\sum_{j=l_m}^{l_m+q-1}\mathrm{Var}(Z_{nj}) + 2\sum_{m=1}^{k}\sum_{l_m\leqslant i<j\leqslant l_m+q-1}|\mathrm{Cov}(Z_{ni}, Z_{nj})| \\
&\quad + 2\sum_{1\leqslant m_1<m_2\leqslant k}|\mathrm{Cov}(y_{nm_1}', y_{nm_2}')| \\
&= J_1 + J_2 + J_3.
\end{aligned}
$$

由引理 2.3.2, 有

$$\mathrm{Var}(Z_{nj}) \leqslant \frac{1}{(nh_n\sigma_n)^2}\mathrm{Var}\left(K\left(\frac{x-X_j}{h_n}\right)\right) \leqslant \frac{C}{(n\sigma_n)^2 h_n} \leqslant Cn^{-1}.$$

从而

$$J_1 \leqslant C\frac{kq}{n} \leqslant Cqp^{-1}.$$

再由条件 (A_1) (ii) 得

$$
\begin{aligned}
&|\mathrm{Cov}(K_{ni}, K_{nj})| \\
&= h_n^2\left|\int_{\mathbb{R}^2}K(u)K(v)[f_{1,j}(x-h_nu), x-h_n(v)-f(x-h_nu)f(x-h_nv)]dudv\right| \\
&\leqslant Ch_n^2.
\end{aligned}
$$

根据引理 1.3.11、条件 $(A_2)\,(ii)$ 及平稳性得

$$J_2 \leqslant \frac{2}{(nh_n\sigma_n)^2} \sum_{m=1}^{k} \sum_{l_m \leqslant i < j \leqslant l_m+q-1} |\mathrm{Cov}(K_{ni}, K_{nj})|$$

$$\leqslant \frac{2}{(nh_n\sigma_n)^2} \sum_{m=1}^{k} \sum_{1 \leqslant i < j \leqslant q} |\mathrm{Cov}(K_{ni}, K_{nj})|$$

$$\leqslant C\frac{q^2 k h_n}{n} \leqslant Cq^2 p^{-1} h_n.$$

类似于文献 (Roussas, 2000) 中引理 3.2 的证明, 我们得到

$$|\mathrm{Cov}(y'_{n1},\ y'_{n,l+1})| = \left| \sum_{i=p+1}^{p+q} \sum_{j=l(p+q)+p+1}^{(l+1)(p+q)} \mathrm{Cov}(Z_{ni},\ Z_{nj}) \right|$$

$$\leqslant q \sum_{r=l(p+q)-(q-1)}^{l(p+q)+(q-1)} |\mathrm{Cov}(Z_{ni}, Z_{nr})|$$

$$= \frac{qB^2}{n^2 h_n^4 \sigma_n^2} \sum_{r=l(p+q)-(q-1)}^{l(p+q)+(q-1)} |\mathrm{Cov}(X_i, X_{r+1})|.$$

从而

$$\sum_{1 \leqslant i < j \leqslant k} |\mathrm{Cov}\left(y'_{ni},\ y'_{n,l+1}\right)| = \sum_{l=1}^{k-1} (k-l)|\mathrm{Cov}\left(y'_{n1},\ y'_{n,l+1}\right)|$$

$$\leqslant k \sum_{l=1}^{k-1} |\mathrm{Cov}(y'_{n1},\ y'_{n,l+1})|$$

$$\leqslant \frac{qB^2}{n^2 h_n^4 \sigma_n^2} \sum_{l=1}^{k-1} \sum_{r=l(p+q)-(q-1)}^{l(p+q)+(q-1)} |\mathrm{Cov}(X_i, X_{r+1})|$$

$$\leqslant C\frac{qp^{-1}}{h_n^3} u(p).$$

根据 $u(q)/h_n^3 \to 0$ 得 $u(p)/h_n^3 \to 0$, 再由 $\Psi_{1n} \to 0$ 及 $q \leqslant p$, 有

$$E(S_n'')^2 \leqslant C \left\{ qp^{-1} + q^2 p^{-1} h_n + \frac{qp^{-1}}{h_n^3} u(p) \right\}$$

$$\leqslant C\left\{qp^{-1} + q^2p^{-1}h_n\right\} = C\Psi_{1n}. \tag{2.3.7}$$

又由平稳性可得

$$E(S_n''')^2 \leqslant \frac{n-k(p+q)}{(nh_n\sigma_n)^2}\mathrm{Var}(K_{n1}) + \frac{2}{(nh_n\sigma_n)^2}\sum_{k(p+q)+1\leqslant i<j\leqslant n}|\mathrm{Cov}(K_{ni},K_{nj})|$$

$$\leqslant \frac{n-k(p+q)}{(nh_n\sigma_n)^2}\mathrm{Var}(K_{n1}) + \frac{2}{(nh_n\sigma_n)^2}\sum_{1\leqslant i<j\leqslant n-k(p+q)}|\mathrm{Cov}(K_{ni},K_{nj})|$$

$$\leqslant \frac{n-k(p+q)}{(nh_n\sigma_n)^2}\mathrm{Var}(K_{n1}) + \frac{2}{(nh_n\sigma_n)^2}\sum_{1\leqslant i<j\leqslant p}|\mathrm{Cov}(K_{ni},K_{nj})|$$

$$\leqslant C\left\{\frac{p}{n} + \frac{p^2h_n}{n}\right\} \leqslant C\frac{p}{n} = C\Psi_{2n}. \tag{2.3.8}$$

从而引理得证.

引理 2.3.4　令 $s_n^2 \overset{\triangle}{=} \sum_{m=1}^k \mathrm{Var}(y_{nm})$. 若条件 $(A_1),(A_2)$ 和 (A_3) 成立, 那么

$$|s_n^2 - 1| \leqslant C\left\{\Psi_{1n}^{1/2} + \Psi_{2n}^{1/2} + \frac{1}{h_n^3}u(q)\right\}.$$

证明　令 $\pi_n = \sum_{1\leqslant i<j\leqslant k}\mathrm{Cov}(y_{ni},y_{nj})$. 易得

$$s_n^2 = E(S_n')^2 - 2\pi_n, \quad E(S_n)^2 = 1, \tag{2.3.9}$$

$$E(S_n')^2 = E[S_n - (S_n'' + S_n''')]^2 = 1 + E(S_n'' + S_n''')^2 - 2E[S_n(S_n'' + S_n''')]. \tag{2.3.10}$$

由引理 2.3.3 得

$$E(S_n'' + S_n''')^2 \leqslant 2[E(S_n'')^2 + E(S_n''')^2] \leqslant C(\Psi_{1n} + \Psi_{2n}), \tag{2.3.11}$$

$$E[S_n(S_n'' + S_n''')] \leqslant E^{1/2}(S_n^2)E^{1/2}(S_n'' + S_n''')^2 \leqslant C(\Psi_{1n}^{1/2} + \Psi_{2n}^{1/2}). \tag{2.3.12}$$

从而由 (2.3.10)—(2.3.12) 式及条件 (A_3) 得

$$|E(S_n')^2 - 1| \leqslant C(\Psi_{1n}^{1/2} + \Psi_{2n}^{1/2}). \tag{2.3.13}$$

类似于文献 (Roussas, 2000) 中的引理 3.3 的计算, 有

$$|\pi_n| \leqslant B^2\frac{kp}{n^2h_n^4\sigma^2}\sum_{r=q}^\infty|\mathrm{Cov}(X_1,X_{r+1})| \leqslant C\frac{1}{h_n^3}u(q). \tag{2.3.14}$$

联合 (2.3.9)、(2.3.13) 和 (2.3.14) 式, 引理 2.3.4 得证.

假设 $\{\eta_{nm}, m = 1, \cdots, k\}$ 是独立随机变量且与 y_{nm} 同分布. 记 $M_n = \sum_{m=1}^{k} \eta_{nm}$, $B_n = \sum_{m=1}^{k} \mathrm{Var}(\eta_{nm})$, $H_n(u)$, $G_n(u)$ 和 $\widetilde{G}_n(u)$ 分别是 S_n', $M_n/\sqrt{B_n}$ 和 M_n 的分布函数. 显然

$$B_n = s_n^2, \quad \widetilde{G}_n(u) = G_n\left(\frac{u}{s_n}\right). \tag{2.3.15}$$

引理 2.3.5 在定理 2.3.1 条件下

$$\sup_u |G_n(u) - \Phi(u)| \leqslant C\Psi_{3n}. \tag{2.3.16}$$

证明 由条件 (A_2) (i) 和引理 2.3.2 知, 对任意的 $r > 2$, $E|K_{n1}|^r \leqslant Ch_n$. 又由引理 2.3.1, 对任意的 $\varepsilon > 0$, 存在 $C_1 = C_1(\varepsilon, r, \delta, \theta) < \infty$, 使得

$$\sum_{m=1}^{k} E|\eta_{nm}|^{2+\delta} = \sum_{m=1}^{k} E|y_{nm}|^{2+\delta} = \sum_{m=1}^{k} E\left|\sum_{i=k_m}^{k_m+p-1} Z_{ni}\right|^{2+\delta}$$

$$\leqslant C_1 \sum_{m=1}^{k} \left\{ p^{1+\varepsilon} E|Z_{n1}|^{2+\delta} \right.$$

$$+ \left(p \max_{k_m \leqslant i \leqslant k_m+p-1} \sum_{j=k_m}^{k_m+p-1} |\mathrm{Cov}(Z_{ni}, Z_{nj})| \right)^{(2+\delta)/2}$$

$$\left. + p^{1+\varepsilon} \parallel Z_{n1} \parallel_r^{(r\delta)/(r-2)} (B^2 C)^{(r-(2+\delta))/(r-2)} \right\}$$

$$\leqslant C \times k \left\{ p^{1+\varepsilon} h_n \left(\frac{1}{nh_n}\right)^{1+\delta/2} + \left(\frac{p^2 h_n}{n}\right)^{1+\delta/2} \right.$$

$$\left. + p^{1+\varepsilon} \left(\frac{h_n}{(nh_n)^{r/2}}\right)^{\delta/(r-2)} \right\},$$

其中 $\theta \geqslant \delta(r-1)/(r-(2+\delta))$. 又取 $\delta = 1$, $\theta = \dfrac{r-1}{r-3}$ 得 $r = \dfrac{3\theta-1}{\theta-1}$, 从而

$$\sum_{m=1}^{k} E|\eta_{nm}|^3 \leqslant Ck \left\{ p^{1+\varepsilon} h_n \left(\frac{1}{nh_n}\right)^{3/2} + \left(\frac{p^2 h_n^2}{nh_n}\right)^{3/2} \right.$$

$$\left. + p^{1+\varepsilon} h_n^{(\theta-1)/(\theta+1)} \left(\frac{1}{nh_n}\right)^{\frac{3\theta-1}{2(\theta+1)}} \right\}$$

$$\leqslant Ckp^{1+\varepsilon}h_n^{(\theta-1)/(\theta+1)}\left(\frac{1}{nh_n}\right)^{\frac{3\theta-1}{2(\theta+1)}}$$

$$\leqslant Cnp^{\varepsilon}h_n^{(\theta-1)/(\theta+1)}\left(\frac{1}{nh_n}\right)^{\frac{3\theta-1}{2(\theta+1)}}$$

$$= C\Psi_{3n}.$$

再由 $\dfrac{3\theta-1}{2(\theta+1)} < 3/2,\ \dfrac{\theta-1}{\theta+1} < 1,\ ph_n \to 0$, 以及引理 2.3.4 得 $B_n = s_n \to 1$. 从而

$$\frac{1}{\sqrt{B_n^3}}\sum_{m=1}^{k}E|\eta_{nm}|^3 \leqslant C\Psi_{3n}.$$

由此及 Berry-Esseen 定理, 引理 2.3.5 得证.

引理 2.3.6 在定理 2.3.1 条件下

$$\sup_u |H_n(u) - \widetilde{G}_n(u)| \leqslant C\left\{\Psi_{3n} + \frac{u^{\frac{1}{3}}(q)}{h_n}\right\}. \tag{2.3.17}$$

证明 记 $\psi(t)$ 和 $\varphi(t)$ 分别是 S_n' 和 H_n 的特征函数. 显然

$$\psi(t) = E(\exp\{\mathbf{i}tH_n\}) = \prod_{m=1}^{k}E\exp\{\mathbf{i}t\eta_{nm}\} = \prod_{m=1}^{k}E\exp\{\mathbf{i}ty_{nm}\}.$$

类似于文献 (Roussas, 2000) 中 (4.5) 式的证明, 有

$$|\psi(t) - \varphi(t)| = \left|E\exp\{\mathbf{i}tS_n'\} - \prod_{m=1}^{k}E\exp\{\mathbf{i}ty_{nm}\}\right|$$

$$\leqslant 8B^2\frac{t^2}{n^2h_n^4\sigma_n^2}pk\sum_{j=(p+q)+1}^{(k-1)(p+q)+p}|\text{Cov}(X_1, X_j)|$$

$$\leqslant 8B^2\frac{t^2}{n^2\sigma_n^2h_n^4}pk\sum_{j=q}^{\infty}|\text{Cov}(X_1, X_j)|$$

$$\leqslant Ct^2\frac{pk}{nh_n^3}u(q) \leqslant Ct^2\frac{u(q)}{h_n^3}. \tag{2.3.18}$$

由引理 1.3.26, 令 $b = 1$, 则对任意的 $T > 0$ 有

$$\sup_u |H_n(u) - \widetilde{G}_n(u)|$$

$$\leqslant \int_{-T}^{T} \left| \frac{\psi(t) - \varphi(t)}{t} \right| dt + T \sup_{u} \int_{|y| \leqslant c/T} \left| \widetilde{G}_n(u+y) - \widetilde{G}_n(u) \right| dy$$

$$=: I_{1n} + I_{2n}. \tag{2.3.19}$$

由 (2.3.18) 式得

$$I_{1n} \leqslant C \frac{u(q)}{h_n^3} \int_{-T}^{T} |t| dt \leqslant C \frac{u(q)}{h_n^3} T^2. \tag{2.3.20}$$

注意到 $\widetilde{G}_n(u) = G_n(u/s_n)$, 由引理 2.3.5 得

$$\sup_{u} \left| \widetilde{G}_n(u+y) - \widetilde{G}_n(u) \right|$$

$$\leqslant \sup_{u} \left| G_n\left(\frac{u+y}{s_n} \right) - G_n\left(\frac{u}{s_n} \right) \right|$$

$$\leqslant \sup_{u} \left| G_n\left(\frac{u+y}{s_n} \right) - \Phi\left(\frac{u+y}{s_n} \right) \right|$$

$$+ \left| \Phi\left(\frac{u+y}{s_n} \right) - \Phi\left(\frac{u}{s_n} \right) \right| + \left| G_n\left(\frac{u}{s_n} \right) - \Phi\left(\frac{u}{s_n} \right) \right|$$

$$\leqslant 2 \sup_{u} |G_n(u) - \Phi(u)| + \left| \Phi\left(\frac{u+y}{s_n} \right) - \Phi\left(\frac{u}{s_n} \right) \right|$$

$$\leqslant C \left\{ \Psi_{3n} + \frac{|y|}{s_n} \right\} \leqslant C \{ \Psi_{3n} + |y| \}.$$

从而

$$I_{2n} \leqslant CT \int_{|y| \leqslant c/T} \{ \Psi_{3n} + |y| \} dy \leqslant C \left\{ \Psi_{3n} + \frac{1}{T} \right\}. \tag{2.3.21}$$

结合 (2.3.19)—(2.3.21) 式, 选取 $T = u^{-1/3}(q) h_n$, 有

$$\sup_{u} |H_n(u) - \widetilde{G}_n(u)| \leqslant C \left\{ u(q) \frac{T^2}{h_n^3} + \Psi_{3n} + \frac{1}{T} \right\} \leqslant C \left\{ \Psi_{3n} + \frac{u^{\frac{1}{3}}(q)}{h_n} \right\}.$$

引理 2.3.6 证毕.

2.3.3　定理的证明

定理 2.3.1 的证明　由于

$$\sup_{u} |H_n(u) - \Phi(u)|$$

$$\leqslant \sup_u |H_n(u) - \tilde{G}_n(u)| + \sup_u \left| \tilde{G}_n(u) - \Phi\left(\frac{u}{\sqrt{B_n}}\right) \right|$$
$$+ \sup_u \left| \Phi\left(\frac{u}{\sqrt{B_n}}\right) - \Phi(u) \right|$$
$$=: J_{1n} + J_{2n} + J_{3n}. \tag{2.3.22}$$

利用引理 2.3.4—引理 2.3.6 得

$$J_{1n} \leqslant C \left\{ \Psi_{3n} + \frac{u^{\frac{1}{3}}(q)}{h_n} \right\}, \tag{2.3.23}$$

$$J_{2n} = \sup_u \left| G_n\left(\frac{u}{\sqrt{B_n}}\right) - \Phi\left(\frac{u}{\sqrt{B_n}}\right) \right| = \sup_u |G_n(u) - \Phi(u)| \leqslant C\Psi_{3n}$$

和

$$J_{3n} \leqslant C|s_n^2 - 1| \leqslant C\left(\Psi_{1n}^{1/2} + \Psi_{2n}^{1/2} + \frac{1}{h_n^3}u(q) \right). \tag{2.3.24}$$

联合 (2.3.22)—(2.3.24) 式和引理 2.3.4 得

$$\sup_u |H_n(u) - \Phi(u)| \leqslant C\left\{ \Psi_{3n} + \frac{u^{\frac{1}{3}}(q)}{h_n} + \Psi_{1n}^{1/2} + \Psi_{2n}^{1/2} + \frac{1}{h_n^3}u(q) \right\}. \tag{2.3.25}$$

由引理 1.3.26 得

$$\sup_u |F_n(u) - \Phi(u)| = \sup_u \left| F_{S_n' + (S_n'' + S_n''')}(u) - \Phi(u) \right|$$
$$\leqslant C\{\sup_u |H_n(u) - \Phi(u)| + \mu + P(|(S_n'' + S_n''')| \geqslant \mu)\}$$
$$\leqslant C\left\{ \Psi_{3n} + \frac{u^{\frac{1}{3}}(q)}{h_n} + \Psi_{1n}^{1/2} + \Psi_{2n}^{1/2} + \frac{1}{h_n^3}u(q) \right.$$
$$\left. + \mu + P(|(S_n'' + S_n''')| \geqslant \mu) \right\}. \tag{2.3.26}$$

令 $\mu = (\Psi_{1n} + \Psi_{2n})^{1/3}$, 由 Markov 不等式和引理 2.3.3 得

$$P\left(|S_n'' + S_n'''| \geqslant \mu\right) \leqslant P\left(|S_n''| \geqslant \frac{1}{2}\mu\right) + P\left(|S_n'''| \geqslant \frac{1}{2}\mu\right)$$
$$\leqslant \frac{E(S_n'')^2}{\left(\frac{1}{2}\mu\right)^2} + \frac{E(S_n''')^2}{\left(\frac{1}{2}\mu\right)^2}$$

$$\leqslant C\left(\Psi_{1n}+\Psi_{2n}\right)^{1/3}\leqslant C\Psi_{1n}^{1/3}+\Psi_{2n}^{1/3}. \qquad (2.3.27)$$

把 (2.3.27) 式代入 (2.3.26) 式得

$$\sup_u|F_n(u)-\Phi(u)|\leqslant C\left\{\Psi_{3n}+\frac{u^{\frac13}(q)}{h_n}+\Psi_{1n}^{1/2}+\Psi_{2n}^{1/2}+\frac{1}{h_n^3}u(q)+\Psi_{1n}^{1/3}+\Psi_{2n}^{1/3}\right\}$$

$$\leqslant C\left\{\Psi_{1n}^{1/3}+\Psi_{2n}^{1/3}+\Psi_{3n}+\left(\frac{u(q)}{h_n^3}\right)^{1/3}\right\}.$$

从而定理 2.3.1 证毕.

推论 2.3.1 的证明　取 $p=[n^\rho]$, $q=[n^{2\rho-1}]$, 有

$$\frac{p_nk_n}{n}\sim 1,\quad p_nh_n\leqslant Cn^{\rho-\tau}\to 0,\quad \frac{u(q_n)}{h_n^3}\leqslant Cn^{-(2\rho-1)\theta+3\tau}\to 0,$$

$$\Psi_{1n}^{1/3}\leqslant C(n^{\rho-1}+n^{3\rho-2-\tau})^{1/3},\quad \Psi_{2n}^{1/3}\leqslant Cn^{-(1-\rho)/3},$$

$$\Psi_{3n}\leqslant Cn^{-(1/2-\varepsilon\rho-\tau/2-2/(\theta+1))}.$$

由 $\dfrac{3\tau-1}{2}+\dfrac{6}{\theta+1}<\rho$ 知, 对充分小的 ε 有

$$\frac{1-\rho}{3}<\frac12-\varepsilon\rho-\frac\tau2-\frac{2}{\theta+1}.$$

又由 $0<\tau\leqslant 1$ 得 $\tau\leqslant\dfrac{\tau+1}{2}$. 从而由 $\rho<\tau\leqslant\dfrac{\tau+1}{2}$ 得 $1-\rho\leqslant 2+\tau-3\rho$. 再由 $\rho>\dfrac{1+\theta+3\tau}{2\theta+1}$ 得 $1-\rho<(2\rho-1)\theta-3\tau$. 因此

$$\Psi_{1n}^{1/3}\leqslant Cn^{-(1-\rho)/3},\quad \Psi_{3n}\leqslant Cn^{-(1-\rho)/3},\quad \left(\frac{u(q_n)}{h_n^3}\right)^{1/3}\leqslant Cn^{-(1-\rho)/3}.$$

由此条件 (A₃) 满足, 从而由定理 2.3.1, 即证得推论 2.3.1.

2.4　NA 样本递归密度核估计的强收敛速度

设 $\{X_n,n\geqslant 1\}$ 为同分布样本序列, $f(x)$ 为 X_1 的概率密度函数. Wolverton 和 Wagner(1969) 提出 $f(x)$ 的递归型核估计

$$\hat f_n(x)=\frac1n\sum_{i=1}^n h_i^{-1}K\left(\frac{x-X_i}{h_i}\right), \qquad (2.4.1)$$

其中 $K(\cdot)$ 为核函数, h_i 为窗宽. 又设 $F(x)$ 是密度函数 $f(x)$ 相应的分布函数, $F_n(x) =: \dfrac{1}{n} \sum_{i=1}^{n} I_{(X_i < x)}$ 为该样本的经验分布函数. 在可靠性中, $r(x) = \dfrac{f(x)}{1 - F(x)}$ 称为失效率函数, 其通常的估计为

$$\hat{r}_n(x) = \frac{\hat{f}_n(x)}{1 - F_n(x)}. \tag{2.4.2}$$

由于递归核估计在添加样本点时, 不必重新计算所有项, 只需计算添加项, 这给计算带来很大方便, 很多学者对之进行了研究. 对于递归密度核估计的研究, 经典的结果如在独立样本下, Parzen (1962) 研究了递归密度核估计的各种重要的性质, Wegman 和 Davis (1979) 研究了递归密度核估计的渐近偏差和方差以及几乎不变性原理等.

本节将在 NA 样本下, 讨论密度递归核估计的强收敛速度, 同时作为应用也给出了失效率函数估计的强收敛速度.

2.4.1 假设条件和主要结果

下面我们给出一些基本条件:

(A) $\displaystyle\int_{-\infty}^{\infty} K(u)du = 1, \ \int_{-\infty}^{\infty} uK(u)du = 0, \ \int_{-\infty}^{\infty} u^2 K(u)du < \infty, \ K(\cdot) \in L_1;$

(B) $\{X_i; i \geqslant 1\}$ 为 NA 序列, $h_n \downarrow 0$.

记集合 $C^2(f) = \{x: \ f(x) \text{在 } x \text{ 处有二阶连续有界导数}\}$.

定理 2.4.1 设基本条件 (A), (B) 成立, $K(\cdot)$ 是 Borel 可测的有界密度函数, 且在任意有界区间上具有有界变差, 又 $\nu \geqslant 1/6$, $h_n \sim n^{-\nu}$, 则 $\forall \delta > 0$, 当 $x \in C^2(f)$ 时,

$$[n^{1-2\nu}/(\log n(\log\log n)^\delta)]^{1/2}(\hat{f}_n(x) - f(x)) \to 0, \quad \text{a.s..}$$

定理 2.4.2 设基本条件 (A), (B) 成立, $K(\cdot)$ 是 Borel 可测的有界单调密度函数, $\nu \geqslant 1/5$, $h_n \sim n^{-\nu}$, 则 $\forall \delta > 0$, 当 $x \in C^2(f)$ 时,

$$[n^{1-\nu}/(\log n(\log\log n)^\delta)]^{1/2}(\hat{f}_n(x) - f(x)) \to 0, \quad \text{a.s..}$$

定理 2.4.3 在定理 2.4.1 的条件下, 假设 c 满足 $F(c) < 1$. 则当 $x \leqslant c$ 且 $x \in C^2(f)$ 时,

$$[n^{1-2\nu}/(\log n(\log\log n)^\delta)]^{1/2}(\hat{r}_n(x) - r(x)) \to 0, \quad \text{a.s..}$$

定理 2.4.4　在定理 2.4.2 的条件下, 假设 c 满足 $F(c) < 1$. 则当 $x \leqslant c$ 且 $x \in C^2(f)$ 时,

$$[n^{1-\nu}/(\log n (\log\log n)^\delta)]^{1/2}(\hat{r}_n(x) - r(x)) \to 0, \quad \text{a.s.}.$$

注 2.4.1　NA 变量是包含独立变量在内的一种极其广泛的随机变量, 本小节所得到的结果是包含独立情形在内的一般性结果, 适用范围较广.

注 2.4.2　由于 NA 样本的独特的性质, 对于不同类型的核函数 $K(\cdot)$ 而言, 在具体的处理协方差结构的过程中采用的方法不同, 从而导致不同的收敛速度.

注 2.4.3　定理 2.4.2 中 $K(\cdot)$ 是 Borel 可测的有界单调密度函数虽然不太普通, 但在医学统计中却是较常用的一种核函数.

2.4.2　定理的证明

引理 2.4.1 (蔡宗武, 1990, 引理 1)　设 $K(\cdot)$ 满足基本条件 (A), 当 $x \in C^2(f)$ 时,

$$\lim_{h\to 0} \int_{\mathbb{R}} K(u) f(x - hu) du = f(x).$$

引理 2.4.2　设基本条件 (A) 成立, 则当 $x \in C^2(f)$ 时,

$$\left(\frac{1}{n}\sum_{i=1}^{n} h_i^2\right)^{-1} \left| E\hat{f}_n(x) - f(x) \right| \leqslant C < \infty.$$

证明　利用 Taylor 展开, 由条件 (A) 和 (B) 可得

$$
\begin{aligned}
E\hat{f}_n(x) &= \frac{1}{n}\sum_{i=1}^{n} \int_{\mathbb{R}} K(u) f(x - h_i u) du \\
&= \frac{1}{n}\sum_{i=1}^{n} \int_{\mathbb{R}} K(u)\left[f(x) - f'(x) h_i u + \frac{f''(x - \xi h_i u)}{2}(h_i u)^2 \right] du \\
&= f(x) + \frac{1}{2n}\sum_{i=1}^{n} h_i^2 \int_{\mathbb{R}} K(u) f''(x - \xi h_i u) u^2 du,
\end{aligned}
$$

其中 $0 < \xi < 1$. 利用控制收敛定理得

$$\int_{\mathbb{R}} K(u) f''(x - \xi h_i u) u^2 du \to f''(x) \int_{\mathbb{R}} u^2 K(u) du < \infty.$$

因此

$$\left| \int_{\mathbb{R}} K(u) f''(x - \xi h_i u) u^2 du \right| < C, \quad \forall i \geqslant 1.$$

于是

$$
\left(\frac{1}{n}\sum_{i=1}^n h_i^2\right)^{-1}\left|E\hat{f}_n(x)-f(x)\right|
$$

$$
\leqslant \left(\frac{1}{n}\sum_{i=1}^n h_i^2\right)^{-1}\left(\frac{1}{2n}\sum_{i=1}^n h_i^2\left|\int_{\mathbb{R}} K(u)f''(x-\xi h_i u)u^2 du\right|\right)
$$

$$
\leqslant \left(\frac{1}{n}\sum_{i=1}^n h_i^2\right)^{-1}\left(\frac{1}{n}\sum_{i=1}^n h_i^2 C\right)=C.
$$

引理 2.4.2 证毕.

引理 2.4.3 设 $\{X_1, X_2, \cdots, X_n\}$ 为 NA 样本, $F(x)$ 为连续的分布函数, 则

$$
\sup_x |F_n(x)-F(x)| = o\left(n^{-1/2}(\log n)^{1/2}\log\log n\right), \quad \text{a.s..}
$$

证明 见文献 (杨善朝, 2003) 中引理 4.

定理 2.4.1 的证明 由于 $K(x)$ 在任意有界区间上具有有界变差, 则必存在单调增函数 $K_1(x)$ 和 $K_2(x)$, 使得 $K(x)=K_1(x)-K_2(x)$, 显然 $K_1(x)$ 和 $K_2(x)$ 也是有界变差函数, 且它们都有界. 从而

$$
n(\hat{f}_n(x)-E\hat{f}_n(x)) = \sum_{j=1}^n \frac{1}{h_j}\left[K\left(\frac{x-X_j}{h_j}\right)-EK\left(\frac{x-X_j}{h_j}\right)\right]
$$

$$
= \sum_{j=1}^n \frac{1}{h_j}\left[K_1\left(\frac{x-X_j}{h_j}\right)-EK_1\left(\frac{x-X_j}{h_j}\right)\right]
$$

$$
- \sum_{j=1}^n \frac{1}{h_j}\left[K_2\left(\frac{x-X_j}{h_j}\right)-EK_2\left(\frac{x-X_j}{h_j}\right)\right]
$$

$$
= \sum_{j=1}^n Y_j - \sum_{j=1}^n Z_j =: S_{1n}-S_{2n}, \tag{2.4.3}
$$

其中

$$
Y_j = \frac{1}{h_j}\left[K_1\left(\frac{x-X_j}{h_j}\right)-EK_1\left(\frac{x-X_j}{h_j}\right)\right],
$$

$$
Z_j = \frac{1}{h_j}\left[K_2\left(\frac{x-X_j}{h_j}\right)-EK_2\left(\frac{x-X_j}{h_j}\right)\right].
$$

由 NA 序列的性质知 $\{Y_j\}$ 和 $\{Z_j\}$ 也为 NA 序列, 且 $EY_j = EZ_j = 0$. 由 $K_1(x)$ 和 $K_2(x)$ 的有界性可得

$$EY_j^2 = E\frac{1}{h_j^2}K_1\left(\frac{x-X_j}{h_j}\right)^2 \leqslant C_1\frac{1}{h_j^2} < \infty, \quad EZ_j^2 \leqslant C_2\frac{1}{h_j^2} < \infty, \ j = 1,2,\cdots.$$

注意到 $h_n \downarrow 0$, 得

$$\sum_{j=1}^n \mathrm{Var}(Y_j) \leqslant C_1\sum_{j=1}^n\frac{1}{h_j^2} \leqslant C_1\frac{n}{h_n^2}, \quad \sum_{j=1}^n \mathrm{Var}(Z_j) \leqslant C_2\sum_{j=1}^n\frac{1}{h_j^2} \leqslant C_2\frac{n}{h_n^2}.$$

记 $\lambda(n) = [nh_n^2/(\log n(\log\log n)^\delta)]^{1/2}$. 取 $t = \dfrac{\varepsilon h_n^2}{2C_1\lambda(n)}$, 利用引理 2.4.2 得

$$\begin{aligned}
P\left(\lambda(n)\left|\frac{1}{n}S_{1n}\right| > \varepsilon\right) &= P\left(|S_{1n}| > n\varepsilon/\lambda(n)\right) \leqslant 2\exp\left\{-\frac{\varepsilon nt}{\lambda(n)} + \frac{C_1nt^2}{h_n^2}\right\} \\
&= 2\exp\left\{-\frac{\varepsilon^2nh_n^2}{2C_1\lambda^2(n)} + \frac{\varepsilon^2nh_n^2}{4C_1\lambda^2(n)}\right\} \\
&= 2\exp\left\{-\frac{\varepsilon^2nh_n^2}{4C_1\lambda^2(n)}\right\} \\
&= 2\exp\left\{-\frac{\varepsilon^2\log n(\log\log n)^\delta}{4C_1}\right\} \\
&\leqslant 2\exp\left\{-2\log n\right\} = 2n^{-2}.
\end{aligned}$$

由 Borel-Cantelli 引理得

$$\frac{\lambda(n)}{n}S_{1n} \to 0, \quad \text{a.s..} \tag{2.4.4}$$

同理可得

$$\frac{\lambda(n)}{n}S_{2n} \to 0, \quad \text{a.s..} \tag{2.4.5}$$

因此, 联合 (2.4.3)—(2.4.5) 式, 得

$$\lambda(n)(\hat{f}_n(x) - E\hat{f}_n(x)) \to 0, \quad \text{a.s..} \tag{2.4.6}$$

另外, 由 $h_n \sim n^{-\nu}$ 和 $\nu \geqslant 1/6$, 可得

$$\frac{\lambda(n)}{n}\sum_{j=1}^n h_j^2 = \frac{h_n}{\sqrt{n\log n(\log\log n)^\delta}}\sum_{j=1}^n h_j^2$$

$$\sim \frac{n^{-\nu}}{\sqrt{n \log n (\log \log n)^{\delta}}} \sum_{j=1}^{n} j^{-2\nu}$$

$$\leqslant \frac{n^{-\nu}}{\sqrt{n \log n (\log \log n)^{\delta}}} n^{(1-2\nu)\vee 0}$$

$$\longrightarrow 0.$$

由此及引理 2.4.2 得

$$\lambda(n)(E\hat{f}_n(x) - f(x))$$

$$= \frac{\lambda(n)}{n} \sum_{j=1}^{n} h_j^2 \cdot \left(\frac{1}{n} \sum_{i=1}^{n} h_i^2 \right)^{-1} \left(E\hat{f}_n(x) - f(x) \right) \to 0, \quad \text{a.s..} \tag{2.4.7}$$

联合 (2.4.6) 式和 (2.4.7) 式, 定理 2.4.1 证毕.

定理 2.4.2 的证明 记 $\xi_j(x) = K\left(\frac{x-X_j}{h_j}\right) - EK\left(\frac{x-X_j}{h_j}\right)$, $S_n = \sum_{j=1}^{n} \xi_j(x)$. 则

$$n\left(\hat{f}_n(x) - E\hat{f}_n(x)\right) = \sum_{j=1}^{n} \frac{1}{h_j} \left[K\left(\frac{x-X_j}{h_j}\right) - EK\left(\frac{x-X_j}{h_j}\right) \right] = S_n.$$

由 $K(\cdot)$ 为有界单调函数, 根据 NA 序列的性质知 $\{\xi_j(x)\}$ 仍为 NA 序列, 且 $E\xi_j(x) = 0$, 利用引理 2.4.1 可得

$$EK^2\left(\frac{x-X_j}{h_j}\right) = \int_{\mathbb{R}} K^2\left(\frac{x-u}{h_j}\right) f(u) du$$

$$= h_j \int_{\mathbb{R}} K^2(u) f(x - h_j u) du \leqslant C h_j.$$

所以

$$E\xi_j^2(x) = h_j^{-2} E\left[K\left(\frac{x-X_j}{h_j}\right) - EK\left(\frac{x-X_j}{h_j}\right) \right]^2$$

$$\leqslant h_j^{-2} EK^2\left(\frac{x-X_j}{h_j}\right) \leqslant \frac{C}{h_j} < \infty.$$

注意到 $h_n \downarrow 0$, 可得

$$\sum_{j=1}^{n} E\xi_j^2(x) \leqslant C \sum_{j=1}^{n} \frac{1}{h_j} \leqslant \frac{C_3 n}{h_n}.$$

记 $\gamma(n) = \left[nh_n/(\log n(\log\log n)^\delta)\right]^{1/2}$. 取 $t = \dfrac{\varepsilon h_n}{2C_3\gamma(n)}$, 利用引理 2.4.2 得

$$P\left(\gamma(n)\left|\hat{f}_n(x) - E\hat{f}_n(x)\right| > \varepsilon\right)$$

$$= P(|S_{1n}| > n\varepsilon/\gamma(n)) \leqslant 2\exp\left\{-\frac{\varepsilon nt}{\gamma(n)} + \frac{C_3 nt^2}{h_n}\right\}$$

$$= 2\exp\left\{-\frac{\varepsilon^2 nh_n}{2C_3\gamma^2(n)} + \frac{\varepsilon^2 nh_n}{4C_3\gamma^2(n)}\right\}$$

$$= 2\exp\left\{-\frac{\varepsilon^2\log n(\log\log n)^\delta}{4C_3}\right\}$$

$$\leqslant 2\exp\{-2\log n\} = 2n^{-2}.$$

由 Borel-Cantelli 引理可得

$$\gamma(n)\left(\hat{f}_n(x) - E\hat{f}_n(x)\right) \to 0, \quad \text{a.s.}. \tag{2.4.8}$$

又由 $h_n \sim n^{-\nu}$ 和 $\nu \geqslant 1/5$ 可得

$$\frac{\gamma(n)}{n}\sum_{j=1}^{n}h_j^2 = \sqrt{\frac{h_n}{n\log n(\log\log n)^\delta}}\sum_{j=1}^{n}h_j^2$$

$$\sim \sqrt{\frac{n^{-\nu}}{n\log n(\log\log n)^\delta}}\sum_{j=1}^{n}j^{-2\nu}$$

$$\leqslant \frac{n^{(1-2\nu)\vee 0}}{\sqrt{n^{1+\nu}\log n(\log\log n)^\delta}} \longrightarrow 0.$$

由此及引理 2.4.2 得

$$\gamma(n)(E\hat{f}_n(x) - f(x))$$

$$= \frac{\gamma(n)}{n}\sum_{j=1}^{n}h_j^2 \cdot \left(\frac{1}{n}\sum_{i=1}^{n}h_i^2\right)^{-1}\left(E\hat{f}_n(x) - f(x)\right) \to 0, \quad \text{a.s.}. \tag{2.4.9}$$

联合 (2.4.8) 式和 (2.4.9) 式, 定理 2.4.2 证毕.

定理 2.4.3 的证明　记 $\overline{F}(x) = 1 - F(x)$, $\overline{F}_n(x) = 1 - F_n(x)$, 由 (2.4.2) 式得

$$|\hat{r}_n(x) - r(x)| \leqslant \frac{\overline{F}(x)|\hat{f}_n(x) - f(x)| + f(x)|\overline{F}_n(x) - \overline{F}(x)|}{\overline{F}_n(x)\overline{F}(x)}. \tag{2.4.10}$$

由于 $\forall x \leqslant c$ 有 $0 < \overline{F}(c) \leqslant \overline{F}(x) \leqslant 1,\ \sup\limits_x f(x) \leqslant C < \infty.$ 由定理 2.4.1 和引理 2.4.3 可得

$$[nh_n^2/(\log n(\log\log n)^\delta)]^{1/2}(\hat{f}_n(x) - f(x)) \to 0, \quad \text{a.s.} \tag{2.4.11}$$

和

$$n^{1/2}/((\log n)^{1/2}\log\log n)\sup\limits_{x\leqslant c}|F_n(x) - F(x)| \to 0, \quad \text{a.s.,} \tag{2.4.12}$$

且当 n 充分大时, 对 $x \leqslant c$ 一致地有

$$\overline{F}_n(x) > \overline{F}(x) - \overline{F}(c)/2 > \overline{F}(c)/2 > 0.$$

由此, 结合 (2.4.10)—(2.4.12) 式, 定理 2.4.3 证毕.

定理 2.4.4 的证明 类似于定理 2.4.3 的证明, 此处略.

2.5 NA 样本递归密度核估计的渐近正态性

设 $\{X_n, n \geqslant 1\}$ 为同分布样本序列, $f(x)$ 为 X_1 的概率密度函数, Wolverton 和 Wagner (1969) 提出 $f(x)$ 的递归型核估计

$$f_n(x) = \frac{1}{n}\sum_{j=1}^n \frac{1}{h_j}K\left(\frac{x - X_j}{h_j}\right). \tag{2.5.1}$$

本节将在 NA 相依样本下研究递归型密度核估计的渐近正态性.

记 $u(n) = \sup\limits_{k\in\mathbb{N}}\sum\limits_{j:|j-k|>n}|\mathrm{Cov}(X_j, X_k)|,\ n \in N \cup \{0\},\ c$ 为正常数, 不同之处可为不同值.

2.5.1 假设条件和主要结果

假设条件

(A1) 设 $\{X_n, n \geqslant 2\}$ 为同分布 NA 序列, 满足

(i) X_1 与 X_{1+k} 联合密度 $f(x, y, k)$ 满足 $\sup\limits_{x,y}|f(x, y, k) - f(x)f(y)| \leqslant M_0 < \infty.$

(ii) $h_n \downarrow 0,\ n^{-1}h_n\sum_{j=1}^n h_j^{-1} \to \theta,\ 0 < \theta < \infty.$

(iii) 记 $u(n) = \sup\limits_{k\in\mathbb{N}}\sum\limits_{j:|j-k|>n}|\mathrm{Cov}(X_j, X_k)|,\ n \in \mathbb{N} \cup \{0\}.$ 存在正增常数列 $c_n,\ 1 \leqslant c_n < n,$ 使得 $h_nc_n \to 0,\ h_n^{-3}u(c_n) \to 0.$

(A2) 设核函数 $K(x)$ 有限可微, 满足

(i)　$K \in L_1, \int_{\mathbb{R}} K(u)du = 1, \sup_{x \in \mathbb{R}}(1 + |x|)|K(x)| < \infty.$

(ii)　$\int_{\mathbb{R}} uK(u)du = 0, \int_{\mathbb{R}} u^2 K(u)du < \infty.$

主要结论

定理 2.5.1　设 $\{X_n, n \geqslant 1\}$ 为平稳的 NA 序列, 在 (A1) 条件下, 又设存在 $p_n, q_n, p_n + q_n < n, k_n = \left[\dfrac{n}{p_n + q_n}\right]$ 满足条件

$$p_n h_n \to 0, \ \frac{p_n k_n}{n} \to 1, \ \frac{p_n^2}{nh_n} \to 0, \ \frac{1}{h_n^3} \sum_{j > q_n} |\mathrm{Cov}(X_1, X_j)| \to 0. \qquad (2.5.2)$$

令 $g_n(x) = [f_n(x) - Ef_n(x)]/[\mathrm{Var}f_n(x)]^{\frac{1}{2}}$, 则对 $\forall\, x \in c(f), \ f(x) > 0$ 有

$$g_n(x) \overset{W}{\to} N(0, 1).$$

推论 2.5.1　记 $g_n^{**}(x) = [f_n(x) - f(x)]/[\mathrm{Var}f_n(x)]^{\frac{1}{2}}$. 设 $f(x)$ 二阶有界连续 可微且 $(h_n n^{-1})^{\frac{1}{2}} \sum_{i=1}^{n} h_i^2 \to 0$, 则在定理 2.5.1 和 (A2) 条件下

$$g_n^{**} \overset{W}{\to} N(0, 1). \qquad (2.5.3)$$

注 2.5.1　(B1) $p_n k_n/n \to 1$ 意味着 $q_n k_n/n \to 0$. 事实上 $q_n k_n/n = (p_n + q_n)k_n/n - p_n k_n/n \to 0$. 进一步知 $q_n < p_n$.

(B2) 定理 2.5.1 的条件容易满足. 如果选择 $p_n \sim h_n^{-\theta_1}, q_n \sim h_n^{-\theta_2}, 0 < \theta_2 < \theta_1 < 1, h_n \to 0$. 显然 $k_n \sim nh_n^{\theta_1}, p_n h_n = h_n^{1-\theta_1} \to 0$. 当 $nh_n^{1+2\theta_1} \to 0$ 时, 则有 $p_n k_n/n \to 1$ 和 $p_n^2/nh_n = (nh_n^{1+2\theta_1})^{-1} \to 0$ 成立. 又设 $C_r = |\mathrm{Cov}(X_1, X_r)| = \rho_0 \rho^r, 0 < \rho < 1, \rho_0 > 0$. 则有

$$h_n^{-3} \sum_{r > q_n} C_r \sim h_n^{-3} \rho^{q_n} \sim \frac{h_n^{-3}}{\exp[(-\log \rho)h_n^{-\theta_2}]} \to 0.$$

由此说明 p_n, q_n 的存在性.

(B3) 定理 2.5.1 说明了递归型密度核估计 $f_n(x)$ 的渐近正态性成立的条件 与文献 (Roussas, 2000) 关于普通型密度核估计 $\widetilde{f}_n(x)$ 的渐近正态性成立的条件 是几乎一致的.

(B4) 推论 2.5.1 的条件 $(h_n n^{-1})^{\frac{1}{2}} \sum_{i=1}^{n} h_i^2 \to 0$ 与文献 (Roussas, 2000) 推论 2.1 中的 $nh_n^5 \to 0$, 当取 $h_i = h_n(1 \leqslant i \leqslant n)$ 时是一致的. 从而说明了关于 g_n^{**} 的 渐近正态性成立的条件也几乎是一致的.

由此说明了用递归型密度核估计比用普通型密度核估计对 $f(x)$ 进行估计更 具有灵活性和实用性.

2.5.2 辅助结果

为了证明定理先给出几个引理

引理 2.5.1 (蔡宗武, 1992) 假设核函数 $K(x)$ 满足 (A2)(i) 条件, 如果 $g \in L_1$, 则有 (a) 对 $g(x)$ 的连续点 x, 有

$$\lim_{h \to 0} h^{-1} \int_{\mathbb{R}} K\left(\frac{x-u}{h}\right) g(u) du = g(x)$$

和

$$\lim_{h \to 0} h^{-1} \int_{\mathbb{R}} K^2\left(\frac{x-u}{h}\right) g(u) du = g(x) \int_{\mathbb{R}} K^2(u) du.$$

(b) 对 $\forall x, y \in \mathbb{R}$, $x \neq y$ 有

$$\lim_{h \to 0} h^{-1} \int_{\mathbb{R}} K\left(\frac{x-u}{h}\right) K\left(\frac{y-u}{h}\right) g(u) du = 0.$$

引理 2.5.2 设 X 和 Y 是两个 NA 随机变量, 有有限方差. 则对任意两个有界可微函数 g_1, g_2 有

$$|\text{Cov}(g_1(X), g_2(Y))| \leqslant \sup_x |g_1'(x)| \sup_y |g_2'(y)| \, |\text{Cov}(X, Y)|,$$

此处 $g_1'(x)$, $g_2'(y)$ 分别表示 $g_1(x)$, $g_2(y)$ 的导数.

证明 由文献 (潘建敏, 1997) 引理 1(i) 即得.

引理 2.5.3 在 (A1) 条件下, 对 $f(x)$ 任意连续点 x, y 有

$$\lim_{n \to \infty} n h_n \text{Cov}(f_n(x), f_n(y)) = H(x, y),$$

其中 $H(x, y) = \begin{cases} \theta f(x) \int_{\mathbb{R}} K^2(u) du, & x = y, \\ 0, & x \neq y. \end{cases}$

证明 对任意的 $x, y \in \mathbb{R}$,

$$\text{Cov}(f_n(x), f_n(y)) = n^{-2} \sum_{j=1}^n h_j^{-2} \text{Cov}\left(K\left(\frac{x-X_j}{h_j}\right), K\left(\frac{y-X_j}{h_j}\right)\right)$$

$$+ 2n^{-2} \sum_{1 \leqslant i < j \leqslant n} h_i^{-1} h_j^{-1} \text{Cov}\left(K\left(\frac{x-X_j}{h_j}\right), K\left(\frac{y-X_j}{h_j}\right)\right)$$

$$=: J_1 + J_2, \tag{2.5.4}$$

记

$$g_j(x,y) = h_j^{-1}\mathrm{Cov}\left(K\left(\frac{x-X_j}{h_j}\right), K\left(\frac{y-X_j}{h_j}\right)\right).$$

则由引理 2.5.1 知, 当 $x, y \in c(f)$ 时有

$$
\begin{aligned}
\lim_{j\to\infty} g_j(x,y) &= \lim_{j\to\infty} h_j^{-1}\mathrm{Cov}\left(K\left(\frac{x-X_j}{h_j}\right), K\left(\frac{y-X_j}{h_j}\right)\right) \\
&= \lim_{j\to\infty}\left[h_j^{-1}EK\left(\frac{x-X_j}{h_j}\right)K\left(\frac{y-X_j}{h_j}\right)\right. \\
&\qquad \left. -h_j\left(h_j^{-2}EK\left(\frac{x-X_j}{h_j}\right)EK\left(\frac{y-X_j}{h_j}\right)\right)\right] \\
&= \begin{cases} f(x)\displaystyle\int_{\mathbb{R}} K^2(u)du, & x=y, \\ 0, & x\neq y. \end{cases}
\end{aligned}
$$

根据 Toeplitz 引理, 即知

$$\lim_{n\to\infty} nh_n J_1 = \lim_{n\to\infty} n^{-1}h_n \sum_{j=1}^{n} h_j^{-1}g_j(x,y) = \theta \lim_{j\to\infty} g_j(x,y) = H(x,y). \quad (2.5.5)$$

令

$$s_1 = \{(i,j) | 1 \leqslant j-i \leqslant c_n, 1 \leqslant i < j \leqslant n\},$$
$$s_2 = \{(i,j) | c_n+1 \leqslant j-i \leqslant n-1, 1 \leqslant i < j \leqslant n\}.$$

则有

$$
\begin{aligned}
|J_2| &\leqslant 2n^{-2} \sum_{1\leqslant i<j\leqslant n} h_i^{-1}h_j^{-1}\left|\mathrm{Cov}\left(K\left(\frac{x-X_i}{h_i}\right), K\left(\frac{y-X_j}{h_j}\right)\right)\right| \\
&= 2n^{-2}\left(\sum_{(i,j)\in s_1} + \sum_{(i,j)\in s_2}\right) h_i^{-1}h_j^{-1}\left|\mathrm{Cov}\left(K\left(\frac{x-X_i}{h_i}\right), K\left(\frac{y-X_j}{h_j}\right)\right)\right| \\
&=: J_{21} + J_{22}. \quad\quad\quad\quad\quad\quad\quad\quad\quad\quad\quad\quad\quad\quad\quad\quad\quad\quad\quad (2.5.6)
\end{aligned}
$$

由条件 (A1)(i)、(iii) 得

$$J_{21} \leqslant 2n^{-2} \sum_{(i,j)\in s_1} h_i^{-1}h_j^{-1} \iint_{\mathbb{R}^2}\left|K\left(\frac{x-u}{h_i}\right)K\left(\frac{y-v}{h_j}\right)\right|$$

$$\cdot |f(u,v,k) - f(u)f(v)| du dv$$

$$\leqslant 2n^{-2} M_0 \sum_{(i,j) \in s_1} \left(\int_{\mathbb{R}} |K(u)| du \right)^2 \leqslant cn^{-2} nc_n = c \frac{c_n}{n}.$$

由条件 (A2)(ii) 知

$$nh_n J_{21} \leqslant ch_n c_n \to 0 \quad (n \to \infty). \tag{2.5.7}$$

又由于

$$J_{22} = 2n^{-2} \sum_{(i,j) \in s_2} h_i^{-1} h_j^{-1} \left| \text{Cov} \left(K \left(\frac{x - X_i}{h_i} \right), K \left(\frac{y - X_j}{h_j} \right) \right) \right|,$$

利用引理 2.5.2 得

$$nh_n J_{22} = 2n^{-1} h_n \sum_{(i,j) \in s_2} h_i^{-2} h_j^{-2} |\text{Cov}(X_i, X_j)|$$

$$\leqslant c \, (nh_n^3)^{-1} \sum_{(i,j) \in s_2} |\text{Cov}(X_i, X_j)| \leqslant c \, (nh_n^3)^{-1} nu(c_n) = ch_n^{-3} u(c_n).$$

由 (A2)(ii) 得

$$nh_n J_{22} \to 0, \quad n \to \infty. \tag{2.5.8}$$

从而由 (2.5.7) 式和 (2.5.8) 式知

$$nh_n J_2 \to 0. \tag{2.5.9}$$

根据 (2.5.4)、(2.5.5) 和 (2.5.9) 式引理得证.

为了叙述和书写方便, 我们记

$$a(x) = \left(\theta f(x) \int_{\mathbb{R}} K^2(u) du \right)^{\frac{1}{2}}, \quad b_n(x) = (nh_n)^{\frac{1}{2}} a^{-1}(x),$$

$$g_n^*(x) = b_n(x)[f_n(x) - Ef_n(x)],$$

$$\overline{K} \left(\frac{x - X_j}{h_j} \right) = K \left(\frac{x - X_j}{h_j} \right) - EK \left(\frac{x - X_j}{h_j} \right), \ j = 1, 2, \cdots, n, \ x \in \mathbb{R},$$

$$\xi_{nj}(x) = h_j^{-1} b_n(x) \overline{K} \left(\frac{x - X_j}{h_j} \right), \quad S_n = \sum_{j=1}^{n} \xi_{nj}(x), \quad n = 1, 2, \cdots, \quad S_0 \equiv 0.$$

$$\tag{2.5.10}$$

显然根据上述记号

$$g_n^* = \frac{1}{n}\sum_{j=1}^n h_j^{-1}b_n(x)\overline{K}\left(\frac{x-X_j}{h_j}\right) = \frac{1}{n}\sum_{j=1}^n \xi_{nj}(x) = \frac{1}{n}S_n.$$

引理 2.5.4 对于 (2.5.10) 式给出的 S_n, 令 $\sigma^2 = \dfrac{1}{n^2}\mathrm{Var}S_n$, 则有

$$E\frac{1}{n}S_n = 0, \quad \sigma^2 \to 1.$$

证明 显然 $E\dfrac{1}{n}S_n = 0$, 而

$$\sigma^2 = \frac{1}{n^2}\sum_{j=1}^n E\xi_{nj}^2(x) + \frac{1}{n^2}\sum_{i\neq j} E\xi_{ni}(x)E\xi_{nj}(x) =: J_3 + J_4, \tag{2.5.11}$$

$$\begin{aligned}
J_3 &= \frac{1}{n^2}b_n^2(x)\sum_{j=1}^n h_j^{-2}E\left(\overline{K}\left(\frac{x-X_j}{h_j}\right)\right)^2 \\
&= \frac{1}{n^2}b_n^2(x)\sum_{j=1}^n h_j^{-2}\left[E\left(K\left(\frac{x-X_j}{h_j}\right)\right)^2 - \left(EK\left(\frac{x-X_j}{h_j}\right)\right)^2\right] \\
&= \frac{1}{a^2(x)}\frac{h_n}{n}\sum_{j=1}^n h_j^{-1}\,h_j^{-1}EK^2\left(\frac{x-X_j}{h_j}\right) \\
&\quad - \frac{1}{a^2(x)}\frac{h_n}{n}\sum_{j=1}^n\left[h_j^{-1}EK\left(\frac{x-X_j}{h_j}\right)\right]^2.
\end{aligned}$$

由 Toeplitz 引理及引理 2.5.1 得最后一个等式第一项极限为

$$a(x)^{-2}\theta f(x)\int_{\mathbb{R}} K^2(u)du = 1,$$

第二项的极限为 0, 即有

$$\lim_{n\to\infty} J_3 = 1. \tag{2.5.12}$$

而

$$|J_4| = \frac{1}{n^2}\left|\sum_{i\neq j} h_i^{-1}h_j^{-1}b_n^2(x)E\overline{K}\left(\frac{x-X_i}{h_i}\right)\overline{K}\left(\frac{x-X_j}{h_j}\right)\right|$$

$$= \frac{1}{n^2} \left| \sum_{i \neq j} h_i^{-1} h_j^{-1} b_n^2(x) \mathrm{Cov}\left(K\left(\frac{x - X_i}{h_i}\right), K\left(\frac{x - X_j}{h_j}\right) \right) \right| = \frac{1}{a^2(x)} n h_n |J_2|.$$

由 (2.5.9) 式得

$$\lim_{n \to \infty} J_4 = 0. \tag{2.5.13}$$

根据 (2.5.11)—(2.5.13) 式, 引理 2.5.4 得证.

设 $0 < p = p_n < n, 0 < q = q_n < n, 0 \leqslant k = k_n \to \infty, p_n > q_n \to \infty$, 其中 $k = [n/(p+q)]$, 则有 $k(p+q) \leqslant n$ 和 $k(p+q)/n \to 1 \, (n \to \infty)$. 把 S_n 分成 k 个 $(p\text{-})$ 大块、k 个 $(q\text{-})$ 小块和一余块, 同样把数集 $\{1, 2, \cdots, n\}$ 分成 k 个 $(p\text{-})$ 子集 I_m 和 k 个 $(q\text{-})$ 子集 J_m, 其中 $m = 1, 2, \cdots, k$, 记为

$$I_m = \{i; \quad i = (m-1)(p+q)+1, \cdots, (m-1)(p+q)+p\},$$
$$J_m = \{j; \quad j = (m-1)(p+q)+p+1, \cdots, m(p+q)\},$$

剩下的部分记为

$$L_n = \{l; \quad k(p+q)+1 \leqslant l \leqslant n\}.$$

又记

$$y_{nm} = \sum_{i=(m-1)(p+q)+1}^{(m-1)(p+q)+p} \xi_{ni}(x), \quad y'_{nm} = \sum_{j=(m-1)(p+q)+p+1}^{m(p+q)} \xi_{nj}(x),$$

$$y''_{nk} = \sum_{l=k(p+q)+1}^{n} \xi_{nl}(x),$$

$$T_n = \sum_{m=1}^{k} y_{nm}, \quad T'_n = \sum_{m=1}^{k} y'_{nm}, \quad T''_n = y''_{nk}. \tag{2.5.14}$$

则

$$S_n = T_n + T'_n + T''_n.$$

引理 2.5.5 由 (2.5.14) 式给出的 T_n, T'_n, T''_n 有

(i) $n^{-2} E(T'_n)^2 \to 0$, (ii) $n^{-2} E(T''_n)^2 \to 0$,

(iii) $n^{-2} E(T_n)^2 \to 1$, (iv) $n^{-2} \sum_{m=1}^{k} \mathrm{Var}(y_{nm}) \to 1$.

证明 (i) 因为

$$n^{-2} E(T'_n)^2 = n^{-2} E\left(\sum_{m=1}^{k} y'_{nm} \right)^2$$

$$= n^{-2} \sum_{m=1}^{k} \text{Var}(y'_{nm}) + 2n^{-2} \sum_{1 \leqslant m_1 < m_2 \leqslant k} \text{Cov}(y'_{nm_1}, y'_{nm_2})$$

$$=: A_1 + A_2, \qquad\qquad (2.5.15)$$

其中

$$A_1 = n^{-2} \sum_{m=1}^{k} \text{Var} \left(\sum_{j=(m-1)(p+q)+p+1}^{m(p+q)} \xi_{nj}(x) \right)$$

$$= n^{-2} \sum_{m=1}^{k} \sum_{j=(m-1)(p+q)+p+1}^{m(p+q)} \text{Var}\xi_{nj}(x)$$

$$+ 2n^{-2} \sum_{m=1}^{k} \sum_{(m-1)(p+q)+p+1 \leqslant i < j \leqslant m(p+q)} \text{Cov}(\xi_{ni}(x), \xi_{nj}(x))$$

$$=: A_{11} + A_{12}.$$

由于

$$\text{Var}\xi_{nj}(x) \leqslant E\xi_{nj}^2(x) = h_j^{-2} b_n^2(x) E \left[K\left(\frac{x - X_j}{h_j} \right) - EK\left(\frac{x - X_j}{h_j} \right) \right]^2$$

$$\leqslant h_j^{-2} b_n^2(x) EK^2 \left(\frac{x - X_j}{h_j} \right)$$

$$= n h_n a^{-2}(x) h_j^{-2} EK^2 \left(\frac{x - X_j}{h_j} \right),$$

利用引理 2.5.1 得

$$\text{Var}\xi_{nj}(x) \leqslant E\xi_{nj}^2(x) \leqslant C(x)n, \quad \forall j \geqslant 1. \qquad (2.5.16)$$

则有

$$0 \leqslant A_{11} \leqslant \frac{1}{n^2} \sum_{m=1}^{k} \sum_{j=(m-1)(p+q)+p+1}^{m(p+q)} \text{Var}\xi_{nj}(x) \leqslant C(x)\frac{kq}{n} \to 0.$$

又有

$$|A_{12}| \leqslant \frac{2}{n^2} \sum_{m=1}^{k} \sum_{(m-1)(p+q)+p+1 \leqslant i < j \leqslant m(p+q)} |\text{Cov}(\xi_{ni}(x), \xi_{nj}(x))|$$

$$= \frac{2}{n^2} \sum_{m=1}^{k} \sum_{(m-1)(p+q)+p+1 \leqslant i < j \leqslant m(p+q)} h_i^{-1} h_j^{-1} b_n^2(x)$$

$$\cdot \left| \mathrm{Cov}\left(K\left(\frac{x-X_i}{h_i}\right), K\left(\frac{x-X_j}{h_j}\right) \right) \right|$$

$$\leqslant \frac{2}{n^2} \sum_{1 \leqslant i < j \leqslant n} h_i^{-1} h_j^{-1} b_n^2(x) \left| \mathrm{Cov}\left(K\left(\frac{x-X_i}{h_i}\right), K\left(\frac{x-X_j}{h_j}\right) \right) \right|$$

$$= \frac{1}{a^2(x)} n h_n |J_2|.$$

由 (2.5.9) 式得 $\lim\limits_{n\to\infty} A_{12} \to 0$. 从而 $\lim\limits_{n\to\infty} A_1 \to 0$. 又

$$|A_2| = \left| \frac{2}{n^2} \sum_{1 \leqslant m_1 < m_2 \leqslant k} \mathrm{Cov}(y'_{nm_1}, y'_{nm_2}) \right|$$

$$\leqslant \frac{2}{n^2} \sum_{1 \leqslant m_1 < m_2 \leqslant k} \sum_{(m_1-1)(p+q)+p+1 \leqslant i \leqslant m_1(p+q)} \sum_{(m_2-1)(p+q)+p+1 \leqslant i \leqslant m_2(p+q)}$$

$$|\mathrm{Cov}(\xi_{ni}(x), \xi_{nj}(x))|$$

$$\leqslant \frac{2}{n^2} \sum_{1 \leqslant i < j \leqslant n} h_i^{-1} h_j^{-1} b_n^2(x) \left| \mathrm{Cov}\left(K\left(\frac{x-X_i}{h_i}\right), K\left(\frac{x-X_j}{h_j}\right) \right) \right|$$

$$= \frac{1}{a^2(x)} n h_n |J_2|.$$

由 (2.5.9) 式得 $\lim\limits_{n\to\infty} A_2 = 0$. 从而证得 (i).

(ii)　由于

$$\frac{1}{n^2} E(T_n'')^2 = \frac{1}{n^2} E\left(\sum_{l=k(p+q)+1}^{n} \xi_{nl}(x) \right)^2 \leqslant \frac{1}{n^2}(n-k(p+q)) \sum_{l=k(p+q)+1}^{n} E\xi_{nl}^2(x)$$

$$\leqslant \frac{1}{n^2}(n-k(p+q))^2 C(x) n \leqslant C(x)(n-k(p+q)) \to 0,$$

即证得 (ii)

(iii)　由于

$$E\left(\frac{1}{n} T_n \right)^2 = E\left(\frac{1}{n}(S_n - (T_n' + T_n'')) \right)^2$$

$$= E\left(\frac{1}{n}S_n\right)^2 - 2E\left(\frac{1}{n}S_n\frac{1}{n}(T_n' + T_n'')\right) + E\left(\frac{1}{n}(T_n' + T_n'')\right)^2,$$

$$(2.5.17)$$

而

$$E\left|\frac{1}{n}S_n\frac{1}{n}(T_n' + T_n'')\right| \leqslant E^{\frac{1}{2}}\left(\frac{1}{n}S_n\right)^2 E^{\frac{1}{2}}\left(\frac{1}{n}(T_n' + T_n'')\right)^2$$

$$\leqslant E^{\frac{1}{2}}\left(\frac{1}{n}S_n\right)^2 \left[E^{\frac{1}{2}}\left(\frac{1}{n}T_n''\right)^2 + E^{\frac{1}{2}}\left(\frac{1}{n}T_n''\right)^2\right] \to 0,$$

且

$$E\left[\frac{1}{n}(T_n' + T_n'')\right]^2 \leqslant 2n^{-2}[E(T_n')^2 + E(T_n'')^2] \to 0.$$

由引理 2.5.4 知 $E\left(\frac{1}{n}S_n\right)^2 \to 1$. 由此及 (2.5.17) 式知 (iii) 得证.

(iv) 由于

$$n^{-2}E(T_n)^2 = \frac{1}{n^2}\sum_{m=1}^{k}\mathrm{Var}y_{nm} + \frac{2}{n^2}\sum_{1\leqslant i<j\leqslant k}\mathrm{Cov}(y_{ni}, y_{nj}),\qquad (2.5.18)$$

而由 (2.5.9) 式得

$$\frac{2}{n^2}\left|\sum_{1\leqslant i<j\leqslant k}\mathrm{Cov}(y_{ni}, y_{nj})\right|$$

$$\leqslant \frac{2}{n^2}\sum_{1\leqslant i<j\leqslant k}\left|\mathrm{Cov}\left(\sum_{l=(i-1)(p+q)+1}^{i(p+q)+p}\xi_{nl}(x), \sum_{l=(j-1)(p+q)+1}^{j(p+q)+p}\xi_{nl}(x)\right)\right|$$

$$\leqslant \frac{2}{n^2}\sum_{1\leqslant i<j\leqslant n}|\mathrm{Cov}(\xi_{ni}(x), \xi_{nj}(x))|$$

$$\leqslant \frac{2}{n^2}\sum_{1\leqslant i<j\leqslant n}h_i^{-1}h_j^{-1}b_n^2(x)\left|\mathrm{Cov}\left[K\left(\frac{x-X_i}{h_i}\right), K\left(\frac{x-X_j}{h_j}\right)\right]\right|$$

$$= \frac{1}{a^2(x)}nh_n|J_2| \to 0.$$

从而由 (2.5.18) 式及 (iii) 知 (iv) 得证. 这样引理 2.5.5 得证.

引理 2.5.6　根据 (2.5.14) 式给出的 T_n, 有

$$\frac{1}{n}T_n \xrightarrow{W} N(0,1).$$

证明　显然 $E\left(\dfrac{1}{n}T_n\right) = 0$, 由引理 2.5.5 知 $E\left(\dfrac{1}{n}T_n\right)^2 \to 1$, 故只要证

$$\left| E\exp\left(\mathrm{i}t\sum_{m=1}^{k}\frac{y_{nm}}{n}\right) - e^{-\frac{t^2}{2}} \right| \to 0. \tag{2.5.19}$$

设 $\{Y_{nm}, 1 \leqslant m \leqslant k\}$ 与 $\{y_{nm}, 1 \leqslant m \leqslant k\}$ 是同分布的独立随机变量, 则有

$$EY_{nm} = 0, \quad \mathrm{Var}Y_{nm} = \mathrm{Var}y_{nm}.$$

又设

$$s_n^2 = n^{-2}\sum_{m=1}^{k}\mathrm{Var}(Y_{nm}), \quad X_{nm} = (ns_n)^{-1}Y_{nm}, \quad 1 \leqslant m \leqslant k,$$

则 $\{X_{nm}, m = 1, 2, \cdots, k\}$ 也是独立的, 且有

$$EX_{nm} = 0, \quad \sum_{m=1}^{k}\mathrm{Var}X_{nm} = (ns_n)^{-2}\sum_{m=1}^{k}\mathrm{Var}(Y_{nm}) = 1.$$

从而

$$\left| E\exp\left(\mathrm{i}t\sum_{m=1}^{k}\frac{y_{nm}}{n}\right) - e^{-\frac{t^2}{2}} \right|$$

$$\leqslant \left| E\exp\left(\mathrm{i}t\sum_{m=1}^{k}\frac{y_{nm}}{n}\right) - \prod_{m=1}^{k}E\exp\left(\mathrm{i}t\frac{y_{nm}}{n}\right) \right| + \left| \prod_{m=1}^{k}E\exp\left(\mathrm{i}t\frac{y_{nm}}{n}\right) - e^{-\frac{t^2}{2}} \right|$$

$$\leqslant \left| E\exp\left(\mathrm{i}t\sum_{m=1}^{k}\frac{y_{nm}}{n}\right) - \prod_{m=1}^{k}E\exp\left(\mathrm{i}t\frac{y_{nm}}{n}\right) \right| + \left| \prod_{m=1}^{k}E\exp\left(\mathrm{i}t\frac{Y_{nm}}{n}\right) - e^{-\frac{t^2}{2}} \right|$$

$$=: J_5 + J_6. \tag{2.5.20}$$

这样, 我们只要证 J_5, J_6 均收敛到 0 即可.

要证 $J_6 \to 0$, 须证 $\sum_{m=1}^{k}\dfrac{Y_{nm}}{n} \xrightarrow{W} N(0,1)$. 由引理 2.5.5 (iv) 知 $s_n^2 \to 1$. 故只需证

$$\sum_{m=1}^{k}X_{nm} \xrightarrow{W} N(0,1). \tag{2.5.21}$$

根据 Lindeberg-Feller 中心极限定理条件, 设 $F_{nm}(x)$ 是 X_{nm} 的分布函数, 要证 (2.5.21) 式, 只要证明对任意 $\varepsilon > 0$ 有

$$G_n(\varepsilon) = \sum_{m=1}^{k} \int_{(|x| \geqslant \varepsilon)} x^2 dF_{nm}(x) \to 0.$$

事实上

$$\int_{(|x| \geqslant \varepsilon)} x^2 dF_{nm}(x) = E\left[\frac{Y_{nm}^2}{(ns_n)^2} I_{(|X_{nm}| \geqslant \varepsilon)}\right] = E\left[\frac{y_{nm}^2}{(ns_n)^2} I_{(|X_{nm}| \geqslant \varepsilon)}\right]. \quad (2.5.22)$$

但由于

$$|y_{nm}| = \left|\sum_{i=(m-1)(p+q)+1}^{(m-1)(p+q)+p} \xi_{ni}\right| \leqslant \sum_{i=(m-1)(p+q)+1}^{(m-1)(p+q)+p} \frac{1}{h_i} b_n(x) \left|\overline{K}\left(\frac{x-X_i}{h_i}\right)\right|$$

$$= \sum_{i=(m-1)(p+q)+1}^{(m-1)(p+q)+p} \frac{1}{h_i} \frac{(nh_n)^{\frac{1}{2}}}{a(x)} \left|\overline{K}\left(\frac{x-X_i}{h_i}\right)\right| \leqslant c(x) p (nh_n^{-1})^{\frac{1}{2}},$$

从而由 (2.5.2) 式条件知

$$\sum_{m=1}^{k} \int_{(|x| \geqslant \varepsilon)} x^2 dF_{nm}(x) \leqslant \frac{c^2(x)}{s_n^2} \frac{p^2}{nh_n} \sum_{m=1}^{k} P(|X_{nm}| \geqslant \varepsilon)$$

$$\leqslant 7 \frac{c^2(x)}{s_n^2} \frac{p^2}{nh_n} \sum_{m=1}^{k} \frac{\mathrm{Var} X_{nm}}{\varepsilon^2} = \frac{c^2(x)}{s_n^2 \varepsilon^2} \frac{p^2}{nh_n} \to 0.$$

这样证得 $J_6 \to 0$. 又由于

$$J_5 = \left| E \exp\left(\mathrm{i}t \sum_{m=1}^{k} \frac{y_{nm}}{n}\right) - \prod_{m=1}^{k} E \exp\left(\mathrm{i}t \frac{y_{nm}}{n}\right)\right|$$

$$\leqslant \left| E \exp\left(\mathrm{i}t \sum_{m=1}^{k} \frac{y_{nm}}{n}\right) - E \exp\left(\mathrm{i}t \sum_{m=1}^{k-1} \frac{y_{nm}}{n}\right) E \exp\left(\mathrm{i}t \frac{y_{nk}}{n}\right)\right|$$

$$+ \left| E \exp\left(\mathrm{i}t \sum_{m=1}^{k-1} \frac{y_{nm}}{n}\right) - \prod_{m=1}^{k-1} E \exp\left(\mathrm{i}t \frac{y_{nm}}{n}\right)\right| =: J_{51} + J_{52}. \quad (2.5.23)$$

反复利用 (2.5.23) 式得

$$J_5 = \left| E \exp\left(\mathrm{i}t \sum_{m=1}^{k} \frac{y_{nm}}{n}\right) - \prod_{m=1}^{k} E \exp\left(\mathrm{i}t \frac{y_{nm}}{n}\right)\right|$$

$$\leqslant \left| E\exp\left(\mathrm{i}t\sum_{m=1}^{k}\frac{y_{nm}}{n}\right) - E\exp\left(\mathrm{i}t\sum_{m=1}^{k-1}\frac{y_{nm}}{n}\right)E\exp\left(\mathrm{i}t\frac{y_{nk}}{n}\right)\right|$$

$$+ \left| E\exp\left(\mathrm{i}t\sum_{m=1}^{k-1}\frac{y_{nm}}{n}\right) - E\exp\left(\mathrm{i}t\sum_{m=1}^{k-2}\frac{y_{nm}}{n}\right)E\exp\left(\mathrm{i}t\frac{y_{n,k-1}}{n}\right)\right|$$

$$+ \cdots + \left| E\exp\left(\mathrm{i}t\sum_{m=1}^{2}\frac{y_{nm}}{n}\right) - E\exp\left(\mathrm{i}t\frac{y_{n1}}{n}\right)E\exp\left(\mathrm{i}t\frac{y_{n2}}{n}\right)\right|. \quad (2.5.24)$$

而由引理 1.3.11 和引理 1.3.17 可知, 存在常数 B, 使得

$$J_{51} = \left| \mathrm{Cov}\left(\exp\left(\mathrm{i}t\sum_{m=1}^{k-1}\frac{y_{nm}}{n}\right), \exp\left(\mathrm{i}t\frac{y_{nk}}{n}\right)\right)\right|$$

$$\leqslant \frac{4B^2t^2}{n^2}b_n^2(x)\sum_{j\in(I_1+I_2+\cdots+I_{k-1})}\sum_{l\in I_k}h_j^{-2}h_l^{-2}|\mathrm{Cov}(X_j, X_l)|. \quad (2.5.25)$$

对 (2.5.24) 式, 利用 (2.5.25) 式迭代, 得到

$$\left| E\exp\left(\mathrm{i}t\sum_{m=1}^{k}\frac{y_{nm}}{n}\right) - \prod_{m=1}^{k}E\exp\left(\mathrm{i}t\frac{y_{nm}}{n}\right)\right|$$

$$\leqslant \frac{4B^2t^2}{n^2}b_n^2(x)\left[\sum_{j\in I_1}\sum_{l\in I_2}h_j^{-2}h_l^{-2}|\mathrm{Cov}(X_j, X_l)|\right.$$

$$+ \sum_{j\in(I_1+I_2)}\sum_{l\in I_3}h_j^{-2}h_l^{-2}|\mathrm{Cov}(X_j, X_l)| + \cdots$$

$$\left. + \sum_{j\in(I_1+I_2+\cdots+I_{k-1})}\sum_{l\in I_k}h_j^{-2}h_l^{-2}|\mathrm{Cov}(X_j, X_l)|\right]$$

$$\leqslant \frac{4B^2t^2}{n^2}b_n^2(x)h_n^{-4}\Delta_k. \quad (2.5.26)$$

利用平稳得性

$$\Delta_k = (k-1)\sum_{j\in I_1,\, l\in I_2}|\mathrm{Cov}(X_j, X_l)| + (k-2)\sum_{j\in I_1,\, l\in I_3}|\mathrm{Cov}(X_j, X_l)|$$

$$+ \cdots + \sum_{j\in I_1,\, l\in I_k}|\mathrm{Cov}(X_j, X_l)|.$$

从而有

$$
\left| E \exp\left(\mathbf{i}t \sum_{m=1}^{k} \frac{y_{nm}}{n} \right) - \prod_{m=1}^{k} E \exp\left(\mathbf{i}t \frac{y_{nm}}{n} \right) \right|
$$

$$
\leqslant \frac{4B^2t^2}{n^2} b_n^2(x) h_n^{-4} \Bigg[(k-1) \sum_{j\in I_1,\ l\in I_2} |\mathrm{Cov}(X_j, X_l)|
$$

$$
+ (k-2) \sum_{j\in I_1,\ l\in I_3} |\mathrm{Cov}(X_j, X_l)| + \cdots + \sum_{j\in I_1,\ l\in I_k} |\mathrm{Cov}(X_j, X_l)| \Bigg].
$$

而

$$
\sum_{j\in I_1,\ l\in I_2} |\mathrm{Cov}(X_j, X_l)|
$$

$$
= \sum_{l=(p+q)+1}^{(p+q)+p} |\mathrm{Cov}(X_1, X_l)| + \sum_{l=(p+q)+1}^{(p+q)+p} |\mathrm{Cov}(X_2, X_l)| + \cdots + \sum_{l=(p+q)+1}^{(p+q)+p} |\mathrm{Cov}(X_p, X_l)|.
$$

又由平稳性得

$$
\sum_{j\in I_1,\ l\in I_2} |\mathrm{Cov}(X_j, X_l)|
$$

$$
= \sum_{l=(p+q)+1}^{(p+q)+p} |\mathrm{Cov}(X_1, X_l)| + \sum_{l=p+q}^{(p+q)+p-1} |\mathrm{Cov}(X_1, X_l)| + \cdots + \sum_{l=q+2}^{(p+q)+1} |\mathrm{Cov}(X_1, X_l)|
$$

$$
= p|\mathrm{Cov}(X_1, X_{(p+q)+1})| + (p-1)|\mathrm{Cov}(X_1, X_{(p+q)+2})| + \cdots + |\mathrm{Cov}(X_1, X_{(p+q)+p})|
$$

和

$$
\sum_{j\in I_1,\ l\in I_3} |\mathrm{Cov}(X_j, X_l)|
$$

$$
= p|\mathrm{Cov}(X_1, X_{2(p+q)+1})| + (p-1)|\mathrm{Cov}(X_1, X_{2(p+q)+2})| + \cdots
$$

$$
+ |\mathrm{Cov}(X_1, X_{2(p+q)+p})|,
$$

$$
\cdots,
$$

$$
\sum_{j\in I_1,\ l\in I_k} |\mathrm{Cov}(X_j, X_l)|
$$

$$
= p|\mathrm{Cov}(X_1, X_{(k-1)(p+q)+1})| + (p-1)|\mathrm{Cov}(X_1, X_{(k-1)(p+q)+2})|
$$

$$
+ \cdots + |\mathrm{Cov}(X_1, X_{(k-1)(p+q)+p})|.
$$

由此根据 (2.5.26) 及 (2.5.2) 式条件得

$$\left| E \exp\left(\mathbf{i} t \sum_{m=1}^{k} \frac{y_{nm}}{n} \right) - \prod_{m=1}^{k} E \exp\left(\mathbf{i} t \frac{y_{nm}}{n} \right) \right|$$

$$\leqslant \frac{4B^2 t^2}{n^2} b_n^2(x) h_n^{-4} pk \sum_{j=(p+q)+1}^{(k-1)(p+q)+p} |\mathrm{Cov}(X_1, X_j)|$$

$$\leqslant \frac{4B^2 t^2}{a_n^2(x)} \frac{pk}{n} \frac{1}{h_n^3} \sum_{j>q} |\mathrm{Cov}(X_1, X_j)| \to 0.$$

即 $J_5 \to 0$. 这样证得引理 2.5.6.

2.5.3 定理的证明

定理 2.5.1 的证明   由引理 2.5.3 知 $b_n^2(x)\mathrm{Var}f_n(x) \to 1$, 从而只要证 $g_n^* \xrightarrow{W} N(0,1)$. 由引理 2.5.4 知 $Eg_n^* = 0$, $\mathrm{Var}g_n^* \to 1$. 又由于

$$g_n^* = \frac{1}{n} T_n + \frac{1}{n} T_n' + \frac{1}{n} T_n'', \qquad (2.5.27)$$

根据引理 2.5.5 (i), (ii) 知, 对任意的 $\varepsilon > 0$

$$P\left(\frac{1}{n}(T_n' + T_n'') > \varepsilon \right) \leqslant P\left(\frac{1}{n} T_n' > \frac{\varepsilon}{2} \right) + P\left(\frac{1}{n} T_n'' > \frac{\varepsilon}{2} \right)$$

$$\leqslant E\left(\frac{1}{n} T_n' \right)^2 \left(\frac{\varepsilon}{2} \right)^{-2} + E\left(\frac{1}{n} T_n'' \right)^2 \left(\frac{\varepsilon}{2} \right)^{-2} \to 0.$$

由此得

$$\frac{1}{n}\left(T_n' + T_n'' \right) \xrightarrow{P} 0.$$

又由引理 2.5.6 知

$$\frac{1}{n} T_n \xrightarrow{W} N(0,1).$$

从而由 (2.5.27) 式, 定理证毕.

推论 2.5.1 的证明   由于

$$g_n^{**}(x) = [f_n(x) - Ef_n(x)]/[\mathrm{Var}(f_n(x))]^{\frac{1}{2}} + [Ef_n(x) - f(x)]/[\mathrm{Var}(f_n(x))]^{\frac{1}{2}}$$

$$=: J_7 + J_8.$$

由定理 2.5.1 知

$$J_7 \xrightarrow{W} N(0,1).$$

而由于

$$Ef_n(x) = \frac{1}{n} \sum_{i=1}^{n} \int_{\mathbb{R}} K(u)f(x - h_i u)du$$

$$= \frac{1}{n} \sum_{i=1}^{n} \int_{\mathbb{R}} K(u)\left[f(x) - f'(x)h_i u + \frac{f''(x - \xi h_i u)}{2}(h_i u)^2\right]du, \quad 0 < \xi < 1.$$

根据 (A2)(ii) 条件得

$$E|f_n(x) - f(x)| = \left| \frac{1}{n} \sum_{i=1}^{n} \int_{\mathbb{R}} K(u)\frac{f''(x - \xi h_i u)}{2}(h_i u)^2 du \right|$$

$$\leqslant \frac{1}{n} \sum_{i=1}^{n} h_i^2 \left| \int_{\mathbb{R}} K(u) \frac{f''(x - \xi h_i u)}{2} u^2 du \right| \leqslant \frac{c}{n} \sum_{i=1}^{n} h_i^2.$$

故当 $(h_n n^{-1})^{\frac{1}{2}} \sum_{i=1}^{n} h_i^2 \to 0$ 时, 则有

$$|J_8| \leqslant \frac{c}{n} \sum_{i=1}^{n} h_i^2 \frac{(nh_n)^{\frac{1}{2}}}{a(x)} = c(x)a^{-1}(x)(h_n n^{-1})^{\frac{1}{2}} \sum_{i=1}^{n} h_i^2 \to 0.$$

由此可知推论 2.5.1 得证.

2.6   相协样本分布函数递归核估计渐近性

假设 $\{X_j, j \geqslant 1\}$ 是一平稳实值随机变量序列, 具有未知的共同的分布函数 $F(x)$. 受到 Masry (1986,1987) 等关于递归核密度函数估计的启发, 我们提出 $F(x)$ 的递归核分布函数估计如下

$$F_n(x) = \frac{1}{n} \sum_{j=1}^{n} K\left(\frac{x - X_j}{h_j}\right),$$

此处 $K(\cdot)$ 是已知的分布函数, $\{h_j, j \geqslant 1\}$ 是 $j \to \infty$ 时趋于 0 的正数. 由于该估计可以被递归循环计算

$$F_n(x) = \frac{n-1}{n} F_{n-1}(x) + \frac{1}{n} K\left(\frac{x - X_n}{h_n}\right), \quad F_0(x) = 0.$$

从实用的角度可知, 递归分布估计在样本比较大的情况下它可以随着每次额外的观察而更新, 却不需要重新计算. 本节将在正负相协序列下, 讨论分布函数递归核估计的渐近偏差、二次均方收敛、逐点渐近正态性.

2.6.1 假设条件和引理

下面我们给出一些条件:

(A.1) 设 $\{X_j, j \geqslant 1\}$ 是一平稳实值随机变量序列, 具有相同的分布函数 $F(x)$ 和有界的密度函数 $f(x)$.

(A.2) 设 $F(x)$ 在点 x 处有 $(r+1)$ 阶连续可微, 使得 $\sup\limits_{x} |F^{(r+1)}(x)| = M < \infty$.

(A.3) 令 $u(n) = \sum_{j=n}^{\infty} |\mathrm{Cov}(X_1, X_{j+1})|^{1/3}$, 则有 $u(1) < \infty$.

(A.4) 已知的分布函数 $K(x)$ 具有密度函数 $k(x)$.

(A.5) 令 $\int_{-\infty}^{\infty} |u|^l k(u) du < \infty$, $c_l = \int_{-\infty}^{\infty} u^l k(u) du$, $l = 1, \cdots, r+1$.

(A.6) 窗宽 $\{h_j, j \geqslant 1\}$ 满足 $0 < h_j \downarrow 0$ a.s., $j \to \infty$.

(A.7) $\frac{1}{n} \sum_{j=1}^{n} (h_j/h_n)^l \to \beta_l$, $l = 1, \cdots, r+1$.

(A.8) $nh_n^4 \to 0$.

注 2.6.1 (i) 条件 (A.1), (A.3) 和 (A.4) 对于 $\{X_j, j \geqslant 1\}$ 和核函数 $K(\cdot)$ 不是非常严格. 此条件可见 Cai 和 Roussas (1999)、黎玉芳和杨善朝 (2005) 等的文献.

(ii) (A.2) 和 (A.5)—(A.7) 条件被 Masry (1986, 1987) 在研究递归核函数估计中使用, 而且 β_l 可以由文献 (Masry, 1986) 中的注 2 计算可得.

(iii) 条件 (A.8) 可见 Cai 和 Roussas (1999) 的文献.

(iv) 条件 (A.9) 是容易被满足的, 并且可以被看作证明渐近正态性结果的纯技术需要. 因为 $(p_n + q_n)/k_n \to 1$, 则 (A.9)(i) 意味着 $q_n k_n/n = (p_n + q_n)k_n/n - p_n k_n/n \to 0$ 以及 $q_n < p_n$. 如果对 p_n, q_n 作如下选择: $p_n = n^{\delta_1}, q_n = n^{\delta_2}$, 此处 $0 < \delta_2 < \delta_1 < 0.5$, 则 (A.9)(ii) 成立.

注 2.6.2 在本节, 假设 $\{X_j, j \geqslant 1\}$ 为 NA 或 PA 序列, $K(x)$ 是分布函数已知且关于 $x \in \mathbb{R}$ 单调. 由 NA 和 PA 的性质可知, $\{X_j, j \geqslant 1\}$ 通过 $\{K((x - X_j)/h_j)\}$ 变换仍然是 NA 或 PA 的, 从而 $\{K((x - X_j)/h_j), j \geqslant 1\}$ 仍然是 NA 或 PA 序列. 但 $\{K((x - X_j)/h_j), j \geqslant 1\}$ 是非平稳和不同分布的序列.

引理 2.6.1 设 $\{X_j, j \geqslant 1\}$ 是严平稳相协序列 (PA 或 NA 的).

(a) 如果条件 (A.1)、(A.4) 和 (A.6) 成立, 则有

$$\mathrm{Var}\left(K\left(\frac{x-X_j}{h_j}\right)\right) \to F(x)\overline{F}(x),\ j\to\infty,\quad E(F_n(x))\to F(x).$$

(b) 如果条件 (A.1)、(A.3)、(A.4) 和 (A.6) 成立, 则有

$$\left|\mathrm{Cov}\left(K\left(\frac{x-X_i}{h_i}\right),\ K\left(\frac{x-X_j}{h_j}\right)\right)\right| \leqslant C\left|\mathrm{Cov}(X_i,\ X_j)\right|^{1/3},\quad x\in\mathbb{R}.$$

证明　(a) 根据条件 (A.1) 我们可得

$$EK\left(\frac{x-X_j}{h_j}\right) = \int_{-\infty}^{x} K\left(\frac{x-t}{h_j}\right)dF(t) + \int_{x}^{\infty} K\left(\frac{x-t}{h_j}\right)dF(t)$$

和

$$EK\left(\frac{x-X_j}{h_j}\right)^2 = \int_{-\infty}^{x} K\left(\frac{x-t}{h_j}\right)^2 dF(t) + \int_{x}^{\infty} K\left(\frac{x-t}{h_j}\right)^2 dF(t).$$

由条件 (A.4) 和 (A.6), 对 $t\in(-\infty,x)$ 和 $t\in(x,\infty)$, 分别关于 $j\to\infty$ 取极限得

$$K\left(\frac{x-t}{h_j}\right) \to K(\infty)=1,\quad K\left(\frac{x-t}{h_j}\right) \to K(-\infty)=0.$$

由控制收敛定理, 当 $j\to\infty$ 时, 有

$$EK\left(\frac{x-X_j}{h_j}\right) \to F(x),\quad EK\left(\frac{x-X_j}{h_j}\right)^2 \to F(x).$$

这样

$$\mathrm{Var}\left(K\left(\frac{x-X_j}{h_j}\right)\right) \to F(x)\overline{F}(x) \leqslant \frac{1}{4}. \tag{2.6.1}$$

另外, 应用 Toeplitz 引理, 可得

$$EF_n(x) = \frac{1}{n}\sum_{j=1}^{n} EK\left(\frac{x-X_j}{h_j}\right) \to F(x). \tag{2.6.2}$$

因此, 根据 (2.6.1) 和 (2.6.2) 式即证得引理 2.6.1(a).

(b) 该部分的证明类似于文献 (Cai and Roussas, 1999) 中引理 3.3(i), 此处省略.

2.6.2 渐近偏差和二次均方收敛

下面给出递归分布函数估计 $F_n(x)$ 的渐近偏差和二次均方收敛的相关结果, 并给出其证明.

定理 2.6.1 (渐近偏差)　设 $\{X_j, j \geqslant 1\}$ 是一平稳的 NA 或 PA 序列. 如果条件 (A.1)、(A.2)、(A.4)、(A.5) 和 (A.7) 成立, 则有

$$\text{bias}[F_n(x)] = (1 + o(1)) \sum_{l=1}^{r} \frac{F^{(l)}(x)}{l!} c_l \beta_l (-h_n)^l + O(h_n^{r+1}). \tag{2.6.3}$$

进一步, 如果 $k(x)$ 是对称的偶函数, $r \geqslant 2$, 则 $F_n(x)$ 的偏差的主部为

$$\text{bias}[F_n(x)] \sim \frac{c_2 \beta_2 F^{(2)}(x)}{2} h_n^2. \tag{2.6.4}$$

定理 2.6.2 (二次均方收敛)　设 $\{X_j, j \geqslant 1\}$ 是平稳的 NA 或 PA 序列. 如果条件 (A.1)、(A.3)、(A.4) 和 (A.6) 成立, 则有

$$E[F_n(x) - F(x)]^2 \to 0.$$

下面给出上述定理的证明.

定理 2.6.1 的证明　由条件 (A.1) 和 (A.4) 可得

$$E[F_n(x)] = \frac{1}{n} \sum_{j=1}^{n} \int_{-\infty}^{\infty} K\left(\frac{x-u}{h_j}\right) dF(u) = \frac{1}{n} \sum_{j=1}^{n} \int_{-\infty}^{\infty} F(x - h_j u) k(u) du.$$

由条件 (A.2), 把 $F(x - h_j u)$ 按 Taylor 级数展开可得

$$F(x - h_j u) = \sum_{l=0}^{r} \frac{F^{(l)}(x)}{l!} (-h_j u)^l + R_r,$$

此处

$$R_r = \frac{F^{(r+1)}(x - \theta h_j u)}{(r+1)!} (h_j u)^{(r+1)} \leqslant \frac{(h_j |u|)^{(r+1)}}{(r+1)!} \sup_v |F^{(r+1)}(v)|, \quad 0 < \theta < 1.$$

从而由条件 (A.5) 得

$$E[F_n(x)] = \sum_{l=0}^{r} \frac{F^{(l)}(x)}{l!} (-1)^l c_l \left(\frac{1}{n} \sum_{j=1}^{n} h_j^l\right) + O\left(\frac{1}{n} \sum_{j=1}^{n} h_j^{r+1}\right)$$

$$= F(x) + \sum_{l=1}^{r} \frac{F^{(l)}(x)}{l!}(-h_n)^l c_l \left(\frac{1}{n} \sum_{j=1}^{n} (h_j/h_n)^l \right)$$

$$+ O(h_n^{r+1}) \left(\frac{1}{n} \sum_{j=1}^{n} (h_j/h_n)^{r+1} \right). \tag{2.6.5}$$

这样再由条件 (A.7) 和 (2.6.5) 式即得关系式 (2.6.3).

特别当 $k(x)$ 是对称偶函数, 即当 l 是奇数时 (2.6.1) 式为 0. 此时偏差主部为

$$\text{bias}[F_n(x)] \sim \frac{c_2 \beta_2 F^{(2)}(x)}{2} h_n^2, \quad r \geqslant 2.$$

定理 2.6.2 的证明　根据引理 2.6.1(a) 部分第二个关系式, 需要去证明

$$\text{Var}(F_n(x)) = \frac{1}{n^2} \text{Var} \left(\sum_{j=1}^{n} K \left(\frac{x - X_j}{h_j} \right) \right) \to 0. \tag{2.6.6}$$

显然

$$\frac{1}{n} \text{Var} \left(\sum_{j=1}^{n} K \left(\frac{x - X_j}{h_j} \right) \right)$$

$$= \frac{1}{n} \sum_{j=1}^{n} \text{Var} \left(K \left(\frac{x - X_j}{h_j} \right) \right) + \frac{2}{n} \sum_{i=1}^{n-1} \sum_{j=i+1}^{n} \text{Cov} \left(K \left(\frac{x - X_i}{h_i} \right), K \left(\frac{x - X_j}{h_j} \right) \right). \tag{2.6.7}$$

对于 (2.6.7) 式右边第一项, 由 Toeplitz 引理及引理 2.6.1(a) 部分第二个关系式

$$\frac{1}{n} \sum_{j=1}^{n} \text{Var} \left(K \left(\frac{x - X_j}{h_j} \right) \right) \to F(x) \overline{F}(x) \leqslant \frac{1}{4}.$$

对于 (2.6.7) 式右边第二项, 由引理 2.6.1(b) 部分以及平稳性可得

$$\left| \frac{2}{n} \sum_{i=1}^{n-1} \sum_{j=i}^{n} \text{Cov} \left(K \left(\frac{x - X_i}{h_i} \right), K \left(\frac{x - X_j}{h_j} \right) \right) \right|$$

$$\leqslant \frac{C}{n} \sum_{i=1}^{n-1} \sum_{j=i}^{n} |\text{Cov}(X_i, X_j)|^{\frac{1}{3}}$$

$$\leqslant C \sum_{j=1}^{n-1} \left(1 - \frac{j}{n} \right) |\text{Cov}(X_1, X_{j+1})|^{\frac{1}{3}} \leqslant C u(1) < \infty. \tag{2.6.8}$$

这样, 结合关系式 (2.6.7) 和 (2.6.8) 可得

$$\varlimsup_{n\to\infty}\frac{1}{n}\mathrm{Var}\left(\sum_{j=1}^{n}K\left(\frac{x-X_j}{h_j}\right)\right)<\infty. \tag{2.6.9}$$

因此关系式 (2.6.6) 成立. 由此定理 2.6.2 证毕.

2.6.3 渐近正态性

下面将基于 NA 和 PA 序列建立递归分布函数估计 $F_n(x)$ 的渐近正态性.

定理 2.6.3 设 $\{X_j, j \geqslant 1\}$ 为 NA 或 PA 序列. 如果满足条件 (A.1)、(A.3)、(A.4)、(A.6) 和 (A.9). 则由

$$\lim_{n\to\infty}\frac{1}{n}\mathrm{Var}\left(\sum_{j=1}^{n}K\left(\frac{x-X_j}{h_j}\right)\right)>0, \tag{2.6.10}$$

可得

$$\frac{\widehat{F_n}(x)-E\widehat{F_n}(x)}{\sqrt{\mathrm{Var}(\widehat{F_n}(x))}}\xrightarrow{\mathscr{D}}N(0,1). \tag{2.6.11}$$

推论 2.6.1 在定理 2.6.3 条件下, 如果条件 (A.2)、(A.5)、(A.8) 也满足. 进一步, 如果 (A.4) 中的 $K(x)$ 是对称的偶函数. 则当 $r \geqslant 2$ 时成立

$$\frac{\widehat{F_n}(x)-F(x)}{\sqrt{\mathrm{Var}(\widehat{F_n}(x))}}\xrightarrow{\mathscr{D}}N(0,1).$$

为了证明上述结果, 这里给出一些记号. 令

$$Z_{nj}=\frac{1}{n\sqrt{\mathrm{Var}(\widehat{F_n}(x))}}\left[K\left(\frac{x-X_j}{h_j}\right)-EK\left(\frac{x-X_j}{h_j}\right)\right],\quad S_n=\sum_{j=1}^{n}Z_{nj},$$

则有

$$S_n=\frac{\widehat{F_n}(x)-E\widehat{F_n}(x)}{\sqrt{\mathrm{Var}(\widehat{F_n}(x))}}.$$

我们需要证明

$$S_n\xrightarrow{\mathscr{D}}N(0,1). \tag{2.6.12}$$

通过把 (2.6.12) 式中的 $\sum_{j=1}^{n} Z_{nj}$ 拆分为 (p-) 大块和 (q-) 小块. 准确地说, 对于 $m = 1, 2, \cdots, k$, 把 $\{1, \cdots, n\}$ 集合划分为 (p-) 大块 I_m 和 (q-) 小块 J_m 如下

$$I_m = \{i;\ \ i = (m-1)(p+q) + 1, \cdots, (m-1)(p+q) + p\},$$
$$J_m = \{j;\ \ j = (m-1)(p+q) + p + 1, \cdots, m(p+q)\},$$

剩余项为 $\{l : k(p+q) + 1 \leqslant l \leqslant n\}$, 此处 p, q, k 满足如下条件:

条件 (A.9)　设 $0 < p = p_n < n$, $0 < q = q_n < n$, $k = k_n = [n/(p_n + q_n)]$ 是趋于无穷的整数, 则 (i) $k_n p_n / n \to 1$, (ii) $p_n^2/n \to 0$.

又记

$$y_{nm} = \sum_{j \in I_m} Z_{nj}, \quad y'_{nm} = \sum_{j \in J_m} Z_{nj}, \quad y'_{nk} = \sum_{j=k(p+q)+1}^{n} Z_{nj},$$

以及

$$S'_n = \sum_{m=1}^{k} y_{nm}, \quad S''_n = \sum_{m=1}^{k} y'_{nm}, \quad S'''_n = y'_{nk}.$$

则 S_n 可写成

$$S_n = S'_n + S''_n + S'''_n, \tag{2.6.13}$$

且证明 (2.6.12) 式是收敛的, 只要证明

$$E[S''_n]^2 \to 0, \quad E[S'''_n]^2 \to 0. \tag{2.6.14}$$

$$S'_n \xrightarrow{\mathscr{D}} N(0,1). \tag{2.6.15}$$

关系式 (2.6.14) 意味着 S''_n 和 S'''_n 是渐近可以忽略不计的, 关系式 (2.6.15) 表明 S'_n 是渐近正态的.

定理 2.6.3 的证明　由关系式 (2.6.9) 和 (2.6.10), 对充分大的 n 可得

$$\{n\mathrm{Var}[\widehat{F}_n(x)]\}^{-1} \leqslant C(x). \tag{2.6.16}$$

正如上所述, (2.6.11) 式的收敛性的建立只需证明 (2.6.14) 和 (2.6.15) 式成立.

首先证明 (2.6.14) 式. 根据 (2.6.16) 式、条件 (A.9)(i)、引理 2.6.1 及平稳性, 可得

$$E(S''_n)^2 = \frac{1}{n^2 \mathrm{Var}(\widehat{F}_n(x))} \left[\sum_{m=1}^{k} \sum_{i=(m-1)(p+q)+p+1}^{m(p+q)} \mathrm{Var}\left(K\left(\frac{x - X_i}{h_i}\right)\right) \right.$$

$$+ 2 \sum_{m=1}^{k} \sum_{(m-1)(p+q)+p+1 \leqslant i < j \leqslant m(p+q)} \mathrm{Cov}\left(K\left(\frac{x-X_i}{h_i}\right), K\left(\frac{x-X_j}{h_j}\right)\right)$$

$$+ 2 \sum_{1 \leqslant m_1 < m_2 \leqslant k} \sum_{i=(m_1-1)(p+q)+p+1}^{m_1(p+q)} \sum_{j=(m_2-1)(p+q)+p+1}^{m_2(p+q)} \mathrm{Cov}\left(K\left(\frac{x-X_i}{h_i}\right),\right.$$

$$\left. K\left(\frac{x-X_j}{h_j}\right)\right)\Bigg]$$

$$\leqslant \frac{C(x)}{n}\Bigg[kq + 2 \sum_{m=1}^{k} \sum_{(m-1)(p+q)+p+1 \leqslant i < j \leqslant m(p+q)} |\mathrm{Cov}(X_i, X_j)|^{1/3}$$

$$+ \sum_{m_1=1}^{k-1} \sum_{i=(m_1-1)(p+q)+p+1}^{m_1(p+q)} \sum_{m_2=m_1+1}^{k} \sum_{j=(m_2-1)(p+q)+p+1}^{m_2(p+q)} |\mathrm{Cov}(X_i, X_j)|^{1/3} \Bigg]$$

$$\leqslant \frac{C(x)}{n}\Bigg[kq + \sum_{m=1}^{k} \sum_{i=1}^{q-1} (q-i)|\mathrm{Cov}(X_1, X_{i+1})|^{1/3}$$

$$+ \sum_{m_1=1}^{k-1} \sum_{i=(m_1-1)(p+q)+p+1}^{m_1(p+q)} \sum_{m_2=m_1+1}^{k} \sum_{j=(m_2-1)(p+q)+p+1}^{m_2(p+q)} \left|\mathrm{Cov}(X_i, X_j)\right|^{1/3} \Bigg]$$

$$\leqslant C(x)\frac{kq + kqu(1) + kqu(p)}{n} \leqslant C(x)\frac{kq}{n} \to 0. \tag{2.6.17}$$

类似于计算上述的 $E(S_n'')^2$, 根据平稳性可得

$$E(S_n''')^2 \leqslant \frac{1}{n^2 \mathrm{Var}(\widehat{F}_n(x))}\Bigg[\sum_{i=k(p+q)+1}^{n} \mathrm{Var}\left(K\left(\frac{x-X_i}{h_i}\right)\right)$$

$$+ 2 \sum_{k(p+q)+1 \leqslant i < j \leqslant n} \left|\mathrm{Cov}\left(K\left(\frac{x-X_i}{h_i}\right), K\left(\frac{x-X_j}{h_j}\right)\right)\right|\Bigg]$$

$$\leqslant \frac{C(x)}{n}\Bigg[(n-k(p+q)) + \sum_{k(p+q)+1 \leqslant i < j \leqslant n} |\mathrm{Cov}(X_i, X_j)|^{1/3} \Bigg]$$

$$\leqslant \frac{C(x)}{n}\Bigg[(n-k(p+q)) + \sum_{i=1}^{n-k(p+q)-1} |\mathrm{Cov}(X_1, X_{i+1})|^{1/3} \Bigg]$$

$$\leqslant C(x)\frac{(p+q) + u(1)}{n} = C(x)\frac{p}{n} \to 0. \tag{2.6.18}$$

由此 (2.6.14) 式得证.

记 $X_{nm} = y_{nm}/s_n$, $s_n^2 = \sum_{m=1}^{k} \text{Var}(y_{nm})$. 为了建立 (2.6.15) 式, 需要证明

$$\left| Ee^{it \sum_{m=1}^{k} y_{nm}} - \prod_{m=1}^{k} Ee^{ity_{nm}} \right| \to 0 \tag{2.6.19}$$

和

$$g_n(\varepsilon) = \sum_{j=1}^{k} EX_{nm}^2 I_{\{|X_{nm}| > \varepsilon\}} \to 0. \tag{2.6.20}$$

根据注 2.6.2、引理 1.3.18 和引理 2.6.1、条件 (A.3) 和 (A.9)(i) 以及平稳性, 推导可得

$$\left| Ee^{it \sum_{m=1}^{k} y_{nm}} - \prod_{m=1}^{k} Ee^{ity_{nm}} \right|$$

$$\leqslant 4t^2 \sum_{1 \leqslant i < j \leqslant k} \sum_{s=k_i}^{k_i+p-1} \sum_{l=k_j}^{k_j+p-1} |\text{Cov}(Z_{ns}, Z_{nl})|$$

$$\leqslant C \frac{4t^2}{n^2 \text{Var}(\widehat{F}_n(x))} \sum_{1 \leqslant i < j \leqslant k} \sum_{s=k_i}^{k_i+p-1} \sum_{l=k_j}^{k_j+p-1} \left| \text{Cov}\left(K\left(\frac{x-X_s}{h_s}\right), K\left(\frac{x-X_l}{h_l}\right) \right) \right|$$

$$\leqslant C \frac{4C(x)t^2}{n} \sum_{i=1}^{k-1} \sum_{s=k_i}^{k_i+p-1} \sum_{j=i+1}^{k} \sum_{l=k_j}^{k_j+p-1} |\text{Cov}(X_s, X_l)|^{\frac{1}{3}}$$

$$\leqslant C \frac{4C(x)t^2}{n} \sum_{i=1}^{k-1} \sum_{s=k_i}^{k_i+p-1} \sum_{l=q}^{\infty} |\text{Cov}(X_1, X_l)|^{\frac{1}{3}}$$

$$\leqslant Ct^2 \frac{kp}{n} u(q) \leqslant Ct^2 u(q) \to 0. \tag{2.6.21}$$

这样证得 (2.6.19) 式.

下面证明 (2.6.20) 式. 记 $\Gamma_n = \sum_{1 \leqslant i < j \leqslant k} \text{Cov}(y_{ni}, y_{nj})$, 则 $s_n^2 = E(S_n')^2 - 2\Gamma_n$. 再由 (2.6.13) 式可得

$$E(S_n)^2 = E(S_n')^2 + E(S_n'')^2 + E(S_n''')^2$$

$$+ 2\left[\text{Cov}(S_n', S_n'') + \text{Cov}(S_n', S_n''') + \text{Cov}(S_n'', S_n''') \right].$$

类似于 (2.6.17) 式中 $E(S_n'')^2$ 的计算, 由条件 (A.9)(i) 可得

$$E(S_n')^2 \leqslant C(x) \cdot \frac{kp}{n} < \infty. \tag{2.6.22}$$

注意到 $ES'_n = ES''_n = ES'''_n = 0$, 则由关系式 (2.6.17)、(2.6.18) 及 (2.6.22) 可得

$$\mathrm{Cov}(S'_n, S''_n) \to 0, \quad \mathrm{Cov}(S'_n, S'''_n) \to 0, \quad \mathrm{Cov}(S''_n, S'''_n) \to 0.$$

因此, $E(S_n)^2 \to E(S'_n)^2$. 再由 $E(S_n)^2 = 1$, 可得 $E(S'_n)^2 \to 1$.

又由引理 2.6.1(b)、条件 (A.3), 类似于 (2.6.21) 式的证明可得

$$|\Gamma_n| = \sum_{1 \leqslant i < j \leqslant k} \sum_{\mu=k_i}^{k_i+p-1} \sum_{\nu=k_j}^{k_j+p-1} |\mathrm{Cov}(Z_{n\mu}, Z_{n\nu})| \leqslant Cu(q) \to 0.$$

由此可得 $s_n^2 \to 1$. 再根据 X_{nm} 的定义和条件 (A.9)(ii), 可得

$$|X_{nm}| \leqslant \frac{p}{s_n} \frac{2}{n\sqrt{\mathrm{Var}(\widehat{F}_n(x))}} \leqslant C(x)\frac{p}{\sqrt{n}},$$

利用 Chebyshev 不等式, 类似于 (2.6.17) 式的计算可得

$$P(|X_{nm}| \geqslant \varepsilon) \leqslant \frac{EX_{nm}^2}{\varepsilon^2} = \frac{\mathrm{Var}(y_{nm})}{\varepsilon^2 \cdot s_n^2} \leqslant \frac{C(x)}{\varepsilon^2} \cdot \frac{p}{n}.$$

因此, 由条件 (A.9)(ii) 可得

$$g_n(\varepsilon) \leqslant \sum_{m=1}^{k} \frac{C(x)p^2}{n} P(|X_{nm}| \geqslant \varepsilon) \leqslant \frac{C^2(x)}{\varepsilon^2} \cdot \frac{p^3}{n^2} \to 0.$$

这样 (2.6.20) 式得证. 从而定理 2.6.3 证毕.

推论 2.6.1 的证明 易得

$$\frac{\widehat{F}_n(x) - F(x)}{\sqrt{\mathrm{Var}(\widehat{F}_n(x))}} = \frac{\widehat{F}_n(x) - E\widehat{F}_n(x)}{\sqrt{\mathrm{Var}(\widehat{F}_n(x))}} + \frac{E\widehat{F}_n(x) - F(x)}{\sqrt{\mathrm{Var}(\widehat{F}_n(x))}} =: I_{n1} + I_{n2}. \quad (2.6.23)$$

根据定理 2.6.1 中 (2.6.4) 式、(2.6.16) 式以及条件 (A.8), 可得

$$I_{n2} = \frac{O\left(n^{\frac{1}{2}}h_n^2\right)}{\sqrt{n\mathrm{Var}\left(\widehat{F}_n(x)\right)}} \leqslant C(x)O\left(nh_n^4\right)^{\frac{1}{2}} \to 0. \quad (2.6.24)$$

因此, 由 (2.6.23) 式、(2.6.24) 式和定理 2.6.3 可证得推论 2.6.1.

第 3 章　相依误差下非参数回归函数小波估计和加权核估计

在本章, 我们讨论并建立了强混合及其生成的线性过程、负超可加相依、正相协和负相协误差下, 非参数回归函数的小波估计和加权核估计的强相合及其收敛速度、渐近正态性、Berry-Esseen 界等.

3.1　负超可加相依阵列误差下回归函数估计的相合性

3.1.1　回归函数加权核估计

设 m 是一个正整数, A 是 $\mathbb{R}^m$ 上的一个紧集, 考虑非参数回归模型

$$Y_{ni} = g(x_{ni}) + \varepsilon_{ni}, \quad 1 \leqslant i \leqslant n, \tag{3.1.1}$$

其中 $x_{n1}, \cdots, x_{nn} \in A$ 为已知的设计点列, $g(\cdot)$ 是未知的连续回归函数且在 A 上有界, Y_{ni} 为可观察的随机变量, $\varepsilon_{n1}, \cdots, \varepsilon_{nn}$ 是随机误差, 它们定义在同一个概率空间 (Ω, A, P). 基于观察值 $\{x_{ni}, Y_{ni}, 1 \leqslant i \leqslant n\}$, $g(x)$ 的一个估计为

$$g_n(x) = \sum_{i=1}^{n} w_{ni}(x) Y_{ni}, \quad x \in A \subset \mathbb{R}^m, \tag{3.1.2}$$

其中 $w_{ni}(x) = w_{ni}(x; x_{n1}, x_{n2}, \cdots, x_{nn})$ 是可测权函数, $i = 1, 2, \cdots, n$, w 是一种宽泛的权函数, 很多估计都是这种加权的形式, 如 Jackknife 估计和最近邻估计. w 是与 x 及设计点列 $x_{n1}, x_{n2}, \cdots, x_{nn}$ 有关, 所以简写为 w_{ni}, 且满足下面基本假设:

(**A_1**)　$\sum_{i=1}^{n} w_{ni}(x) \to 1$, 当 $n \to \infty$ 时;

(**A_2**)　$\sum_{i=1}^{n} |w_{ni}(x)| \leqslant C < \infty$, 对任意的 $n \geqslant 1$;

(**A_3**)　$\sum_{i=1}^{n} |w_{ni}(x)| \cdot |g(x_{ni}) - g(x)| I(\|x_{ni} - x\| > a) \to 0$, 当 $n \to \infty$ 时, $\forall a > 0$.

本节在 $\{\varepsilon_{ni}\}$ 是 NSD 下讨论估计量 $g_n(x)$ 的强相合性, 得到如下结论.

定理 3.1.1　设 $\{\varepsilon_{ni}, 1 \leqslant i \leqslant n, \ n \geqslant 1\}$ 是均值为零的 NSD 阵列, 被随机变量 X 随机控制, 而 $E|X|^{1+p} < \infty$, 其中 $p \geqslant 1$, 且条件 (A_1)—(A_3) 成立. 如果

$$\max_{1\leqslant i\leqslant n} |w_{ni}(x)| = O(n^{-1/p}),$$ 则对任意的 $x \in c(g)$, 有

$$\lim_{n\to\infty} g_n(x) = g(x) \quad \text{a.s.},$$

其中 $c(g)$ 是 $g(\cdot)$ 的连续点集.

注 3.1.1 定理 3.1.1 中随机误差 $\{\varepsilon_{ni}, 1 \leqslant i \leqslant n, \, n \geqslant 1\}$ 是负超可加阵列, 即对固定的 n, $\{\varepsilon_{ni}, 1 \leqslant i \leqslant n\}$ 是行负超可加随机变量, 但对每列随机变量之间没有给出如何约束. 此外, 定理 3.1.1 中的条件 (A_1)—(A_3) 是一般的假设, 可见 Yang(2003)、Fan(2008)、Roussas(1989) 等的文献.

3.1.2 定理的证明

定理 3.1.1 的证明 由 (3.1.1) 和 (3.1.2) 式得

$$
\begin{aligned}
|g_n(x) - g(x)| &\leqslant |g_n(x) - Eg_n(x)| + |Eg_n(x) - g(x)| \\
&= \Big| \sum_{i=1}^n w_{ni}(x)\varepsilon_{ni} \Big| + |Eg_n(x) - g(x)| \\
&\hat{=} I_1 + I_2.
\end{aligned}
\tag{3.1.3}
$$

对 $x \in c(g)$, $a > 0$,

$$
\begin{aligned}
I_2 &\leqslant \sum_{i=1}^n |w_{ni}(x)| \cdot |g(x_{ni}) - g(x)| I(||x_{ni} - x|| \leqslant a) \\
&\quad + \sum_{i=1}^n |w_{ni}(x)| \cdot |g(x_{ni}) - g(x)| I(||x_{ni} - x|| > a) \\
&\quad + |g(x)| \cdot \Big| \sum_{i=1}^n w_{ni}(x) - 1 \Big|.
\end{aligned}
$$

因为对任意的 $\varepsilon > 0$, 存在 $\delta > 0$, 当 $||x^* - x|| < \delta$ 时, $|g(x^*) - g(x)| < \varepsilon$. 故

$$
\begin{aligned}
I_2 &\leqslant \varepsilon \sum_{i=1}^n |w_{ni}(x)| + |g(x)| \cdot \Big| \sum_{i=1}^n w_{ni}(x) - 1 \Big| \\
&\quad + \sum_{i=1}^n |w_{ni}(x)| \cdot |g(x_{ni}) - g(x)| I(||x_{ni} - x|| > a).
\end{aligned}
\tag{3.1.4}
$$

故由条件 (A_1)—(A_3) 和 (3.1.4) 式得

$$I_2 \to 0, \qquad n \to \infty. \tag{3.1.5}$$

记 $w_{ni}^{+}(x) = \max\{w_{ni}(x), 0\}$, $w_{ni}^{-}(x) = \max\{-w_{ni}(x), 0\}$, 由性质 1.2.2 知 $\{w_{ni}^{+}\varepsilon_{ni}, 1 \leqslant i \leqslant n\}$ 和 $\{w_{ni}^{-}\varepsilon_{ni}, 1 \leqslant i \leqslant n\}$ 均为 NSD 随机变量, 易见 $w_{ni}^{+}(x)$ 和 $w_{ni}^{-}(x)$ 均非负, 且 $w_{ni}(x) = w_{ni}^{+}(x) - w_{ni}^{-}(x)$. 故不妨设 $w_{ni}(x) \geqslant 0$.

由 (3.1.3) 和 (3.1.5) 式知, 要证 $\lim\limits_{n\to\infty} g_n(x) = g(x)$, 只需证 $I_1 \to 0$. 即证对任意的 $\varepsilon > 0$,

$$\sum_{n=1}^{\infty} P\left(\left|\sum_{i=1}^{n} w_{ni}(x)\varepsilon_{ni}\right| > \varepsilon\right) < \infty.$$

又由于

$$\max_{1\leqslant i\leqslant n} w_{ni}(x) \leqslant Cn^{-\frac{1}{p}}, \quad n \geqslant 1. \tag{3.1.6}$$

固定 $n \geqslant 1$, 对任意 $i = 1, 2, \cdots, n$, 令

$$X_{ni} = -I(w_{ni}(x)\varepsilon_{ni} < -1) + w_{ni}(x)\varepsilon_{ni}I(|w_{ni}(x)\varepsilon_{ni}| \leqslant 1) + I(w_{ni}(x)\varepsilon_{ni} > 1).$$

由性质 1.2.2 知 $\{X_{ni}, 1 \leqslant i \leqslant n\}$ 是 NSD 的, 则对任意的 $\varepsilon > 0$, 有

$$\left(\left|\sum_{i=1}^{n} w_{ni}(x)\varepsilon_{ni}\right| > \varepsilon\right) \subset \left(\max_{1\leqslant i\leqslant n} |w_{ni}(x)\varepsilon_{ni}| > 1\right) \cup \left(\left|\sum_{i=1}^{n} X_{ni}\right| > \varepsilon\right),$$

故

$$\sum_{n=1}^{\infty} P\left(\left|\sum_{i=1}^{n} w_{ni}(x)\varepsilon_{ni}\right| > \varepsilon\right)$$

$$\leqslant \sum_{n=1}^{\infty}\sum_{i=1}^{n} P(|w_{ni}(x)\varepsilon_{ni}| > 1) + \sum_{n=1}^{\infty} P\left(\left|\sum_{i=1}^{n} X_{ni}\right| > \varepsilon\right)$$

$$\hat{=} I + J. \tag{3.1.7}$$

由条件 (A_1)、(3.1.6) 式、Markov 不等式和 $E|X|^{1+p} < \infty$ 可得

$$\sum_{n=1}^{\infty}\sum_{i=1}^{n} P(|w_{ni}(x)\varepsilon_{ni}| > 1) \leqslant C\sum_{n=1}^{\infty}\sum_{i=1}^{n} P(|w_{ni}(x)X| > 1)$$

$$\leqslant C\sum_{n=1}^{\infty}\sum_{i=1}^{n} w_{ni}(x)E|X|I(|w_{ni}(x)X| > 1)$$

$$\leqslant C\sum_{n=1}^{\infty} E|X|I(|X| > n^{\frac{1}{p}})$$

$$\leqslant C \sum_{n=1}^{\infty} \sum_{k=n}^{\infty} E|X|I(k^{\frac{1}{p}} \leqslant |X| < (k+1)^{\frac{1}{p}})$$

$$= C \sum_{k=1}^{\infty} \sum_{n=1}^{k} E|X|I(k^{\frac{1}{p}} \leqslant |X| < (k+1)^{\frac{1}{p}})$$

$$= C \sum_{k=1}^{\infty} kE|X|I(k^{\frac{1}{p}} \leqslant |X| < (k+1)^{\frac{1}{p}})$$

$$\leqslant C \sum_{k=1}^{\infty} E|X|^{1+p}I(k^{\frac{1}{p}} \leqslant |X| < (k+1)^{\frac{1}{p}})$$

$$\leqslant CE|X|^{1+p} < \infty. \tag{3.1.8}$$

下面再证 $J < \infty$. 先证 $|\sum_{i=1}^{n} EX_{ni}| \to 0$, $n \to \infty$. 由 $E\varepsilon_{ni} = 0$、(A_1)、性质 1.2.9、(3.1.6) 式和 $E|X|^{1+p} < \infty$ 可得

$$\left| \sum_{i=1}^{n} EX_{ni} \right| \leqslant \left| \sum_{i=1}^{n} Ew_{ni}(x)\varepsilon_{ni}I(|w_{ni}(x)\varepsilon_{ni}| \leqslant 1) \right| + \sum_{i=1}^{n} P(|w_{ni}(x)\varepsilon_{ni}| > 1)$$

$$= \left| \sum_{i=1}^{n} Ew_{ni}(x)\varepsilon_{ni}I(|w_{ni}(x)\varepsilon_{ni}| > 1) \right| + \sum_{i=1}^{n} P(|w_{ni}(x)\varepsilon_{ni}| > 1)$$

$$\leqslant C \sum_{i=1}^{n} E|w_{ni}(x)\varepsilon_{ni}|^{1+p}I(|w_{ni}(x)\varepsilon_{ni}| > 1)$$

$$\leqslant C \sum_{i=1}^{n} w_{ni}^{1+p}(x)E|X|^{1+p}I(|w_{ni}(x)X| > 1)$$

$$\leqslant C \left(\max_{1 \leqslant i \leqslant n} w_{ni}(x) \right)^{p} \sum_{i=1}^{n} w_{ni}(x)E|X|^{1+p}I(|X| > n^{\frac{1}{p}})$$

$$\leqslant C(n^{-\frac{1}{p}})^{p}E|X|^{1+p}I(|X| > n^{\frac{1}{p}})$$

$$= Cn^{-1}E|X|^{1+p}I(|X| > n^{\frac{1}{p}}) \to 0.$$

由此可得

$$\left| \sum_{i=1}^{n} EX_{ni} \right| \to 0.$$

下面再证明

$$J^* = \sum_{n=1}^{\infty} P\left(\left| \sum_{i=1}^{n} (X_{ni} - EX_{ni}) \right| > \frac{\varepsilon}{2} \right) < \infty. \tag{3.1.9}$$

由 Markov 不等式、引理 1.3.20、C_r-不等式和 Jensen 不等式, 令 $M \geqslant 2$, 得

$$J^* \leqslant C \sum_{n=1}^{\infty} E\left(\left|\sum_{i=1}^{n}(X_{ni} - EX_{ni})\right|^M\right)$$

$$\leqslant C \sum_{n=1}^{\infty}\left(\sum_{i=1}^{n} E|X_{ni}|^2\right)^{\frac{M}{2}} + C \sum_{n=1}^{\infty}\sum_{i=1}^{n} E|X_{ni}|^M$$

$$\hat{=} J_1 + J_2. \tag{3.1.10}$$

取 $M > \max\{2, 2p, 1+p\}$, 可知 $-\dfrac{M}{2p} < -1$ 和 $-\dfrac{M-1}{p} < -1$. 由性质 1.2.9、Markov 不等式、$p \geqslant 1$、$E|X|^{1+p} < \infty$、(A_1) 和 (3.1.6) 式得

$$J_1 = C \sum_{n=1}^{\infty}\left(\sum_{i=1}^{n} E|X_{ni}|^2\right)^{\frac{M}{2}}$$

$$\leqslant C \sum_{n=1}^{\infty}\left[\sum_{i=1}^{n} P(|w_{ni}(x)X| > 1) + \sum_{i=1}^{n} E|w_{ni}(x)X|^2 I(|w_{ni}(x)X| \leqslant 1)\right]^{\frac{M}{2}}$$

$$\leqslant C \sum_{n=1}^{\infty}\left(\sum_{i=1}^{n} w_{ni}^2(x)E|X|^2\right)^{\frac{M}{2}} \leqslant C \sum_{n=1}^{\infty}\left[\left(\max_{1 \leqslant i \leqslant n} w_{ni}(x)\right)\sum_{i=1}^{n} w_{ni}(x)\right]^{\frac{M}{2}}$$

$$\leqslant C \sum_{n=1}^{\infty} n^{-\frac{M}{2p}} < \infty. \tag{3.1.11}$$

再由性质 1.2.9 和 C_r-不等式得

$$J_2 = C \sum_{n=1}^{\infty}\sum_{i=1}^{n} E|X_{ni}|^M$$

$$\leqslant C \sum_{n=1}^{\infty}\sum_{i=1}^{n}[E|w_{ni}(x)\varepsilon_{ni}|^M I(|w_{ni}(x)\varepsilon_{ni}| \leqslant 1) + P(|w_{ni}(x)\varepsilon_{ni}| > 1)]$$

$$\leqslant C \sum_{n=1}^{\infty}\sum_{i=1}^{n} P(|w_{ni}(x)X| > 1) + C \sum_{n=1}^{\infty}\sum_{i=1}^{n} E|w_{ni}(x)X|^M I(|w_{ni}(x)X| \leqslant 1)$$

$$= J_3 + J_4, \tag{3.1.12}$$

由 (3.1.8) 式可知 $J_3 < \infty$. 下面证明 $J_4 < \infty$. 令

$$I_{nj} = \{i : [n(j+1)]^{-\frac{1}{p}} < w_{ni}(x) \leqslant (nj)^{-\frac{1}{p}}\}, \quad n \geqslant 1, \ j \geqslant 1.$$

当 $k \neq j$ 时, 易知对所有的 $n \geqslant 1$, 有 $I_{nk} \cap I_{nj} = \varnothing$, $\bigcup_{j=1}^{\infty} I_{nj} = N$. 由此

$$J_4 = C \sum_{n=1}^{\infty} \sum_{i=1}^{n} E|w_{ni}(x)X|^M I(|w_{ni}(x)X| \leqslant 1)$$

$$\leqslant C \sum_{n=1}^{\infty} \sum_{j=1}^{\infty} \sum_{i \in I_{nj}} E|w_{ni}(x)X|^M I(|w_{ni}(x)X| \leqslant 1)$$

$$\leqslant C \sum_{n=1}^{\infty} \sum_{j=1}^{\infty} (\sharp J_{nj})(nj)^{-\frac{M}{p}} E|X|^M I\left(|X| \leqslant [n(j+1)]^{\frac{1}{p}}\right)$$

$$\leqslant C \sum_{n=1}^{\infty} \sum_{j=1}^{\infty} (\sharp J_{nj})(nj)^{-\frac{M}{p}} \sum_{k=0}^{n(j+1)} E|X|^M I(k \leqslant |X|^p < k+1)$$

$$= C \sum_{n=1}^{\infty} \sum_{j=1}^{\infty} (\sharp J_{nj})(nj)^{-\frac{M}{p}} \sum_{k=0}^{2n} E|X|^M I(k \leqslant |X|^p < k+1)$$

$$+ C \sum_{n=1}^{\infty} \sum_{j=1}^{\infty} (\sharp J_{nj})(nj)^{-\frac{M}{p}} \sum_{k=2n+1}^{n(j+1)} E|X|^M I(k \leqslant |X|^p < k+1)$$

$$= J_5 + J_6. \tag{3.1.13}$$

又对任意的 $m \geqslant 1$ 有

$$C \geqslant \sum_{i=1}^{n} w_{ni}(x) = \sum_{j=1}^{\infty} \sum_{i \in I_{nj}} w_{ni}(x) \geqslant \sum_{j=1}^{\infty} (\sharp J_{nj})[n(j+1)]^{-\frac{1}{p}}$$

$$\geqslant \sum_{j=m}^{\infty} (\sharp J_{nj})[n(j+1)]^{-\frac{1}{p}} \geqslant \sum_{j=m}^{\infty} (\sharp J_{nj})[n(j+1)]^{-\frac{1}{p}} \left[\frac{n(m+1)}{n(j+1)}\right]^{\frac{M-1}{p}}$$

$$= \sum_{j=m}^{\infty} (\sharp J_{nj})[n(j+1)]^{-\frac{M}{p}} [n(m+1)]^{\frac{M-1}{p}}.$$

由此可得

$$\sum_{j=m}^{\infty} (\sharp J_{nj})(nj)^{-\frac{M}{p}} \leqslant Cn^{-\frac{M-1}{p}} m^{-\frac{M-1}{p}} = C(mn)^{-\frac{M-1}{p}}.$$

故

$$J_5 = C \sum_{n=1}^{\infty} \sum_{j=1}^{\infty} (\sharp J_{nj})(nj)^{-\frac{M}{p}} \sum_{k=0}^{2n} E|X|^M I(k \leqslant |X|^p < k+1)$$

$$\leqslant C \sum_{n=1}^{\infty} n^{-\frac{M-1}{p}} \sum_{k=0}^{2n} E|X|^M I(k \leqslant |X|^p < k+1)$$

$$\leqslant C \sum_{k=0}^{2} \sum_{n=1}^{\infty} n^{-\frac{M-1}{p}} E|X|^M I(k \leqslant |X|^p < k+1)$$

$$+ C \sum_{k=2}^{\infty} \sum_{n=[\frac{k}{2}]}^{\infty} n^{-\frac{M-1}{p}} E|X|^M I(k \leqslant |X|^p < k+1)$$

$$\leqslant C + C \sum_{k=2}^{\infty} k^{1-\frac{M-1}{p}} E|X|^M I(k \leqslant |X|^p < k+1)$$

$$\leqslant C + C \sum_{k=2}^{\infty} E|X|^{M+p-(M-1)} I(k \leqslant |X|^p < k+1)$$

$$\leqslant C + CE|X|^{1+p} < \infty, \tag{3.1.14}$$

且

$$J_6 = C \sum_{n=1}^{\infty} \sum_{j=1}^{\infty} (\sharp J_{nj})(nj)^{-\frac{M}{p}} \sum_{k=2n+1}^{n(j+1)} E|X|^M I(k \leqslant |X|^p < k+1)$$

$$\leqslant C \sum_{n=1}^{\infty} \sum_{k=2n+1}^{\infty} \sum_{j \geqslant \frac{k}{n}-1} (\sharp J_{nj})(nj)^{-\frac{M}{p}} E|X|^M I(k \leqslant |X|^p < k+1)$$

$$\leqslant C \sum_{n=1}^{\infty} \sum_{k=2n+1}^{\infty} n^{-\frac{M-1}{p}} \left(\frac{k}{n}\right)^{-\frac{M-1}{p}} E|X|^M I(k \leqslant |X|^p < k+1)$$

$$\leqslant C \sum_{k=2}^{\infty} \sum_{n=1}^{[\frac{k}{2}]} k^{-\frac{M-1}{p}} E|X|^M I(k \leqslant |X|^p < k+1)$$

$$\leqslant C \sum_{k=2}^{\infty} k^{1-\frac{M-1}{p}} E|X|^M I(k \leqslant |X|^p < k+1)$$

$$\leqslant C \sum_{k=2}^{\infty} E|X|^{M+p-(M-1)} I(k \leqslant |X|^p < k+1)$$

$$\leqslant CE|X|^{1+p} < \infty. \tag{3.1.15}$$

由 (3.1.10)—(3.1.15) 式可知 (3.1.9) 式成立. 从而由 (3.1.7)—(3.1.9) 式可知

$$\sum_{n=1}^{\infty} P\left(\left|\sum_{i=1}^{n} w_{ni}(x)\varepsilon_{ni}\right| > \varepsilon\right) < \infty.$$

定理证毕.

3.2　φ 混合误差下回归函数小波估计的渐近正态性

在 20 世纪 90 年代, 一个值得关注的新的非参数估计方法即小波分析方法已经成功应用于非参数密度估计和回归估计. 在统计中的应用显现出很多优点, 如对待估函数要求较低, 小波估计具有误差小、收敛速度快等优点, 许多学者对之进行了一定的研究.

考虑非参数固定设计回归模型

$$Y_i = g(x_i) + \varepsilon_i, \quad i = 1, \cdots, n, \tag{3.2.1}$$

其中 A 是 $\mathbb{R}$ 中的一个紧集, 设计点 $x_1, \cdots, x_n \in A$, $g(\cdot)$ 是 A 上的有界实值未知函数, $\varepsilon_1, \cdots, \varepsilon_n$ 是均值为零且方差有限的随机误差序列. 不失一般性, 假设 $A = [0,1]$, $0 \leqslant x_1 \leqslant \cdots \leqslant x_n \leqslant 1$ 时, 定义回归函数 $g(\cdot)$ 的小波估计为

$$\widehat{g}_n(t) = \sum_{i=1}^{n} Y_i \int_{A_i} E_m(t,s)ds, \tag{3.2.2}$$

其中 $A_i = [s_{i-1}, s_i]$, $i = 1, \cdots, n$ 为 $[0,1]$ 上的分割, 满足 $x_i \in A_i$. $E_m(t,s)$ 为由刻度函数 $\phi(x)$ 产生的小波再生核,

$$E_0(t,s) = \sum_{j \in Z} \phi(t-j)\phi(s-j), \quad E_m(t,s) = 2^m E_0(2^m t, 2^m s),$$

其中 $m = m(n) > 0$ 是仅依赖于 n 的光滑参数.

本节将在 φ 混合误差序列下, 讨论小波估计 (3.2.2) 式的渐近正态性, 所得结果把独立情形下 Antoniadis 等 (1994) 的结果推广到 φ 混合情形.

本书的基本假设条件:

(A1) (i) 设 $\{\varepsilon_j\}$ 是均值为零的 φ 混合序列, 满足 $0 < \sigma^2 = \sup\limits_{j \geqslant 1} E|\varepsilon_j|^2 < \infty$, $\sup\limits_{j \geqslant 1} E|\varepsilon_j|^{2+\delta} < \infty$, $\varphi(n) = O(n^{-\theta})$, 其中 $\theta > 2 + \delta$, $\delta > 0$;

(ii) $\{\varepsilon_j\}$ 谱密度函数 $f(w)$ 满足 $0 < C_1 \leqslant f(w) \leqslant C_2 < \infty$, $w \in (-\pi, \pi)$.

(A2) $g(\cdot)$ 满足一阶 Lipschitz 条件, $g(\cdot) \in H^\nu$, $\nu > 1/2$ (即 $\int |\widehat{g}(w)|^2 (1 + w^2)^\nu dw < \infty$, 其中 $\widehat{g}$ 是 g 的 Fourier 变换).

(A3)　$g(\cdot)$ 满足一阶 Lipschitz 条件, $g(\cdot) \in H^{\nu}$, $\nu > 3/2$.

(A4)　$\phi(\cdot)$ 为 $q \geqslant \nu$ 阶正则且具有紧支撑, 并且满足一阶 Lipschitz 条件, 且当 $\xi \to \infty$ 时, $|\widehat{\phi}(\xi) - 1| = O(\xi)$, 其中 $\widehat{\phi}$ 是 ϕ 的 Fourier 变换.

(A5)　(i) $\max\limits_{1 \leqslant i \leqslant n} |s_i - s_{i-1}| = O(n^{-1})$;　(ii) $\max\limits_{1 \leqslant i \leqslant n} |s_i - s_{i-1} - n^{-1}| = o(n^{-1})$; (iii) $2^m/n \to 0$.

(A6)　$2^{3m}/n \to \infty (n \to \infty)$.

(A7)　存在正整数 $p := p(n)$ 和 $q := q(n)$ 使得对充分大的 n, 有 $p + q \leqslant n$, $qp^{-1} \leqslant c < \infty$, 且 (i) $\dfrac{q}{p+q} \cdot 2^m \to 0$, (ii) $p \cdot \dfrac{2^m}{n} \to 0$, (iii) $kq\varphi(q) \to 0$.

为了方便, 用 C 表示一个不依赖于 n 的正常数, 在不同的地方出现可取不同的值. $\| X \|_p = (E|X|^p)^{\frac{1}{p}}$, $\sigma_n^2(t) := \mathrm{Var}(\widehat{g}_n(t))$.

3.2.1　主要结果

本书将得到下面的主要结果.

定理 3.2.1　设条件 (A1)、(A2)、(A4)、(A5) 和 (A7) 成立, 则

$$\sigma_n^{-1}(t)\{\widehat{g}_n(t) - E\widehat{g}_n(t)\} \xrightarrow{d} N(0, 1), \quad t \in [0, 1]. \tag{3.2.3}$$

定理 3.2.2　设条件 (A1)、(A3)—(A7) 成立, 则

$$\sigma_n^{-1}(t)\{\widehat{g}_n(t) - g(t)\} \xrightarrow{d} N(0, 1), \quad t \in [0, 1]. \tag{3.2.4}$$

注 3.2.1　(i) 条件 (A2)—(A5) 是讨论小波估计的一般性条件, 见文献 (Antoniadis et al., 1994; 薛留根, 2002, 2003; 孙燕和柴根象, 2004; 潘雄和付宗堂, 2006; Lin et al., 2004).

(ii) 适当选取 m, p, q, 条件 (A6)—(A7) 满足是容易验证的. 取 p, q 和 2^m 如下: $p \sim n^{\delta_1}$, $q \sim n^{\delta_2}$, $2^m \sim n^{\delta_3}$, 这里 $a_n \sim b_n$ 表示当 $n \to \infty$ 时, a_n/b_n 为某一常数, 且 $\delta_i < 1, i = 1, 2, 3$, 以及 $\delta_1 > \delta_2$. 在定理 3.2.1 中, 只要 $\delta_1, \delta_2, \delta_3$ 满足

$$\text{(a) } \delta_1 > \delta_2 + \delta_3, \quad \text{(b) } 1 - \delta_1 < \delta_2(\theta - 1); \tag{3.2.5}$$

在定理 3.2.2 中, 只要 $\delta_1, \delta_2, \delta_3$ 满足

$$\text{(a) } \delta_1 > \delta_2 + \delta_3, \quad \text{(b) } 1 - \delta_1 < \delta_2(\theta - 1), \quad \text{(c) } \delta_3 > 1/3. \tag{3.2.6}$$

这样当 $\theta > 3$ 时, 可以取 $\delta_1 = 0.6$, $\delta_2 = 0.2$, $\delta_3 = 0.35$, 则满足 (3.2.5) 和 (3.2.6) 式. 从而定理 3.2.1 和定理 3.2.2 成立.

由 (i)、(ii) 知本节得到的小波估计 (3.2.2) 式具有渐近正态性, 所需的条件是比较一般的并且是可实现的.

注 3.2.2 在定理 3.2.1 和定理 3.2.2 中涉及方差 $\sigma_n^2(t)$, 但由于证明渐近正态时我们只利用到它的一个下界, 所以我们对 $\sigma_n^2(t)$ 作如下引理 3.2.3 中的处理, 并得到小波估计方差的数量级为 $O(n^{-1}2^m)$.

3.2.2 辅助引理

下面给出定理证明中要用到的小波再生核的性质, φ 混合序列的一些不等式以及小波估计量 (3.2.2) 式的方差的估计.

引理 3.2.1 当条件 (A2)、(A4) 和 (A5) 成立时, 则

(i) $\left| \displaystyle\int_{A_i} E_m(t,s)ds \right| = O\left(\dfrac{2^m}{n} \right), i = 1, 2, \cdots, n;$

(ii) $\displaystyle\sup_m \int_0^1 |E_m(t,s)ds| \leqslant C;$

(iii) $\displaystyle\sum_{i=1}^n \left| \int_{A_i} E_m(t,s)ds \right| \leqslant C.$

证明 (i)-(ii) 的结果见文献 (Walter, 1994). 又由于

$$\sum_{i=1}^n \left| \int_{A_i} E_m(t,s)ds \right| \leqslant \sum_{i=1}^n \int_{A_i} |E_m(t,s)|ds = \int_0^1 |E_m(t,s)|ds \leqslant C,$$

则由 (ii) 即得 (iii) 成立.

引理 3.2.2 设 $\{X_j, j \geqslant 1\}$ 是一个 φ 混合序列, p, q 是两个正整数. 记 $\eta_l =: \sum_{j=(l-1)(p+q)+1}^{(l-1)(p+q)+p} X_j, 1 \leqslant l \leqslant k$, 则

$$\left| E \exp\left(\mathrm{i}t \sum_{l=1}^k \eta_l \right) - \prod_{l=1}^k E \exp(\mathrm{i}t\eta_l) \right| \leqslant C|t|\varphi(q) \sum_{l=1}^k E|\eta_l|. \tag{3.2.7}$$

证明 利用文献 (杨善朝和李永明, 2006) 中证明引理 3.1 的方法, 可得

$$\left| E \exp\left(\mathrm{i}t \sum_{l=1}^k \eta_l \right) - \prod_{l=1}^k E \exp(\mathrm{i}t\eta_l) \right|$$

$$\leqslant \left| E \exp\left(\mathrm{i}t \sum_{l=1}^k \eta_l \right) - E \exp\left(\mathrm{i}t \sum_{l=1}^{k-1} \eta_l \right) E \exp(\mathrm{i}t\eta_k) \right|$$

$$+ \left| E \exp\left(\mathrm{i}t \sum_{l=1}^{k-1} \eta_l \right) - \prod_{l=1}^{k-1} E \exp(\mathrm{i}t\eta_l) \right| =: I_1 + I_2. \tag{3.2.8}$$

注意到

$$e^{\mathrm{i}x} = \cos(x) + \mathrm{i}\sin(x), \quad \sin(x+y) = \sin(x)\cos(y) + \cos(x)\sin(y),$$

$$\cos(x+y) = \cos(x)\cos(y) - \sin(x)\sin(y).$$

则有

$$I_1 \leqslant \left| \mathrm{Cov}\left(\cos\left(t\sum_{l=1}^{k-1}\eta_l \right), \cos(t\eta_k) \right) \right| + \left| \mathrm{Cov}\left(\sin\left(t\sum_{l=1}^{k-1}\eta_l \right), \sin(t\eta_k) \right) \right|$$

$$+ \left| \mathrm{Cov}\left(\sin\left(t\sum_{l=1}^{k-1}\eta_l \right), \cos(t\eta_k) \right) \right| + \left| \mathrm{Cov}\left(\cos\left(t\sum_{l=1}^{k-1}\eta_l \right), \sin(t\eta_k) \right) \right|$$

$$=: I_{11} + I_{12} + I_{13} + I_{14}. \tag{3.2.9}$$

再利用引理 1.3.3 (ii) 和关系式 $|\sin(x)| \leqslant |x|$, 有

$$I_{12} \leqslant C\varphi(q)E|\sin(t\eta_k)| \leqslant C|t|\varphi(q)E|\eta_k|, \quad I_{14} \leqslant C|t|\varphi(q)E|\eta_k|. \tag{3.2.10}$$

注意到 $\cos(2x) = 1 - 2\sin^2(x)$, 则有

$$I_{11} = \left| \mathrm{Cov}\left(\cos\left(t\sum_{l=1}^{k-1}\eta_l \right), 1 - 2\sin^2(t\eta_k/2) \right) \right|$$

$$= 2\left| \mathrm{Cov}\left(\cos\left(t\sum_{l=1}^{k-1}\eta_l \right), \sin^2(t\eta_k/2) \right) \right|$$

$$\leqslant C\varphi(q)E|\sin^2(t\eta_k/2)| \leqslant C\varphi(q)E|\sin(t\eta_k/2)|$$

$$\leqslant C|t|\varphi(q)E|\eta_k|. \tag{3.2.11}$$

同理, 可得

$$I_{13} \leqslant C|t|\varphi(q)E|\eta_k|. \tag{3.2.12}$$

联合 (3.2.8)—(3.2.12) 式可得

$$\left| E\exp\left(\mathbf{i}t\sum_{l=1}^{k}\eta_l \right) - \prod_{l=1}^{k} E\exp\left(\mathbf{i}t\eta_l \right) \right| \leqslant C|t|\varphi(q)E|\eta_k| + I_2.$$

对于 I_2 重复利用 (3.2.8) 式可得

$$I_2 \leqslant C|t|\varphi(q)E|\eta_{k-1}| + \left| E\exp\left(\mathbf{i}t\sum_{l=1}^{k-1}\eta_l \right) - \prod_{l=1}^{k-1} E\exp\left(\mathbf{i}t\eta_l \right) \right|$$

$$= C|t|\varphi(q)E|\eta_{k-1}| + I_{22}.$$

再对 I_{22} 重复上述的过程, 并且不断重复处理, 我们便可以得到所需要的结论.

引理 3.2.3 如果条件 (A1)、(A2)、(A4) 和 (A5) 成立, 则

$$\mathrm{Var}(\widehat{g}_n(t)) = O(2^m/n).$$

证明 由条件 (A1) 和 (3.2.2) 式得

$$\mathrm{Var}(\widehat{g}_n(t)) = \sigma^2 \sum_{i=1}^{n} \left(\int_{A_i} E_m(t,s)ds \right)^2$$

$$+ 2 \sum_{1 \leqslant i < j \leqslant n} E(\varepsilon_i \varepsilon_j) \int_{A_i} E_m(t,s)ds \int_{A_j} E_m(t,s)ds$$

$$= \sigma^2 \sum_{i=1}^{n} \left(\int_{A_i} E_m(t,s)ds \right)^2 + I_1.$$

利用引理 1.3.3 (i), 可得

$$I_1 \leqslant 10 \sum_{1 \leqslant i < j \leqslant n} \varphi^{1/2}(j-i) \left| \int_{A_i} E_m(t,s)ds \int_{A_j} E_m(t,s)ds \right| \cdot ||\varepsilon_i||_2 \cdot ||\varepsilon_j||_2$$

$$= 10 \sum_{k=1}^{n-1} \varphi^{1/2}(k) \sum_{i=1}^{n-k} \left| \int_{A_i} E_m(t,s)ds \int_{A_{k+i}} E_m(t,s)ds \right| \cdot ||\varepsilon_i||_2 \cdot ||\varepsilon_j||_2$$

$$\leqslant 5\sigma^2 \sum_{k=1}^{n-1} \varphi^{1/2}(k) \sum_{i=1}^{n-k} \left[\left(\int_{A_i} E_m(t,s)ds \right)^2 + \left(\int_{A_{k+i}} E_m(t,s)ds \right)^2 \right]$$

$$\leqslant 10\sigma^2 \sum_{k=1}^{n} \varphi^{1/2}(k) \sum_{i=1}^{n} \left(\int_{A_i} E_m(t,s)ds \right)^2,$$

根据条件 (A1) (i) 和引理 3.2.1 (i)、(iii), 可得

$$\mathrm{Var}(\widehat{g}_n(t)) \leqslant \sigma^2 \left(1 + 20 \sum_{k=1}^{n} \varphi^{1/2}(k) \right) \sum_{i=1}^{n} \left(\int_{A_i} E_m(t,s)ds \right)^2 = Cn^{-1}2^m.$$

(3.2.13)

另外, 类似于文献 (Liang and Qi, 2007) 中关系式 (7) 的推导, 由条件 (A1) (ii), 我们可得

$$\mathrm{Var}(\widehat{g}_n(t)) \geqslant Cn^{-1}2^m.$$

(3.2.14)

从而由 (3.2.13) 和 (3.2.14) 式, 引理 3.2.3 得证.

3.2.3　定理的证明

定理 3.2.1 的证明　记

$$S_n = \sigma_n^{-1}(t)\{\hat{g}_n(t) - E\hat{g}_n(t)\}, \quad Z_{ni} = \sigma_n^{-1}\varepsilon_{ni}\int_{A_i} E_m(t,s)ds,$$

则 $S_n = \sum_{i=1}^n Z_{ni}$. 令 $k = [n/(p+q)]$, 利用 Bernstein 大小分块原理, S_n 可分解为

$$S_n = S_n' + S_n'' + S_n''',$$

其中

$$S_n' = \sum_{m=1}^k y_{nm}, \quad S_n'' = \sum_{m=1}^k y_{nm}', \quad S_n''' = y_{nk+1}',$$

$$y_{nm} = \sum_{i=k_m}^{k_m+p-1} Z_{ni}, \quad y_{nm}' = \sum_{i=l_m}^{l_m+q-1} Z_{ni}, \quad y_{nk+1}' = \sum_{i=k(p+q)+1}^{n} Z_{ni},$$

$$k_m = (m-1)(p+q)+1, \quad l_m = (m-1)(p+q)+p+1, \quad m = 1, \cdots, k.$$

则在定理 3.2.1 的条件下, 可以证得

$$S_n'' + S_n''' \xrightarrow{P} 0 \tag{3.2.15}$$

和

$$S_n' \xrightarrow{d} N(0,1) \tag{3.2.16}$$

成立. 再由 (3.2.15) 式、(3.2.16) 式, 利用 Slutsky 定理, 则定理 3.2.1 成立.

下面先证明 (3.2.15) 成立. 由引理 3.2.1 (i) 和关系式 (3.2.14) 可得

$$\sigma_n^{-2}\int_{A_i} E_m(t,s)ds \leqslant C.$$

在定理 3.2.1 的条件下, 由引理 3.2.1 (i) 和引理 1.3.4 得

$$E(S_n'')^2 \leqslant C\sum_{m=1}^k \sum_{i=l_m}^{l_m+q-1} \sigma_n^{-2}\left(\int_{A_i} E_m(t,s)ds\right)^2$$

$$\leqslant C\sum_{m=1}^k \sum_{i=l_m}^{l_m+q-1}\left|\int_{A_i} E_m(t,s)ds\right|$$

$$\leqslant Ckq\frac{2^m}{n} \leqslant C\frac{n}{p+q}q\frac{2^m}{n} = C\frac{q}{p+q}\cdot 2^m \to 0,$$

$$E(S_n''')^2 \leqslant C \sum_{i=k(p+q)+1}^{n} \sigma_n^{-2} \left(\int_{A_i} E_m(t,s)ds \right)^2$$

$$\leqslant C \sum_{i=k(p+q)+1}^{n} \left| \int_{A_i} E_m(t,s)ds \right|$$

$$\leqslant C(n-k(p+q))\frac{2^m}{n} \leqslant C\left(\frac{n}{p+q}-k\right)(p+q)\frac{2^m}{n}$$

$$\leqslant C(1+qp^{-1})p\frac{2^m}{n} \leqslant Cp \cdot \frac{2^m}{n} \to 0.$$

利用上面的结果, 根据 Chebyshev 不等式, 对任意的 $\varepsilon > 0$, 我们有

$$P(|S_n''+S_n'''| \geqslant 2\varepsilon) \leqslant P(|S_n''| \geqslant \varepsilon) + P(|S_n'''| \geqslant \varepsilon) \leqslant \frac{E(S_n'')^2}{\varepsilon^2} + \frac{E(S_n''')^2}{\varepsilon^2} \to 0.$$

由 $\varepsilon > 0$ 的任意性, 证得 (3.2.15) 式.

接下来证明 (3.2.16) 式成立. 令

$$s_n^2 := \sum_{m=1}^{k} \mathrm{Var}(y_{nm}), \quad \Gamma_n = \sum_{1 \leqslant i < j \leqslant k} \mathrm{Cov}(y_{ni}, y_{nj}),$$

则

$$s_n^2 = E(S_n')^2 - 2\Gamma_n.$$

注意到

$$E(S_n)^2 = 1,$$

$$E(S_n')^2 = E[S_n-(S_n''+S_n''')]^2 = 1 + E(S_n''+S_n''')^2 - 2E[S_n(S_n''+S_n''')],$$

则

$$|E(S_n')^2 - 1| = |E(S_n''+S_n''')^2 - 2E[S_n(S_n''+S_n''')]| \to 0. \tag{3.2.17}$$

由引理 3.2.1 和引理 1.3.3(i)、条件 (A1)(ii), 可得

$$|\Gamma_n| \leqslant \sum_{1 \leqslant i < j \leqslant k} \sum_{\mu=k_i}^{k_i+p-1} \sum_{\nu=k_j}^{k_j+p-1} \left| \mathrm{Cov}(Z_{n\mu}, Z_{n\nu}) \right|$$

$$\leqslant \sum_{1 \leqslant i < j \leqslant k} \sum_{\mu=k_i}^{k_i+p-1} \sum_{\nu=k_j}^{k_j+p-1} \sigma_n^{-2} \left| \int_{A_\mu} E_m(t,s)ds \int_{A_\nu} E_m(t,s)ds \right| \cdot |\mathrm{Cov}(\varepsilon_\mu, \varepsilon_\nu)|$$

$$\leqslant C \sum_{1\leqslant i<j\leqslant k} \sum_{\mu=k_i}^{k_i+p-1} \sum_{\nu=k_j}^{k_j+p-1} \left| \int_{A_\mu} E_m(t,s)ds \right| \varphi^{1/2}(\nu-\mu) \parallel \varepsilon_\mu \parallel_2 \cdot \parallel \varepsilon_\nu \parallel_2$$

$$\leqslant C \sum_{i=1}^{k-1} \sum_{\mu=k_i}^{k_i+p-1} \left| \int_{A_\mu} E_m(t,s)ds \right| \sum_{j=i+1}^{k} \sum_{\nu=k_j}^{k_j+p-1} \varphi^{1/2}(\nu-\mu)$$

$$\leqslant C \sum_{\mu=1}^{n} \left| \int_{A_\mu} E_m(t,s)ds \right| \sum_{j=q}^{\infty} \varphi^{1/2}(j)$$

$$\leqslant C \sum_{j=q}^{\infty} \varphi^{1/2}(j) \to 0, \quad q \to \infty. \tag{3.2.18}$$

故由 (3.2.17) 和 (3.2.18) 式得

$$E(S_n')^2 \to 1, \quad s_n^2 \to 1. \tag{3.2.19}$$

为建立 S_n' 的渐近正态性, 设 $\{\eta_{nm}, m=1,\cdots,k\}$ 是独立随机序列, η_{nm} 与 y_{nm} 有相同的分布, 则 $E\eta_{nm}=0$, $\mathrm{Var}(\eta_{nm})=\mathrm{Var}(y_{nm})$. 令 $T_{nm}=\eta_{nm}/s_n$, 则 $\{T_{nm}, m=1,\cdots,k\}$ 是独立的, 且 $ET_{nm}=0$, $\sum_{m=1}^{k} \mathrm{Var}(T_{nm})=1$. 用 $\phi_X(t)$ 表示随机变量 X 的特征函数, 则有

$$\left| \phi_{\sum_{m=1}^{k} y_{nm}}(t) - e^{-\frac{t^2}{2}} \right|$$

$$\leqslant \left| E\exp\left(\mathrm{i}t \sum_{m=1}^{k} y_{nm} \right) - \prod_{m=1}^{k} E\exp(\mathrm{i}ty_{nm}) \right| + \left| \prod_{m=1}^{k} E\exp(\mathrm{i}ty_{nm}) - e^{-\frac{t^2}{2}} \right|$$

$$\leqslant \left| E\exp\left(\mathrm{i}t \sum_{m=1}^{k} y_{nm} \right) - \prod_{m=1}^{k} E\exp(\mathrm{i}ty_{nm}) \right| g + \left| \prod_{m=1}^{k} E\exp(\mathrm{i}tT_{nm}) - e^{-\frac{t^2}{2}} \right|$$

$$=: I_3 + I_4. \tag{3.2.20}$$

利用引理 3.2.2、引理 3.2.1、条件 (A7)(iii) 得

$$I_3 \leqslant C|t|\varphi(q) \sum_{m=1}^{k} E|y_{nm}|$$

$$\leqslant C|t|\varphi(q) \sum_{m=1}^{k} \left\{ \sum_{i=k_m}^{k_m+p-1} \left| \sigma_n^{-1} \int_{A_i} E_m(t,s)ds \right| \right\}$$

$$\leqslant C|t|\varphi(q) \left\{ k \sum_{m=1}^{k} \sum_{i=k_m}^{k_m+p-1} \left| \int_{A_i} E_m(t,s)ds \right| \right\} \leqslant C|t|kq\varphi(q) \to 0. \tag{3.2.21}$$

而 $I_4 \to 0$ 是明显的. 由此及 (3.2.20) 和 (3.2.21) 式, 可把 S_n' 看作独立不同分布随机变量之和. 根据 Lyapunov 中心极限定理, 为证 (3.2.16), 只需证存在 $\delta > 0$, 有

$$\frac{1}{s_n^{2+\delta}} \sum_{m=1}^{k} E|\eta_{nm}|^{2+\delta} \to 0, \quad n \to \infty. \tag{3.2.22}$$

由 (A1)、(A7)(ii)、引理 3.2.1、引理 1.3.4、引理 3.2.3 和 C_r-不等式, 当 $\delta > 0$ 时有

$$\sum_{m=1}^{k} E|y_{nm}|^{2+\delta}$$

$$\leqslant C \sum_{m=1}^{k} \left\{ \sum_{i=k_m}^{k_m+p-1} E|Z_{ni}|^{2+\delta} + \left(\sum_{i=k_m}^{k_m+p-1} E|Z_{ni}|^2 \right)^{\frac{2+\delta}{2}} \right\}$$

$$\leqslant C \sum_{m=1}^{k} \left\{ \sum_{i=k_m}^{k_m+p-1} \sigma_n^{-(2+\delta)} \left| \int_{A_i} E_m(t,s)ds \right|^{2+\delta} + \left(\sum_{i=k_m}^{k_m+p-1} \left| \int_{A_i} E_m(t,s)ds \right| \right)^{\frac{2+\delta}{2}} \right\}$$

$$\leqslant C \sum_{m=1}^{k} \left\{ \sum_{i=k_m}^{k_m+p-1} \left| \int_{A_i} E_m(t,s)ds \right|^{\frac{2+\delta}{2}} + \left(\sum_{i=k_m}^{k_m+p-1} \left| \int_{A_i} E_m(t,s)ds \right| \right)^{\frac{2+\delta}{2}} \right\}$$

$$\leqslant C p^{\delta/2} \sum_{i=1}^{n} \left| \int_{A_i} E_m(t,s)ds \right|^{\frac{2+\delta}{2}} \leqslant C \left(p \frac{2^m}{n} \right)^{\delta/2} \to 0. \tag{3.2.23}$$

由 (3.2.19) 和 (3.2.23) 式知 (3.2.22) 式成立. 这样 (3.2.16) 式成立. 从而定理 3.2.1 证毕.

定理 3.2.2 的证明   注意到

$$\sigma_n^{-1}(t) \{\widehat{g}_n(t) - g(t)\} = \sigma_n^{-1}(t) \{(\widehat{g}_n(t) - E\widehat{g}_n(t)) + (E\widehat{g}_n(t) - g(t))\}. \tag{3.2.24}$$

显然定理 3.2.1 对 $\nu > 3/2$ 时也成立, 故有

$$\sigma_n^{-1}(t) \{\widehat{g}_n(t) - E\widehat{g}_n(t)\} \xrightarrow{d} N(0,1). \tag{3.2.25}$$

又由文献 (Antoniadis et al., 1994) 中的定理 3.2 知, 当 $\nu > 3/2$ 时, 有

$$E\widehat{g}_n(t) - g(t) = O\left(2^{-m} + n^{-1}\right).$$

再由引理 3.2.3 以及 $2^{3m}/n \to \infty$ 得

$$\sigma_n^{-1}(t) (E\widehat{g}_n(t) - g(t)) = O\left(\sqrt{\frac{n}{2^{3m}}}\right) + O\left(\frac{1}{\sqrt{n2^m}}\right) \to 0. \tag{3.2.26}$$

联合 (3.2.24)—(3.2.26) 式, 即证得定理 3.2.2.

3.3　强混合误差下回归函数小波估计的 Berry-Esseen 界

由于回归函数估计方法是数据分析中的一种重要方法, 在信息和控制系统中的滤波和预测、模式分类与识别, 以及经济计量学中有着非常广泛的应用. 对于非参数回归模型

$$Y_{ni} = g(t_{ni}) + \varepsilon_{ni}, \quad i = 1, \cdots, n, \tag{3.3.1}$$

其中 $g(\cdot)$ 是定义在 $[0,1]$ 上的未知函数, $\{t_{ni}\}$ 为固定设计点列, 且满足 $0 \leqslant t_{n1} \leqslant \cdots \leqslant t_{nn} \leqslant 1$, $\{\varepsilon_{ni}\}$ 是随机误差. 回归函数的估计问题得到广泛研究. 如其加权函数估计为

$$\widetilde{g}_n(t) = \sum_{i=1}^n \omega_{ni}(t) Y_{ni}, \tag{3.3.2}$$

其中权函数 $\omega_{ni}(t)$, $i = 1, \cdots, n$ 依赖于设计点 $t_{n1}, \cdots, t_{nn}$ 和样本观察数 n. 在误差为独立和相依情形下, 许多学者对回归加权函数估计 (3.3.2) 式进行了大量的研究, 如 Priestley 和 Chao (1972)、Clark (1997) 等对非参数回归函数估计的经典结果发表在 JRSS 上.

我们采用 Antoniadis 等 (1994) 提出的小波估计量对模型 (3.3.1) 式中的回归函数 $g(\cdot)$ 进行估计

$$\widehat{g}_n(t) = \sum_{i=1}^n Y_{ni} \int_{A_i} E_m(t, s) ds, \tag{3.3.3}$$

其中 $A_i = [s_{i-1}, s_i]$, $i = 1, \cdots, n$ 为 $[0,1]$ 上的分割, 满足 $t_{ni} \in A_i$, $E_m(t,s)$ 为由刻度函数 $\varphi(x)$ 产生的小波再生核,

$$E_0(t,s) = \sum_{j \in Z} \varphi(t-j)\varphi(s-j), \quad E_m(t,s) = 2^m E_0(2^m t, 2^m s),$$

其中 $m = m(n) > 0$ 是仅依赖于 n 的光滑参数, $\varphi(x)$ 为刻度函数.

在误差为强混合条件下, 我们建立了小波估计量 (3.3.3) 式的 Berry-Esseen 界.

3.3.1　假设条件和主要结果

记 $\Phi(u)$ 表示标准正态分布函数, $\|X\|_r =: (E|X|^r)^{1/r}$, $\sigma_n^2(t) = \text{Var}(\widehat{g}_n(t))$, $u(n) = \sum_{j=n}^{\infty} \alpha^{\delta/(2+\delta)}(j)$, $S_n(t) = \sigma_n^{-1}(t)\{\widehat{g}_n(t) - E\widehat{g}_n(t)\}$.

下面给出一些假设条件.

(A1) 对每一个 n, $\{\varepsilon_{ni}, 1 \leqslant i \leqslant n\}$ 与 $\{\xi_1, \cdots, \xi_n\}$ 有相同的联合分布, $\{\xi_t, \ t = 0, \pm 1, \cdots\}$ 是 α 混合时间序列, 均值为零, $\sigma^2 = \sup\limits_{j \geqslant 1} E|\xi_j|^2$, $M = \sup\limits_{j \geqslant 1} E|\xi_j|^{2+\delta} < \infty$, $\alpha(n) = O(n^{-\lambda})$, 其中 $\lambda > (2+\delta)/\delta$ 和 $\delta > 0$.

(A2) $\{\xi_j\}$ 的谱密度函数 $f(\omega)$ 满足 $0 < c \leqslant f(\omega) \leqslant C < \infty$, 其中 $\omega \in (-\pi, \pi)$.

(A3) 刻度函数 $\varphi(\cdot)$ 为 q 阶正则 (q 为正整数) 且具有紧支撑, 满足一阶 Lipschitz 条件, 当 $\xi \to \infty$ 时, $|\hat{\varphi}(\xi) - 1| = O(\xi)$, 其中 $\hat{\varphi}$ 为 φ 的 Fourier 变换.

(A4) $g(\cdot) \in H^\nu$(阶为 ν 的 Sobolev 空间), $\nu > \dfrac{1}{2}$, 且满足一阶 Lipschitz 条件.

(A5) $\max\limits_{1 \leqslant i \leqslant n} |s_i - s_{i-1}| = O(n^{-1})$.

(A6) $\max\limits_{1 \leqslant i \leqslant n} |s_i - s_{i-1} - n^{-1}| = o(n^{-1})$.

(A7) 存在正整数 $p := p(n)$ 和 $q := q(n)$ 使得对充分大的 n, 有 $p + q \leqslant n$, $qp^{-1} \leqslant C < \infty$, 且当 $n \to \infty$ 时,

$$\gamma_{1n} = nqp^{-1} \cdot \frac{2^m}{n} \to 0, \quad \gamma_{2n} = p \cdot \frac{2^m}{n} \to 0, \quad \gamma_{3n} = np^{-1}\alpha(q) \to 0.$$

本小节的主要结果.

定理 3.3.1 设条件 (A1)—(A7) 成立, 则

$$\sup_u |P(S_n \leqslant u) - \Phi(u)| \leqslant C \left\{ \gamma_{1n}^{1/3} + \gamma_{2n}^{1/3} + \gamma_{2n}^\rho + \gamma_{3n}^{1/4} + u(q) \right\},$$

其中 ρ 满足

$$0 < \rho \leqslant 1/2, \quad \rho < \min\left\{ \frac{\delta}{2}, \ \frac{\delta\lambda - (2+\delta)}{2\lambda + (2+\delta)} \right\}, \tag{3.3.4}$$

且当 $\delta > 1$, $\lambda > \dfrac{3(2+\delta)}{2\delta - 1}$ 时, ρ 可达到 $\dfrac{1}{2}$.

由条件 (A1), 得到 $\sum_{j=1}^\infty \alpha^{\delta/(2+\delta)}(j) < \infty$, 从而 $u(q) \to 0$. 所以对充分小的 $\rho > 0$, 我们得到下面的推论.

推论 3.3.1 设条件 (A1)—(A7) 成立, 则

$$\sup_u |P(S_n \leqslant u) - \Phi(u)| = \circ(1).$$

推论 3.3.2　在定理 3.3.1 的条件下, 当 $\delta > 2/3$, $\lambda > 4(2 + \delta)/(3\delta - 2)$, $\rho = 1/3$, 且 $n^{-1}2^m = O(n^{-\theta})$, $\dfrac{\lambda + 1}{2\lambda + 1} < \theta < 1$ 时, 则有

$$\sup_u |P(S_n \leqslant u) - \Phi(u)| = O\left(n^{-\frac{\lambda(2\theta-1)+(\theta-1)}{6\lambda+7}}\right).$$

注 3.3.1　(i) 条件 (A1) 类似于强混合下非参数回归函数一般加权估计研究的基本条件, 参见文献 (Yang, 2003, 2006) 等.

(ii) 条件 (A3)—(A5) 是小波估计文献中的一般性条件, 参见文献 (Antoniadis et al., 1994; 柴根象和刘元金, 2001; 杨善朝和李永明, 2006; 孙燕和柴根象, 2004).

(iii) 适当选取 m, p, q, 满足条件 (A7) 是容易验证的. 令 $p \sim n^{\delta_1}$, $q \sim n^{\delta_2}$, $2^m \sim n^{\delta_3}$, 且 δ_1, δ_2, δ_3 满足

(a) $0 < \delta_2 < \delta_1 < 1$,　　　　　　　(b) $0 < \delta_1 + \delta_2 < 1$,

(c) $0 < \delta_3 < \min\{\delta_1 - \delta_2,\ 1 - \delta_1\}$,　(d) $0 < \delta < \dfrac{\delta_2}{1 - \delta_1 - \delta_2}$.

如可取 $\delta_1 = 0.45$, $\delta_2 = 0.15$, $\delta_3 = 0.2$, $\delta = 0.45$.

注 3.3.2　根据推论 3.3.2, 当 $\theta \approx 1$ 且 λ 充分大时, Berry-Esseen 界可接近于 $O(n^{-1/6})$, 即小波估计 (3.3.3) 的 Berry-Esseen 界与一般加权估计 (3.3.2)(杨善朝和李永明, 2006) 的 Berry-Esseen 界有相同的阶. 这说明误差为强混合下小波估计对模型 (3.3.1) 式估计是有效的.

3.3.2　定理的证明

为了方便书写, 以下省去变量 t, 记

$$S_n = \sigma_n^{-1}\{\widehat{g}_n - E\widehat{g}_n\}, \quad Z_{ni} = \sigma_n^{-1}\varepsilon_{ni}\int_{A_i} E_m(t,s)ds, \quad S_n = \sum_{i=1}^{n} Z_{ni}.$$

令 $k = [n/(p+q)]$, 利用 Bernstein 分块方法, S_n 可分解为

$$S_n = S_n' + S_n'' + S_n''',$$

其中

$$S_n' = \sum_{m=1}^{k} y_{nm}, \quad S_n'' = \sum_{m=1}^{k} y_{nm}', \quad S_n''' = y_{nk+1}',$$

$$y_{nm} = \sum_{i=k_m}^{k_m+p-1} Z_{ni}, \quad y_{nm}' = \sum_{i=l_m}^{l_m+q-1} Z_{ni}, \quad y_{nk+1}' = \sum_{i=k(p+q)+1}^{n} Z_{ni},$$

$$k_m = (m-1)(p+q)+1, \quad l_m = (m-1)(p+q)+p+1, \quad m = 1, \cdots, k.$$

为了讨论小波估计的 Berry-Esseen 界, 先给出下面几个引理和辅助结论.

引理 3.3.1 当条件 (A3)—(A5) 成立时, 则有

(i) $\left| \displaystyle\int_{A_i} E_m(t,s)ds \right| = O\left(\dfrac{2^m}{n} \right), i = 1, 2, \cdots, n.$

(ii) $\displaystyle\sum_{i=1}^{n} \left(\int_{A_i} E_m(t,s)ds \right)^2 = O\left(\dfrac{2^m}{n} \right).$

(iii) $\displaystyle\sup_m \int_0^1 |E_m(t,s)ds| \leqslant C.$

(iv) $\displaystyle\sum_{i=1}^{n} \left| \int_{A_i} E_m(t,s)ds \right| \leqslant C.$

证明 引理 3.3.1 中的 (i)—(iii) 已证, 可见孙燕和柴根象 (2004)、Walter(1994) 的文献. 对于 (iv), 利用结论 (iii), 即得

$$\sum_{i=1}^{n} \left| \int_{A_i} E_m(t,s)ds \right| \leqslant \sum_{i=1}^{n} \int_{A_i} |E_m(t,s)|ds = \int_0^1 |E_m(t,s)|ds \leqslant C.$$

引理 3.3.2 当条件 (A1)—(A5) 成立时, 则有

$$C_2 2^m n^{-1} \leqslant \sigma_n^2(t) \leqslant C_1 2^m n^{-1}.$$

证明 由于

$$\sigma_n^2(t) = \sigma^2 \sum_{i=1}^{n} \left(\int_{A_i} E_m(t,s)ds \right)^2$$

$$+ 2 \sum_{1 \leqslant i < j \leqslant n} E(\varepsilon_{ni}\varepsilon_{nj}) \int_{A_i} E_m(t,s)ds \int_{A_j} E_m(t,s)ds$$

$$= \sigma^2 \sum_{i=1}^{n} \left(\int_{A_i} E_m(t,s)ds \right)^2 + I_1.$$

由 α 混合的基本不等式 (Lin and Lu, 1996, 引理 1.2.4), 得

$$I_1 \leqslant 10 \sum_{1 \leqslant i < j \leqslant n} \alpha^{\delta/2+\delta}(j-i) \left| \int_{A_i} E_m(t,s)ds \int_{A_j} E_m(t,s)ds \right| \cdot ||\xi_i||_{2+\delta} \cdot ||\xi_j||_{2+\delta}$$

$$= 10 \sum_{k=1}^{n-1} \alpha^{\delta/2+\delta}(k) \sum_{i=1}^{n-k} \left| \int_{A_i} E_m(t,s)ds \int_{A_{k+i}} E_m(t,s)ds \right| \cdot ||\xi_i||_{2+\delta} \cdot ||\xi_{k+i}||_{2+\delta}$$

$$\leqslant 5 \sum_{k=1}^{n-1} \alpha^{\delta/2+\delta}(k) \sup_{j\geqslant 1} ||\xi_j||_{2+\delta}^2 \sum_{i=1}^{n-k} \left[\left(\int_{A_i} E_m(t,s)ds \right)^2 + \left(\int_{A_{k+i}} E_m(t,s)ds \right)^2 \right]$$

$$\leqslant 10 \sum_{k=1}^{n} \alpha^{\delta/2+\delta}(k) M^{2/(2+\delta)} \sum_{i=1}^{n} \left(\int_{A_i} E_m(t,s)ds \right)^2.$$

因此, 利用条件 (A1) 和引理 3.3.1 (ii),

$$\sigma_n^2(t) \leqslant \left(\sigma^2 + 20 \sum_{k=1}^{n} \alpha^{\delta/2+\delta}(k) M^{2/(2+\delta)} \right) \sum_{i=1}^{n} \left(\int_{A_i} E_m(t,s)ds \right)^2 = C_1 n^{-1} 2^m.$$

$$(3.3.5)$$

利用文献 (You et al., 2004) 中 (3.4) 式和文献 (Liang and Qi, 2007) 中定理 2.1 的证明方法, 可得

$$\sigma_n^2(t) = \mathrm{Var} \left(\sum_{k=1}^{n} \varepsilon_k \int_{A_k} E_m(x,s)ds \right)$$

$$= \int_{-\pi}^{\pi} f(\omega) \left| \sum_{k=1}^{n} \int_{A_k} E_m(x,s)ds \cdot e^{-ikw} \right|^2 d\omega. \qquad (3.3.6)$$

由条件 (A2) 得

$$c \sum_{k=1}^{n} \left(\int_{A_k} E_m(x,s)ds \right)^2 \leqslant \sigma_n^2(t) \leqslant C \sum_{k=1}^{n} \left(\int_{A_k} E_m(x,s)ds \right)^2. \qquad (3.3.7)$$

另外, 根据条件 (A6) 容易得到

$$\left| \sum_{i=1}^{n} \left(\int_{A_i} E_m(x,s)ds \right)^2 - \frac{1}{n} \sum_{i=1}^{n} \int_{A_i} E_m^2(x,s)ds \right|$$

$$\leqslant \sum_{i=1}^{n} \left| (s_i - s_{i-1})^2 E_m^2(x, \xi_i^{(1)}) - \frac{1}{n}(E_m^2(x, \xi_i^{(2)})) - E_m^2(x, \xi_i^{(1)}) \right|$$

$$= O(n^{-1}) \sum_{i=1}^{n} \left| \left(s_i - s_{i-1} - \frac{1}{n} \right) E_m^2(x, \xi_i^{(1)}) - \frac{1}{n}(E_m^2(x, \xi_i^{(2)})) - E_m^2(x, \xi_i^{(1)}) \right|$$

$$= O(n^{-1}n2^{-m})(o(2^m n^{-1}) + O(2^{3m}n^{-2})) = o(2^m n^{-1}) + O(2^{2m}n^{-2}). \qquad (3.3.8)$$

由 (3.3.7) 和 (3.3.8) 得

$$\sigma_n^2(t) \geqslant c\, n^{-1} \int_0^1 E_m^2(x,s)ds + o(2^m n^{-1})$$

$$\geq c\, n^{-1} 2^{2m} \int_0^1 E_0^2(2^m x, 2^m s) ds + o(2^m n^{-1}) = C_2 n^{-1} 2^m. \tag{3.3.9}$$

从而由 (3.3.5) 和 (3.3.9), 得到引理的结果.

引理 3.3.3 当条件 (A1)—(A7) 成立时, 则有

$$E(S_n'')^2 \leqslant C\gamma_{1n}, \quad E(S_n''')^2 \leqslant C\gamma_{2n}; \tag{3.3.10}$$

$$P(|S_n''| \geqslant \gamma_{1n}^{1/3}) \leqslant C\gamma_{1n}^{1/3}, \quad P(|S_n'''| \geqslant \gamma_{2n}^{1/3}) \leqslant C\gamma_{2n}^{1/3}. \tag{3.3.11}$$

证明 由引理 3.3.1(i) 和 (3.3.9) 式得

$$\sigma_n^{-2}(t) \left| \int_{A_i} E_m(t,s) ds \right| \leqslant C. \tag{3.3.12}$$

因此, 由 (3.3.12) 式、条件 (A7)、引理 A1(i) 可得

$$
\begin{aligned}
E(S_n'')^2 &\leqslant C \sum_{m=1}^{k} \sum_{i=l_m}^{l_m+q-1} \sigma_n^{-2} \left(\int_{A_i} E_m(t,s) ds \right)^2 \\
&\leqslant C \sum_{m=1}^{k} \sum_{i=l_m}^{l_m+q-1} \left| \int_{A_i} E_m(t,s) ds \right| \\
&\leqslant Ckq\frac{2^m}{n} \leqslant C\frac{n}{p+q}q\frac{2^m}{n} \\
&\leqslant C(1+qp^{-1})^{-1} nqp^{-1} \cdot \frac{2^m}{n} = C\gamma_{1n}
\end{aligned}
$$

和

$$
\begin{aligned}
E(S_n''')^2 &\leqslant C \sum_{i=k(p+q)+1}^{n} \sigma_n^{-2} \left(\int_{A_i} E_m(t,s) ds \right)^2 \\
&\leqslant C \sum_{i=k(p+q)+1}^{n} \left| \int_{A_i} E_m(t,s) ds \right| \\
&\leqslant C(n-k(p+q))\frac{2^m}{n} \leqslant C\left(\frac{n}{p+q} - k \right)(p+q)\frac{2^m}{n} \\
&\leqslant C(p+q)\frac{2^m}{n} = C\gamma_{2n}.
\end{aligned}
$$

这样 (3.3.10) 式成立. 再由 Markov 不等式和 (3.3.10) 式即得 (3.3.11) 式成立.

引理 3.3.4　当条件 (A1)—(A7) 成立时, 则有

$$|s_n^2 - 1| \leqslant C\left(\gamma_{1n}^{1/2} + \gamma_{2n}^{1/2} + u(q)\right), \quad s_n^2 = \sum_{m=1}^{k} \mathrm{Var}(y_{nm}).$$

证明　令 $\Gamma_n = \sum_{1 \leqslant i < j \leqslant k} \mathrm{Cov}(y_{ni}, y_{nj})$, 则

$$s_n^2 = E(S_n')^2 - 2\Gamma_n, \quad E(S_n)^2 = 1,$$

$$E(S_n')^2 = E[S_n - (S_n'' + S_n''')]^2 = 1 + E(S_n'' + S_n''')^2 - 2E[S_n(S_n'' + S_n''')]. \quad (3.3.13)$$

由引理 3.3.3、C_r-不等式和 Cauchy-Schwarz 不等式得

$$E(S_n'' + S_n''')^2 \leqslant 2[E(S_n'')^2 + E(S_n''')^2] \leqslant C(\gamma_{1n} + \gamma_{2n}),$$

$$E[S_n(S_n'' + S_n''')] \leqslant E^{1/2}(S_n^2)E^{1/2}(S_n'' + S_n''')^2 \leqslant C(\gamma_{1n}^{1/2} + \gamma_{2n}^{1/2}).$$

再由 (3.3.13) 式得

$$|E(S_n')^2 - 1| = |E(S_n'' + S_n''')^2 - 2E[S_n(S_n'' + S_n''')]| \leqslant C(\gamma_{1n}^{1/2} + \gamma_{2n}^{1/2}). \quad (3.3.14)$$

另一方面, 由 α 混合不等式 (Lin and Lu, 1996, 引理 1.2.4)、引理 3.3.1(iv) 和 (3.3.12) 式得

$$
\begin{aligned}
|\Gamma_n| &\leqslant \sum_{1 \leqslant i < j \leqslant k} \sum_{\mu=k_i}^{k_i+p-1} \sum_{\nu=k_j}^{k_j+p-1} \left|\mathrm{Cov}(Z_{n\mu}, Z_{n\nu})\right| \\
&\leqslant \sum_{1 \leqslant i < j \leqslant k} \sum_{\mu=k_i}^{k_i+p-1} \sum_{\nu=k_j}^{k_j+p-1} \sigma_n^{-2}(t)\left|\int_{A_\mu} E_m(t,s)ds\right| \cdot \left|\int_{A_\nu} E_m(t,s)ds\right| \cdot |\mathrm{Cov}(\xi_\mu, \xi_\nu)| \\
&\leqslant C \sum_{1 \leqslant i < j \leqslant k} \sum_{\mu=k_i}^{k_i+p-1} \sum_{\nu=k_j}^{k_j+p-1} \left|\int_{A_\mu} E_m(t,s)ds\right| \alpha^{\delta/(2+\delta)}(\nu-\mu)\|\xi_\mu\|_{2+\delta} \cdot \|\xi_\nu\|_{2+\delta} \\
&\leqslant C \sum_{i=1}^{k-1} \sum_{\mu=k_i}^{k_i+p-1} \left|\int_{A_\mu} E_m(t,s)ds\right| \sum_{j=i+1}^{k} \sum_{\nu=k_j}^{k_j+p-1} \alpha^{\delta/(2+\delta)}(\nu-\mu) \\
&\leqslant C \sum_{\mu=1}^{n} \left|\int_{A_\mu} E_m(t,s)ds\right| \sum_{j=q}^{\infty} \alpha^{\delta/(2+\delta)}(j) \leqslant Cu(q). \quad (3.3.15)
\end{aligned}
$$

由 (3.3.14) 和 (3.3.15) 式得证

$$|s_n^2 - 1| \leqslant |E(S_n')^2 - 1| + 2|\Gamma_n| \leqslant C\left(\gamma_{1n}^{1/2} + \gamma_{2n}^{1/2} + u(q)\right).$$

假设 $\{\eta_{nm}, m = 1, \cdots, k\}$ 是独立随机序列, $\{\eta_{nm}\}$ 与 $\{y_{nm}\}$ 有相同分布. 记 $T_n = \sum_{m=1}^{k} \eta_{nm}$, $B_n = \sum_{m=1}^{k} \text{Var}(\eta_{nm})$. 显然 $B_n = s_n^2$, 且得下面引理:

引理 3.3.5 在与引理 3.3.4 相同的条件下有

$$\sup_u \left| P\left(\frac{T_n}{B_n} \leqslant u\right) - \Phi(u) \right| \leqslant C\gamma_{2n}^{\rho}.$$

证明 由 Berry-Esseen 不等式 (Petrov, 1996, 第 154 页, 定理 5.7) 得

$$\sup_u \left| P\left(\frac{T_n}{B_n} \leqslant u\right) - \Phi(u) \right| \leqslant C\frac{\sum_{m=1}^{k} E|y_{nm}|^r}{B_n^{r/2}}, \quad 2 \leqslant r \leqslant 3. \tag{3.3.16}$$

由 (3.3.4) 知

$$0 < 2\rho \leqslant 1, \quad 0 < 2\rho < \delta, \quad (2+\delta)/\delta < (1+\rho)(2+\delta)/(\delta-2\rho) < \lambda.$$

令 $r = 2(1+\rho)$, $\tau = \delta - 2\rho$, 则

$$r + \tau = 2 + \delta, \quad \frac{r(r+\tau)}{2\tau} = \frac{(1+\rho)(2+\delta)}{\delta - 2\rho} < \lambda.$$

根据 (3.3.12) 式、引理 1.3.1(ii) 和 C_r-不等式, 当 $\varepsilon = \rho$ 时, 可得

$$\sum_{m=1}^{k} E|y_{nm}|^r$$

$$\leqslant C \sum_{m=1}^{k} \left\{ p^\rho \sum_{i=k_m}^{k_m+p-1} E|Z_{ni}|^r + \left(\sum_{i=k_m}^{k_m+p-1} \sigma_n^{-2}(t) \left(\int_{A_i} E_m(t,s)ds \right)^2 \|\xi_i\|_{2+\delta}^2 \right)^{r/2} \right\}$$

$$\leqslant C \sum_{m=1}^{k} \left\{ p^\rho \sum_{i=k_m}^{k_m+p-1} \sigma_n^{-r}(t) \left| \int_{A_i} E_m(t,s)ds \right|^r + \left(\sum_{i=k_m}^{k_m+p-1} \left| \int_{A_i} E_m(t,s)ds \right| \right)^{1+\rho} \right\}$$

$$\leqslant C \sum_{m=1}^{k} \left\{ p^\rho \sum_{i=k_m}^{k_m+p-1} \left| \int_{A_i} E_m(t,s)ds \right|^{1+\rho} + \left(\sum_{i=k_m}^{k_m+p-1} \left| \int_{A_i} E_m(t,s)ds \right| \right)^{1+\rho} \right\}$$

$$\leqslant Cp^\rho \sum_{i=1}^{n} \left| \int_{A_i} E_m(t,s)ds \right|^{1+\rho}$$

$$\leqslant C(p+q)^\rho \left(\int_{A_i} E_m(t,s)ds \right)^\rho \sum_{i=1}^{n} \left| \int_{A_i} E_m(t,s)ds \right|$$

$$\leqslant C \left(p \frac{2^m}{n} \right)^\rho \leqslant C \gamma_{2n}^\rho. \tag{3.3.17}$$

因此, 再由引理 3.3.4、(3.3.16) 和 (3.3.17) 式, 证得引理 3.3.5.

引理 3.3.6 在与引理 3.3.4 相同的条件下有

$$\sup_u |P(S_n' \leqslant u) - P(T_n \leqslant u)| \leqslant C \left\{ \gamma_{2n}^\rho + \gamma_{3n}^{1/4} \right\}. \tag{3.3.18}$$

证明 假设 $\phi(t)$ 和 $\psi(t)$ 分别是 S_n' 和 T_n 的特征函数. 由于

$$\psi(t) = E(\exp\{itT_n\}) = \prod_{m=1}^k E \exp\{it\eta_{nm}\} = \prod_{m=1}^k E \exp\{ity_{nm}\},$$

利用引理 1.3.2 可得

$$
\begin{aligned}
|\phi(t) - \psi(t)| &= \left| E \exp\left(it \sum_{m=1}^k y_{nm} \right) - \prod_{m=1}^k E \exp\left(ity_{nm} \right) \right| \\
&\leqslant C|t|\alpha^{1/2}(q) \sum_{m=1}^k \|y_{nm}\|_2 \\
&\leqslant C|t|\alpha^{1/2}(q) \sum_{m=1}^k \left\{ \sum_{i=k_m}^{k_m+p-1} \sigma_n^{-2}(t) \left(\int_{A_i} E_m(t,s)ds \right)^2 \right\}^{1/2} \\
&\leqslant C|t|\alpha^{1/2}(q) \left\{ k \sum_{m=1}^k \sum_{i=k_m}^{k_m+p-1} \left| \int_{A_i} E_m(t,s)ds \right| \right\}^{1/2} \\
&\leqslant C|t|(k\alpha(q))^{1/2} = C|t|\gamma_{3n}^{1/2}.
\end{aligned}
$$

因此

$$\int_{-T}^T \left| \frac{\phi(t) - \psi(t)}{t} \right| dt \leqslant C \gamma_{3n}^{1/2} T. \tag{3.3.19}$$

另一方面注意到

$$P(T_n \leqslant u) = P(T_n/s_n \leqslant u/s_n),$$

由引理 3.3.5 得

$$\sup_u |P(T_n \leqslant u + y) - P(T_n \leqslant u)|$$

$$\leqslant \sup_u \left| P\left(\frac{T_n}{s_n} \leqslant \frac{u+y}{s_n}\right) - P\left(\frac{T_n}{s_n} \leqslant \frac{u}{s_n}\right) \right|$$

$$\leqslant \sup_u \left| P\left(\frac{T_n}{s_n} \leqslant \frac{u+y}{s_n}\right) - \Phi\left(\frac{u+y}{s_n}\right) \right|$$

$$+ \sup_u \left| \Phi\left(\frac{u+y}{s_n}\right) - \Phi\left(\frac{u}{s_n}\right) \right| + \sup_u \left| P\left(\frac{T_n}{s_n} \leqslant \frac{u}{s_n}\right) - \Phi\left(\frac{u}{s_n}\right) \right|$$

$$\leqslant 2 \sup_u \left| P\left(\frac{T_n}{s_n} \leqslant \frac{u}{s_n}\right) - \Phi(u) \right| + \sup_u \left| \Phi\left(\frac{u+y}{s_n}\right) - \Phi\left(\frac{u}{s_n}\right) \right|$$

$$\leqslant C\left\{\gamma_{2n}^\rho + \frac{|y|}{s_n}\right\} \leqslant C\left\{\gamma_{2n}^\rho + |y|\right\}.$$

所以

$$T \sup_u \int_{|y| \leqslant c/T} |P(T_n \leqslant u+y) - P(T_n \leqslant u)|\, dy \leqslant C\left\{\gamma_{2n}^\rho + 1/T\right\}. \qquad (3.3.20)$$

由 Esseen 不等式 (Pollard, 1984)、(3.3.19) 和 (3.3.20) 式, 取 $T = \gamma_{3n}^{-1/4}$ 得

$$\sup_u |P(S_n' \leqslant u) - P(T_n \leqslant u)|$$

$$\leqslant \int_{-T}^{T} \left| \frac{\phi(t) - \psi(t)}{t} \right| dt + T \sup_u \int_{|y| \leqslant c/T} \left| \widetilde{G}_n(u+y) - \widetilde{G}_n(u) \right| dy$$

$$\leqslant C\left\{\gamma_{3n}^{1/2}T + \gamma_{3n}^\rho + 1/T\right\} = C\left\{\gamma_{2n}^\rho + \gamma_{3n}^{1/4}\right\}.$$

由此得证 (3.3.18) 式.

定理 3.3.1 的证明　由于

$$\sup_u |P(S_n' \leqslant u) - \Phi(u)| \leqslant \sup_u |P(S_n' \leqslant u) - P(T_n \leqslant u)|$$

$$+ \sup_u |P(T_n \leqslant u) - \Phi(u/\sqrt{s_n})| + \sup_u |\Phi(u/\sqrt{s_n}) - \Phi(u)|$$

$$=: J_{1n} + J_{2n} + J_{3n}. \qquad (3.3.21)$$

由引理 3.3.6、引理 3.3.5 和引理 3.3.4, 分别可得

$$J_{1n} \leqslant C\left\{\gamma_{2n}^\rho + \gamma_{3n}^{1/4}\right\}, \qquad (3.3.22)$$

$$J_{2n} = \sup_u |P(T_n/s_n \leqslant u/s_n) - \Phi(u/\sqrt{s_n})|$$

$$= \sup_u |P(T_n/s_n \leqslant u) - \Phi(u)| \leqslant C\gamma_{2n}^\rho, \qquad (3.3.23)$$

$$J_{3n} \leqslant C|s_n^2 - 1| \leqslant C\left\{\gamma_{1n}^{1/2} + \gamma_{2n}^{1/2} + u(q)\right\}. \tag{3.3.24}$$

因此把 (3.3.22)—(3.3.24) 式代入 (3.3.21) 式, 得

$$\sup_u |P(S_n' \leqslant u) - \Phi(u)| \leqslant C\left\{\gamma_{1n}^{1/2} + \gamma_{2n}^{1/2} + \gamma_{2n}^{\rho} + \gamma_{3n}^{1/4} + u(q)\right\}. \tag{3.3.25}$$

由此, 再根据引理 1.3.24、(3.3.11) 和 (3.3.25) 式, 得

$$\sup_u |P(S_n \leqslant u) - \Phi(u)|$$

$$= \sup_u |P(S_n' + S_n'' + S_n''' \leqslant u) - \Phi(u)|$$

$$\leqslant C\left\{\sup_u |P(S_n' \leqslant u) - \Phi(u)| + \gamma_{1n}^{1/3} + \gamma_{2n}^{1/3} + P(|S_n''| \geqslant \gamma_{1n}^{1/3}) + P(|S_n'''| \geqslant \gamma_{2n}^{1/3})\right\}$$

$$\leqslant C\left\{\gamma_{1n}^{1/3} + \gamma_{2n}^{1/3} + \gamma_{2n}^{\rho} + \gamma_{3n}^{1/4} + u(q)\right\}.$$

推论 3.3.2 的证明 取

$$p = [n^\tau], \quad q = [n^{2\tau-1}], \quad \tau = \frac{1}{2} + \frac{8\theta-1}{2(6\lambda+7)}.$$

由 $\dfrac{\lambda+1}{2\lambda+1} < \theta < 1$ 得 $\tau < \theta$ 且

$$\gamma_{1n}^{1/3} = \gamma_{2n}^{1/3} = O(n^{-\frac{(\theta-\tau)}{3}}) = O\left(n^{-\frac{\lambda(2\theta-1)+(\theta-1)}{6\lambda+7}}\right), \tag{3.3.26}$$

$$\gamma_{3n}^{1/4} = O\left(n^{-\frac{\tau+\lambda(2\tau-1)-1}{4}}\right) = O\left(n^{-\frac{\lambda(2\theta-1)+(\theta-1)}{6\lambda+7}}\right), \tag{3.3.27}$$

$$u(q) = O\left(\sum_{j=q}^{\infty} j^{-\lambda\delta/(2+\delta)}\right) = O\left(q^{-\lambda\delta/(2+\delta)+1}\right) = O\left(n^{-\frac{(8\theta-1)(\lambda\delta-\delta-2)}{(7+6\lambda)(2+\delta)}}\right). \tag{3.3.28}$$

又注意到当 $\delta > 2/3$, $\lambda > \dfrac{4(2+\delta)}{3\delta-2}$ 时, 有

$$\frac{4(2+\delta)}{3\delta-2} > \frac{(2+\delta)(9\theta-2)}{2\theta(3\delta-2)+2}, \quad \frac{(8\theta-1)(\lambda\delta-\delta-2)}{(7+6\lambda)(2+\delta)} > \frac{\lambda(2\theta-1)+(\theta-1)}{6\lambda+7},$$

故

$$u(q) = O\left(n^{-\frac{\lambda(2\theta-1)+(\theta-1)}{6\lambda+7}}\right). \tag{3.3.29}$$

再由定理 3.3.1 和 (3.3.26)—(3.3.29) 式, 推论 3.3.2 得证.

3.3.3 数值模拟

我们考虑下面的模拟设计

$$Y_{ni} = \sin(t_i) + \varepsilon_{ni}, \quad i = 1, \cdots, n, \tag{3.3.30}$$

这里非随机设计点为 $t_i = 1/n, i = 0, 1, 2, \cdots, n$, 随机误差 $\{\varepsilon_{ni}\}$ 为 AR(1) 模型:

$$\varepsilon_{ni} = 0.8\varepsilon_{ni-1} + \epsilon_{ni}. \tag{3.3.31}$$

根据 Auestad 和 Tjøstheim(1990) 知 AR(1) 是平稳的具有几何衰减系数的强混合模型. 从而根据模型 (3.3.30) 和 (3.3.31) 式得 $\{Y_{n1}, \cdots, Y_{nn}\}$ 也是具有几何衰减系数的强混合序列. 取 $s_i = i/n$, $2^m = [n^{1/2}]$, 取刻度函数

$$\varphi(x) = \begin{cases} 1, & 0 \leqslant x \leqslant 1, \\ 0, & 否则. \end{cases}$$

首先, 利用上面的设计, 我们对估计 $\hat{g}_n(t)$ 进行模拟. 通过反复计算, 我们得到 k 个估计值 $\hat{g}_n(t)$: $\hat{g}_{n1}(t)$, $\hat{g}_{n2}(t)$, $\cdots$, $\hat{g}_{nk}(t)$. 其次, 对 k 个估计值进行标准化并得到其经验分布函数. 最后, 计算 $\sup_u |F_n(x) - \Phi(u)| =:$ Error. 当样本容量分别取 $n = 100, 200, 500, 1000$, 我们得到下面的模拟结果, 其误差随样本容量的增加而减少.

n	100	200	500	1000
Error	0.06257139	0.04147713	0.02621168	0.01972616

3.4 NA 误差下回归函数小波估计的渐近性质

在回归模型中, 当函数关系复杂或微妙时, 非参数回归一般比参数回归更合适些. 我们考虑如下的非参数回归模型

$$Y_{ni} = g(x_{ni}) + \varepsilon_{ni}, \quad 1 \leqslant i \leqslant n, \tag{3.4.1}$$

此处, 回归函数 g 在 A 中是一未知有界的实值函数, 且 A 在 $\mathbb{R}$ 上是紧集, 非随机设计点为 $x_{n1}, \cdots, x_{nn} \in A$, $\{\varepsilon_{n1}, \cdots, \varepsilon_{nn}\}$ 是均值为 0、方差有限的随机误差.

对每个 n, 我们假设 $\{\varepsilon_{n1}, \cdots, \varepsilon_{nn}\}$ 与 $\{\xi_1, \cdots, \xi_n\}$ 有相同的联合分布, 其中 $\{\xi_t, t = 0, \pm 1, \cdots\}$ 是一严平稳时间序列, 定义在概率空间 $(\Omega, \mathcal{A}, P)$ 且取值在 $\mathbb{R}$. 不失一般性, 我们假设 $A = [0, 1]$, $x_{n1} \leqslant x_{n2} \leqslant \cdots \leqslant x_{nn}$.

对于模型 (3.4.1) 的小波估计, Antoniadis 等 (1994) 构建的 g 的小波估计如下

$$\hat{g}_n(t) = \sum_{i=1}^n Y_{ni} \int_{A_i} E_m(t,s)ds, \tag{3.4.2}$$

此处 $A_i = [s_{i-1}, s_i)$ 是 $A = [0,1]$ 的分割, 且 $x_{ni} \in A_i$. 小波核

$$E_m(t,s) = 2^m E_0(2^m t, 2^m s), \quad E_0(t,s) = \sum_{j \in Z} \phi(t-j)\phi(s-j),$$

$m = m(n) > 0$ 是仅仅依赖于 n 的整数, ϕ 是尺度函数.

本节在 NA 样本下, 建立小波估计 (3.4.2) 的逐点弱收敛和一致渐近正态性.

3.4.1　假设条件和主要结果

记

$$S_n(t) = \sigma_n^{-1}(t)\{\hat{g}_n(t) - E\hat{g}_n(t)\}, \quad F_n(u) = P(S_n(t) < u),$$

$$\sigma_n^2(t) = \mathrm{Var}(\hat{g}_n(t)), \quad s_n^2 = \sum_{j=1}^k \mathrm{Var}(Y_{nj}),$$

$\Phi(u)$ 为标准正态分布函数.

为了方便书写, 删除变量 t, 记 $Z_{ni} = \sigma_n^{-1}\varepsilon_{ni} \int_{A_i} E_m(t,s)ds, i = 1, 2, \cdots, n$, 则有 $S_n = \sum_{i=1}^n Z_{ni}$. 利用 Bernstein 大小块分割方法, 把集合 $\{1, \cdots, n\}$ 分割为 $2k_n + 1$ 个大小为 $p = p_n$ 的大子集和 $2k_n + 1$ 个大小为 $q = q_n$ 的小子集, 并记 $k = k_n = [n/(p_n + q_n)]$. 则 S_n 可分解为

$$S_n = S_n' + S_n'' + S_n''', \tag{3.4.3}$$

此处

$$S_n' = \sum_{j=1}^k y_{nj}, \quad S_n'' = \sum_{m=1}^k y_{nj}', \quad S_n''' = y_{nk+1}',$$

而

$$y_{nj} = \sum_{i=k_j}^{k_j+p-1} Z_{ni}, \quad y_{nj}' = \sum_{i=l_j}^{l_j+q-1} Z_{ni}, \quad y_{nk+1}' = \sum_{i=k(p+q)+1}^n Z_{ni},$$

$$k_j = (j-1)(p+q) + 1, \quad l_j = (j-1)(p+q) + p + 1, \quad j = 1, \cdots, k.$$

条件 3.4.1 (i) 对任意的 n, $\{\varepsilon_{ni}, i = 1, \cdots, n\}$ 与 $\{\xi_1, \cdots, \xi_n\}$ 具有相同的联合分布, 此处 $\{\xi_i, i = 1, \cdots, n\}$ 是均值为 0、二阶矩有限的 NA 或 PA 的时间序列, 且 $\sup_{j \geqslant 1} E(\xi_j^2) < \infty$;

(ii) 对某一 $\delta > 0$, $\sup_{j \geqslant 1} E|\xi_j|^{2+\delta} < \infty$.

条件 3.4.2 (i) $\phi(\cdot)$ 是 l-阶正则的 (l 为某正整数), 满足一阶 Lipschitz 条件且具有紧支撑. 进一步, $|\hat{\phi}(\xi) - 1| = O(\xi)$, $\xi \to \infty$, 这里 $\hat{\phi}(\cdot)$ 是 $\phi(\cdot)$ 的 Fourier 变换;

(ii) $\max_{1 \leqslant i \leqslant n} |s_i - s_{i-1}| = O(n^{-1})$;

(iii) $n^{-1} 2^m = O(n^{-\theta})$, $1/2 < \theta < 1$, $n \to \infty$.

条件 3.4.3 存在正整数 p 和 q, 使得对充分大的 n,

$$p + q \leqslant n, \quad qp^{-1} \leqslant C < \infty, \tag{3.4.4}$$

且当 $n \to \infty$ 时, 有

$$\gamma_{1n} = 2^m qp^{-1} \to 0, \quad \gamma_{2n} = 2^m pn^{-1} \to 0. \tag{3.4.5}$$

下面建立估计 (3.4.2) 式的逐点弱相合和一致渐近正态性收敛速度.

定理 3.4.1 设条件 3.4.2 (i)、(ii) 成立且 $2^m = O(n^{1/3})$. 如果 $\{\xi_i, i \geqslant 1\}$ 是 NA 序列, 其均值为 0, 且 $E|\xi_i|^p < \infty$ $\left(\forall p > \dfrac{3}{2}\right)$, 则有

$$\hat{g}_n(t) \xrightarrow{P} g(t). \tag{3.4.6}$$

定理 3.4.2 设 $\{\xi_j, j \geqslant 1\}$ 是 NA 序列, 且 $u(q) = \sup_{j \geqslant 1} \sum_{|i-j| \geqslant q} |\mathrm{Cov}(\xi_i, \xi_j)|$. 如果条件 3.4.1、条件 3.4.2 及关系式 (3.4.4)、(3.4.5) 均满足, 则有

$$\begin{aligned}
\sup_u |F_n(u) - \Phi(u)| \leqslant C \Big\{ & \left(\gamma_{1n}^{1/2} + \gamma_{2n}^{1/2}\right) (\log n \log \log n)^{1/2} + \gamma_{2n}^{\delta/2} + u^{1/3}(q) \\
& + n^{-1} + \left((nqp^{-1})^{-\delta/2} + p^{-\delta/2}\right) (\log n \log \log n)^{(\delta-2)/2} \Big\}.
\end{aligned}$$

推论 3.4.1 在定理 3.4.2 的条件下, 如果 $u(1) < \infty$, 则有

$$\sup_u |F_n(u) - \Phi(u)| = o(1).$$

推论 3.4.2　在定理 3.4.2 条件下, 设 $\dfrac{1}{2} < \rho \leqslant \theta \leqslant 2\rho$, 如果 $\sup\limits_{j \geqslant 1} E(\xi_j^3) < \infty$,
$u(n) = O(n^{-(3\theta-3\rho)/(4\rho-2)})$, 则有

$$\sup_u |F_n(u) - \Phi(u)| = O\left(n^{-(\theta-\rho)/2}(\log n \log\log n)^{1/2}\right). \tag{3.4.7}$$

注 3.4.1　由推论 3.4.2, 当 $\theta \approx 1, \rho \approx 1/2$ 时, 其收敛速度的阶接近于 $n^{-1/4}$.

注 3.4.2　关于假设条件的一些说明.

(i) 条件 3.4.3 是容易满足的, 如果 p, q 及 2^m 作如下选取: 令 $p \sim n^{\delta_1}$, $q \sim n^{\delta_2}, 2^m \sim n^{\delta_3}$. 而 δ_1, δ_2, δ_3 作如下选取:

(a) $0 < \delta_2 < \delta_1 < 1$; (b) $0 < \delta_1 + \delta_2 < 1$; (c) $0 < \delta_3 < \min\{\delta_1 - \delta_2, \; 1 - \delta_1\}$.

这样, 取 $\delta_1 = 0.65$, $\delta_2 = 0.25$, $\delta_3 = 0.1$, 则假设条件 3.4.3 是成立的. 此外, 对于 p, q 而言, (3.4.6) 式比文献 (杨善朝, 2003) 中的更弱.

(ii) 在最近的文献中, 条件 3.4.2 是小波光滑的常规性条件, 可见 Antoniadis 等 (1994)、柴根象和刘元金 (2001)、薛留根 (2002)、孙燕和薛根象 (2004) 的文献.

(iii) 条件 3.4.1 与文献 (杨善朝, 2003) 的基本假设相类似.

从注 3.4.2(i)—(iii) 可以看出, 本节的条件是合适的、合理的.

注 3.4.3　在本节, 我们不仅建立了渐近正态性, 而且在弱假设下得到了一致渐近正态性的速度. 进一步, 由注 3.4.1 和注 3.4.2 知, 这一速度的阶与文献 (杨善朝, 2003, 2005) 中的阶相同. 这些结果表明, 小波方法对模型 (3.4.1) 在相协误差下是有效的.

下面, 先给出一个引理.

引理 A1　在假设条件 3.4.2 成立下

(i) $\sup\limits_{0 \leqslant t,s \leqslant 1} |E_m(t,s)| = O(2^m)$.

(ii) $\sup\limits_{0 \leqslant t \leqslant 1} \displaystyle\int_0^1 |E_m(t,s)ds| \leqslant C, \displaystyle\int_{A_i} |E_m(t,s)|ds = O\left(\dfrac{2^m}{n}\right)$.

(iii) $\sum\limits_{i=1}^n \displaystyle\int_{A_i} |E_m(t,s)|ds \leqslant C, \sum\limits_{i=1}^n \left(\displaystyle\int_{A_i} E_m(t,s)ds\right)^2 = O\left(\dfrac{2^m}{n}\right)$.

证明　(i) 和 (ii) 的证明由文献 (Antoniadis et al., 1994) 即得, 再由 (i) 和 (ii) 易得 (iii).

3.4.2　弱相合性的证明

定理 3.4.1 的证明　由于

$$|\hat{g}_n(t) - g(t)| \leqslant |\hat{g}_n(t) - E\hat{g}_n(t)| + |E\hat{g}_n(t) - g(t)|. \tag{3.4.8}$$

根据文献 (Antoniadis et al., 1994) 中定理 3.2 可得

$$|E\hat{g}_n(t) - g(t)| \to 0.$$

下面只需证明

$$|\hat{g}_n(t) - E\hat{g}_n(t)| \xrightarrow{P} 0. \tag{3.4.9}$$

记 $a_{ni} = \int_{A_i} E_m(t,s)ds$, 则

$$\hat{g}_n(t) - E\hat{g}_n(t) = \sum_{i=1}^{n} a_{ni}\varepsilon_{ni}.$$

令 $a_{ni}^+ = \max\{0, a_{ni}\}$ 和 $a_{ni}^- = \max\{0, -a_{ni}\}$ 分别是 a_{ni} 的正部与负部. 显然有

$$\sum_{i=1}^{n} a_{ni}\varepsilon_{ni} = \sum_{i=1}^{n} a_{ni}^+\varepsilon_{ni} - \sum_{i=1}^{n} a_{ni}^-\varepsilon_{ni}.$$

不失一般性, 可假设 $a_{ni} \geqslant 0$, 又定义 $\varpi_{ni} = a_{ni}\varepsilon_{ni}$, $i = 1, \cdots, n$. 则 $\{\varpi_{ni}, \ i = 1, \cdots, n\}$ 仍然是 NA 的. 因此, 对任意 $\mu > 0$, 利用 Markov 不等式得到

$$P\left(\left|\sum_{i=1}^{n} \varpi_{ni}\right| \geqslant \mu\right) \leqslant \mu^{-p} E\left|\sum_{i=1}^{n} \varpi_{ni}\right|^p. \tag{3.4.10}$$

如果 $3/2 < p \leqslant 2$, 根据引理 1.3.13, 可得

$$E\left|\sum_{i=1}^{n} \varpi_{ni}\right|^p$$

$$\leqslant C \cdot \sum_{i=1}^{n} \left|\int_{A_i} E_m(t,s) \sum_{j=1}^{n} I(s_{j-1} < t < s_j)ds\right|^p \cdot E|\varepsilon_{ni}|^p$$

$$\leqslant C \sum_{i=1}^{n} \left|\int_{A_i} \sum_{j=1}^{n} (E_m(t,s) - E_m(x_{nj},s))I(s_{j-1} < t < s_j)ds\right|^p \cdot E|\varepsilon_{ni}|^p$$

$$+ C \sum_{i=1}^{n} \left|\int_{A_i} \sum_{j=1}^{n} E_m(x_{nj},s)I(s_{j-1} < t < s_j)ds\right|^p \cdot E|\varepsilon_{ni}|^p$$

$$=: I_1 + I_2. \tag{3.4.11}$$

又注意到 $E_0(t,s)$ 在 t 处满足一阶 Lipschitz 条件, 则有

$$I_1 \leqslant C_1 \sum_{i=1}^{n} \left| \int_{A_i} \sum_{j=1}^{n} \frac{2^{2m}}{n} I(s_{j-1} < t \leqslant s_j) ds \right|^p E|\varepsilon_{ni}|^p$$

$$\leqslant C_2 n^{-\frac{4}{3}p} \sum_{i=1}^{n} E|\varepsilon_{ni}|^p. \tag{3.4.12}$$

再由引理 A1, 可知

$$I_2 = C \sum_{i=1}^{n} \left| \sum_{j=1}^{n} I(s_{j-1} < t < s_j) \int_{A_i} E_m(x_{nj}, s) ds \right|^p \cdot E|\varepsilon_{ni}|^p$$

$$\leqslant C_3 \sum_{i=1}^{n} \left| \int_{A_i} E_m(x_{nj}, s) ds \right|^p \cdot E|\varepsilon_{ni}|^p \leqslant C_4 \cdot n^{-\frac{2}{3}p} \cdot \sum_{i=1}^{n} E|\varepsilon_{ni}|^p. \tag{3.4.13}$$

这样, 联合 (3.4.10)—(3.4.13) 式可得 (3.4.9) 式.

如果 $p > 2$, 由引理 1.3.13, 可得

$$E|\sum_{i=1}^{n} \varpi_{ni}|^p \leqslant C \left\{ \sum_{i=1}^{n} E|\varepsilon_{ni} \int_{A_i} E_m(t,s) ds|^p + \left(\sum_{i=1}^{n} E(\varepsilon_{ni} \int_{A_i} E_m(t,s) ds)^2 \right)^{\frac{p}{2}} \right\}$$

$$=: I_3 + I_4. \tag{3.4.14}$$

再结合 (3.4.11)—(3.4.13) 式, 可得

$$I_3 = C_5(n^{-\frac{4}{3}p} + n^{-\frac{2}{3}p}) \sum_{i=1}^{n} E|\varepsilon_{ni}|^p, \ I_4 = C_6 \left\{ (n^{-\frac{8}{3}} + n^{-\frac{4}{3}}) \sum_{i=1}^{n} E|\varepsilon_{ni}|^2 \right\}^{\frac{p}{2}}. \tag{3.4.15}$$

从而 (3.4.14)—(3.4.15) 式意味着 (3.4.9) 式成立. 根据 (3.4.1) 和 (3.4.2) 式, 证得定理 3.4.1.

3.4.3　一致渐近正态性的证明

为了证明 NA 下的主要结果, 先给出一些引理.

引理 3.4.1　在条件 3.4.1 和条件 3.4.2 下

$$\text{Var}(\hat{g}_n(t)) = O(2^m n^{-1})$$

证明　利用引理 1.3.13 和引理 A1, 可得

$$\text{Var}(\hat{g}_n(t)) \leqslant C_2 \sum_{i=1}^{n} E \left(\varepsilon_{ni} \int_{A_i} E_m(t,s) ds \right)^2$$

$$\leqslant C_2 \sum_{i=1}^{n} \left(\int_{A_i} E_m(t,s)ds \right)^2 \leqslant O(2^m n^{-1}).$$

这样引理 3.4.1 得证.

引理 3.4.2 在条件 3.4.1(i)、条件 3.4.2 和关系式 (3.4.4) 下

$$E(S_n'')^2 \leqslant C\gamma_{1n}, \quad E(S_n''')^2 \leqslant C\gamma_{2n}. \tag{3.4.16}$$

进一步, 如果条件 3.4.1(ii) 成立, 则有

$$E(S_n'')^{2+\delta} \leqslant C\gamma_{1n}^{1+\delta/2}, \quad E(S_n''')^{2+\delta} \leqslant C\gamma_{2n}^{1+\delta/2}. \tag{3.4.17}$$

证明 根据引理 1.3.13 中的第一个不等式, 可得

$$E(S_n'')^2 \leqslant C \sum_{j=1}^{k} \sum_{i=l_j}^{l_j+q-1} \sigma_n^{-2} \left(\int_{A_i} E_m(t,s)ds \right)^2 \leqslant C \sum_{j=1}^{k} \sum_{i=l_j}^{l_j+q-1} \left| \int_{A_i} E_m(t,s)ds \right|$$

$$\leqslant Ckq2^m n^{-1} = C2^m q(p+q)^{-1} = C\gamma_{1n},$$

$$E(S_n''')^2 \leqslant C \sum_{i=k(p+q)+1}^{n} \sigma_n^{-2} \left(\int_{A_i} E_m(t,s)ds \right)^2 \leqslant C \sum_{i=k(p+q)+1}^{n} \left| \int_{A_i} E_m(t,s)ds \right|$$

$$\leqslant C[n-k(p+q)]2^m n^{-1} \leqslant C \left[n(p+q)^{-1} - k \right] (p+q)2^m n^{-1}$$

$$\leqslant C2^m p n^{-1} = C\gamma_{2n}.$$

这样 (3.4.16) 式成立. 类似地, 利用引理 1.3.13 中第二个不等式可得 (3.4.17) 式.

引理 3.4.3 在条件 3.4.1 和条件 3.4.2 下,

$$|s_n^2 - 1| \leqslant C(\gamma_{1n}^{1/2} + \gamma_{2n}^{1/2} + u(q)). \tag{3.4.18}$$

证明 令 $\Gamma_n = \sum_{1 \leqslant i < j \leqslant k} \text{Cov}(y_{ni}, y_{nj})$. 显然有 $s_n^2 = E(S_n')^2 - 2\Gamma_n$, 又由于 $E(S_n)^2 = 1$, 利用引理 3.4.2, 可得

$$|E(S_n')^2 - 1| = |E(S_n'' + S_n''')^2 - 2E[S_n(S_n'' + S_n''')]| \leqslant C(\gamma_{1n}^{1/2} + \gamma_{2n}^{1/2}). \tag{3.4.19}$$

另一方面, 利用引理 A1 和引理 3.4.1, 可得

$$|\Gamma_n| \leqslant \sum_{1 \leqslant i < j \leqslant k} \sum_{\mu=k_i}^{k_i+p-1} \sum_{\nu=k_j}^{k_j+p-1} |\text{Cov}(Z_{n\mu}, Z_{n\nu})|$$

$$
\leqslant \sum_{1 \leqslant i < j \leqslant k} \sum_{\mu=k_i}^{k_i+p-1} \sum_{\nu=k_j}^{k_j+p-1} \sigma_n^{-2} \left| \int_{A_\mu} E_m(t,s) ds \int_{A_\nu} E_m(t,s) ds \right| \cdot |\mathrm{Cov}(\xi_\mu, \xi_\nu)|
$$

$$
\leqslant C \sum_{i=1}^{k-1} \sum_{\mu=k_i}^{k_i+p-1} \left| \int_{A_\mu} E_m(t,s) ds \right| \cdot \sup_{j \geqslant 1} \sum_{t:|t-j| \geqslant q} |\mathrm{Cov}(\xi_j, \xi_t)| \leqslant C u(q). \tag{3.4.20}
$$

因此, 由 (3.4.19) 和 (3.4.20) 式即得结论.

下面, 为了建立一致渐近正态性, 类似于文献 (杨善朝, 2003), 假设 $\{\eta_{nj}, j = 1, \cdots, k\}$ 是独立的随机变量, η_{nj} 的分布与 y_{nj} 的分布相同. 记 $T_n = \sum_{j=1}^k \eta_{nj}$, $B_n = \sum_{j=1}^k \mathrm{Var}(\eta_{nj})$. 设 $\widetilde{F}_n(u), G_n(u), \widetilde{G}_n(u)$ 分别是 $S_n', T_n/\sqrt{B_n}, T_n$ 的分布函数. 显然有 $B_n = s_n^2$, $\widetilde{G}_n(u) = G_n(u/s_n)$.

引理 3.4.4 在与引理 3.4.3 相同的条件下,

$$
\sup_u |G_n(u) - \Phi(u)| \leqslant C \gamma_{2n}^{\delta/2}. \tag{3.4.21}
$$

证明 根据引理 1.3.13、引理 A1 和引理 3.4.1, 可得

$$
\sum_{j=1}^k E|\eta_{nj}|^{2+\delta} \leqslant C \sum_{j=1}^k \left\{ \sum_{i=k_j}^{k_j+p-1} \sigma_n^{-(2+\delta)} \left| \int_{A_i} E_m(t,s) ds \right|^{2+\delta} \right.
$$

$$
\left. + \left[\sum_{i=k_j}^{k_j+p-1} \sigma_n^{-2} \left(\int_{A_i} E_m(t,s) ds \right)^2 \right]^{1+\delta/2} \right\}
$$

$$
\leqslant C \left\{ (2^m n^{-1})^{\delta/2} + p^{\delta/2} (2^m n^{-1})^{\delta/2} \right\} \leqslant C (2^m p n^{-1})^{\delta/2} = C \gamma_{2n}^{\delta/2}.
$$

又由引理 3.4.3 知 $B_n = s_n^2 \to 1$, 从而有

$$
B_n^{-2} \sum_{j=1}^k E|\eta_{nj}|^{2+\delta} \leqslant C \gamma_{2n}^{\delta/2}.
$$

利用 Berry-Esseen 定理即得 (3.4.21) 式.

引理 3.4.5 在与引理 3.4.3 相同的条件下,

$$
\sup_u |\widetilde{F}_n(u) - \widetilde{G}_n(u)| \leqslant C \left\{ u^{1/3}(q) + \gamma_{2n}^{\delta/2} \right\}. \tag{3.4.22}
$$

证明 假设 $\varphi(t)$ 和 $\psi(t)$ 分别是 S_n' 和 T_n 的特征函数. 利用引理 1.3.13、引理 A1 和引理 3.4.1, 可得

$$
|\varphi(t) - \psi(t)| = \left| E \exp \left(\mathbf{i} t \sum_{j=1}^k y_{nj} \right) - \prod_{j=1}^k E \exp(\mathbf{i} t y_{nj}) \right|
$$

$$\leqslant 4t^2 \sum_{1 \leqslant i < j \leqslant k} \sum_{\mu=k_i}^{k_i+p-1} \sum_{\nu=k_j}^{k_j+p-1} |\mathrm{Cov}(Z_{n\mu}, Z_{n\nu})|$$

$$= 4t^2 \sum_{1 \leqslant i < j \leqslant k} \sum_{\mu=k_i}^{k_i+p-1} \sum_{\nu=k_j}^{k_j+p-1} \sigma_n^{-2}$$

$$\cdot \left| \int_{A_\mu} E_m(t,s)ds \int_{A_\nu} E_m(t,s)ds \right| |\mathrm{Cov}(\xi_\mu, \xi_\nu)|$$

$$\leqslant Ct^2 u(q).$$

由此可得

$$\int_{-T}^{T} \left| \frac{\varphi(t) - \psi(t)}{t} \right| dt \leqslant Cu(q)T^2. \tag{3.4.23}$$

另一方面, 注意到 $\widetilde{G}_n(u) = G_n(u/s_n)$, 利用引理 3.4.4, 容易计算得

$$\sup_u |\widetilde{G}_n(u+y) - \widetilde{G}_n(u)| \leqslant \sup_u |G_n((u+y)/s_n) - G_n(u/s_n)|$$

$$\leqslant \sup_u |G_n((u+y)/s_n) - \Phi((u+y)/s_n)|$$

$$+ \sup_u |\Phi((u+y)/s_n) - \Phi(u/s_n)|$$

$$+ \sup_u |G_n(u/s_n) - \Phi(u/s_n)|$$

$$\leqslant 2\sup_u |G_n(u) - \Phi(u)| + \sup_u |\Phi((u+y)/s_n) - \Phi(u/s_n)|$$

$$\leqslant C\{\gamma_{2n}^{\delta/2} + |y|/s_n\} \leqslant C\{\gamma_{2n}^{\delta/2} + |y|\},$$

从而有

$$T \sup_u \int_{|y| \leqslant c/T} |\widetilde{G}_n(u+y) - \widetilde{G}_n(u)|dy \leqslant C\{\gamma_{2n}^{\delta/2} + 1/T\}. \tag{3.4.24}$$

由 Esseen 不等式 (Pollard, 1984), 结合 (3.4.23) 和 (3.4.24) 式, 取 $T = u^{-1/3}(q)$ 得

$$\sup_u |\widetilde{F}_n(u) - \widetilde{G}_n(u)|$$

$$\leqslant \int_{-T}^{T} \left| \frac{\varphi(t) - \psi(t)}{t} \right| dt + T \sup_u \int_{|y| \leqslant c/T} \left| \widetilde{G}_n(u+y) - \widetilde{G}_n(u) \right| dy.$$

$$\leqslant C \left\{ u^{1/3}(q) + \gamma_{2n}^{\delta/2} \right\}.$$

这样引理 3.4.5 得证.

下面考虑 $P(|S_n''| \geqslant \mu_n)$ 和 $P(|S_n'''| \geqslant \nu_n)$ 的上界, 此处

$$\mu_n = \gamma_{1n}^{1/2} (\log n \log \log n)^{1/2}, \quad \nu_n = \gamma_{2n}^{1/2} (\log n \log \log n)^{1/2}.$$

类似于文献 (杨善朝, 2003) 中引理 3.6 $\left(用 \displaystyle\int_{A_j} E_m(t,s) ds \ 代替 \ \omega_{nj} \right)$. 利用引理 A1(i) 得

引理 3.4.6　在定理 3.4.1 条件下,

$$P(|S_n''| \geqslant \mu_n) \leqslant C \left\{ n^{-1} + (nqp^{-1})^{-\delta/2} (\log n \log \log n)^{(\delta-2)/2} \right\},$$

$$P(|S_n'''| \geqslant \nu_n) \leqslant C \left\{ n^{-1} + q^{-\delta/2} (\log n \log \log n)^{(\delta-2)/2} \right\}.$$

定理 3.4.2 的证明　由于

$$\sup_u |\widetilde{F}_n(u) - \Phi(u)|$$

$$\leqslant \sup_u |\widetilde{F}_n(u) - \widetilde{G}_n(u)| + \sup_u |\widetilde{G}_n(u) - \Phi(u/\sqrt{B_n})| + \sup_u |\Phi(u/\sqrt{B_n}) - \Phi(u)|$$

$$=: J_{1n} + J_{2n} + J_{3n}. \tag{3.4.25}$$

利用引理 3.4.5, 可得

$$J_{1n} \leqslant C \left\{ \gamma_{2n}^{\delta/2} + u^{1/3}(q) \right\}. \tag{3.4.26}$$

对于 J_{2n}, J_{3n}, 分别利用引理 3.4.4 和引理 3.4.3, 可得

$$J_{2n} = \sup_u |G_n(u/\sqrt{B_n}) - \Phi(u/\sqrt{B_n})| = \sup_u |G_n(u) - \Phi(u)| \leqslant C\gamma_{2n}^{\delta/2}, \tag{3.4.27}$$

$$J_{3n} \leqslant C|s_n^2 - 1| \leqslant C \left\{ \gamma_{1n}^{1/2} + \gamma_{2n}^{1/2} + u(q) \right\}. \tag{3.4.28}$$

这样, 由 (3.4.25)—(3.4.28) 式即得

$$\sup_u |\widetilde{F}_n(u) - \Phi(u)| \leqslant C \left\{ \gamma_{1n}^{1/2} + \gamma_{2n}^{1/2} + \gamma_{2n}^{\delta/2} + u^{1/3}(q) \right\}. \tag{3.4.29}$$

再由引理 A1, 结合 (3.4.4)、(3.4.16) 和 (3.4.19) 式, 定理得证.

推论 3.4.2 的证明　如果 $n^{-1}2^m = O(n^{-\theta})$, $\delta = 1$, 取 $p = [n^\rho], q = [n^{2\rho-1}]$ 得

$$\gamma_{1n}^{1/2} = O\left(n^{-(\theta-\rho)/2}\right), \quad \gamma_{2n}^{1/2} = O\left(n^{-(\theta-\rho)/2}\right),$$

$$u^{\frac{1}{3}}(q) = O\left(q^{\frac{-3(\theta-\rho)}{2(2\rho-1)}}\right)^{\frac{1}{3}} = O\left(n^{-(\theta-\rho)/2}\right).$$

由定理 3.4.2 即证得 (3.4.7) 式.

3.5 PA 误差下回归函数小波估计的渐近性质

考虑标准的非参数回归模型, $g(\cdot)$ 定义在 $[0,1]$ 上,

$$Y_i = g(t_i) + \varepsilon_i, \quad 1 \leqslant i \leqslant n, \tag{3.5.1}$$

此处 $\{t_i\}$ 是非随机设计点, 满足 $0 \leqslant t_1 \leqslant \cdots \leqslant t_n \leqslant 1$, $\{\varepsilon_i\}$ 是随机误差.

对于模型 (3.5.1), $g(\cdot)$ 的小波估计为

$$g_n(t) = \sum_{i=1}^n Y_i \int_{A_i} E_m(t,s) ds, \tag{3.5.2}$$

其中小波核 $E_m(t,s)$ 定义为

$$E_m(t,s) = 2^m E_0(2^m t, 2^m s) = 2^m \sum_{k \in Z} \phi(2^m t - k)\phi(2^m s - k),$$

$\phi(\cdot)$ 是尺度函数, $A_i = [s_{i-1}, s_i]$ 是 $[0,1]$ 的分割, $s_i = (1/2)(t_i + t_{i+1})$, 且 $t_i \in A_i, 1 \leqslant i \leqslant n$.

本节讨论非参数固定设计回归函数的小波估计 (3.5.2) 式, 在严平稳 PA 误差下建立小波估计的弱收敛性和渐近正态性等.

3.5.1 假设条件和主要结果

下面给出一些假设条件:

(A1) $g(\cdot) \in H^\nu$, $\nu > 1/2$ 和 $g(\cdot)$ 满足一阶 Lipschitz 条件;

(A2) $\varphi(\cdot) \in S_\tau$ 满足一阶 Lipschitz 条件且当 $\varepsilon \to \infty$ 时, $|\hat{\varphi}(\varepsilon) - 1| = O(\varepsilon)$, 此处 $\varphi \varepsilon \to \infty$ 是 φ 的 Fourier 变换;

(A3) $\max\limits_{1 \leqslant i \leqslant n} |s_i - s_{i-1}| = O(n^{-1})$;

(A4) (i) 对每一 n, $\{\varepsilon_i, i = 1, \cdots, n\}$ 的联合分布与 $\{\xi_1, \cdots, \xi_n\}$ 相同, $\{\xi_i, i = 1, \cdots, n\}$ 是一具有零均值和有限二阶矩的 PA 时间序列, 其 $\sup\limits_{j \geqslant 1} E(\xi_j^2) < \infty$; (ii) $\sup\limits_{j \geqslant 1} E(\xi_j^{2+\delta}) < \infty$, $\delta > 0$;

(A5) $u(q) = \sup\limits_{i \in N} \sum_{j:|j-i| \geqslant q} |\text{Cov}(\varepsilon_i, \varepsilon_j)|$ 且 $u(1) < \infty$;

(A6) 存在正整数 $p := p(n)$ 和 $q := q(n)$, 使得对充分的 n 有 $p + q \leqslant n$, 且当 $n \to \infty$ 时, (i) $\gamma_{3n} = qp^{-1} \to 0$, (ii) $\gamma_{4n} = pn^{-1} \to 0$.

我们的主要结论如下.

定理 3.5.1　设 $\{\varepsilon_i, 1 \leqslant i \leqslant n\}$ 是均值为 0 且 $\sup\limits_{1 \leqslant i \leqslant n} E\varepsilon_i^2 = \sigma^2 < \infty$ 的 PA 随机误差. 假设条件 (A1)—(A4) 成立. 则当 $0 < r \leqslant 2$ 时,

$$E|g_n(t) - g(t)|^r = O(n^{-r}) + O(\eta_m^{-r}) + O(2^{2m}/n)^{r/2}.$$

进一步设 $2^{2m}/n \to 0$, 则当 $0 < r \leqslant 2$ 时,

$$\lim_{n \to \infty} E|g_n(t) - g(t)|^r = 0.$$

定理 3.5.2　设 $\{\varepsilon_i, 1 \leqslant i \leqslant n\}$ 是同分布的 PA 随机误差, 且 $E|\varepsilon_i| = O(i^{-(1+2\rho)})$, $E\varepsilon_i^2 = \sigma^2 < \infty$. 如果条件 (A1)—(A3) 成立, 且 $2^m = O(n^{1-\tau})$, $1/2 < \tau < 1$. 则有

$$\sup_{0 \leqslant t \leqslant 1} |g_n(t) - g(t)| \overset{P}{\to} 0.$$

定理 3.5.3　设 $\{\varepsilon_i, 1 \leqslant i \leqslant n\}$ 是均值为 0 的 PA 随机误差, 如果条件 (A1)—(A3) 成立, 且 $2^m = O(n^{1-\tau})$, $1/2 < \tau < 1$. 则

$$g_n(t) \to g(t), \quad \text{a.s.}.$$

定理 3.5.4　设 $g : A \to \mathbb{R}$ 是定义在 $\mathbb{R}^d$ 中紧集 A 上的有界函数, 且条件 (A1)—(A6) 成立. 则有

$$\sigma_n^{-1}(t)\{g_n(t) - g(t)\} \overset{d}{\to} N(0,1).$$

注 3.5.1　条件 (A1)—(A3) 是小波估计的一般性假设, 可见文献 (Antoniadis et al., 1994; 孙燕和柴根象, 2004; Liang and Wang, 2010; Hu et al., 2013); 条件 (A4)—(A5) 是与文献 (杨善朝, 2005) 中使用相同的假设, 说明加权估计和小波估计的假设条件相同; 对于条件 (A6) 通过适当选取 p, q 是容易满足的. 由此说明假设是可行的, 且与文献 (杨善朝, 2005) 假设相同. 所以本节条件都是适合的且可行的.

注 3.5.2　(i) 定理 3.5.2 推广了文献 (Li et al., 2008) 中定理 2.1, 从弱收敛到一致弱收敛, 也意味着定理 3.5.2 在 PA 随机误差下也是满足的.

(ii) 文献 (Li et al., 2008) 中定理 2.3 使用一般方法讨论了回归函数小波估计的一致渐近正态性, 得到了一致渐近正态性的收敛速度的阶为 $O(n^{-1/6})$, 但是本定理 3.5.4 使用的是 Lyapunov 中心极限定理条件讨论一致渐近正态性. 在相同的条件下, 得到了比较理想的结果. 因此, 定理 3.5.4 改进和推广了文献 (Li et al., 2008) 中定理 2.3 中的相应结果.

3.5.2 辅助引理

引理 3.5.1 在条件 (A1)—(A3) 成立时, 则有

(i) $\sup\limits_{x,m} \displaystyle\int_0^1 |E_m(x,y)|dy < \infty$;

(ii) $\displaystyle\int_0^1 |E_m(t,s)|g(s)ds = g(t) + O(\eta_m)$, 此处

$$\eta_m = \begin{cases} (1/2^m)^{\nu-1/2}, & 1/2 < \nu < 3/2, \\ \sqrt{m}/2^m, & \nu = 3/2, \\ 1/2^m, & \nu > 3/2; \end{cases}$$

(iii) $\left| \displaystyle\int_{A_i} E_m(x,y)ds \right| = O(2^m/n), \quad i = 1, \cdots, n$;

(iv) $\sum_{i=1}^n \left(\displaystyle\int_{A_i} E_m(x,y)ds \right)^2 = O(2^m/n)$.

证明 (i) 和 (ii) 的证明可参见文献 (Antoniadis et al., 1994), (iii) 和 (iv) 由文献 (孙燕和柴根象, 2004) 中的引理 2.1 (3) 即得.

引理 3.5.2 设条件 (A1)—(A3) 成立, 且 $\{\varepsilon_i, 1 \leqslant i \leqslant n\}$ 是均值为 0 的 PA 随机变量, 则有

(i) $Eg_n(t) - g(t) = O(\eta_m) + O(n^{-1})$, $\lim\limits_{n\to\infty} Eg_n(t) = g(t)$;

(ii) $\sup\limits_{0\leqslant t\leqslant 1} |Eg_n(t) - g(t)| = O(\eta_m) + O(n^{-1})$;

(iii) $\lim\limits_{n\to\infty} \sup\limits_{0\leqslant t\leqslant 1} |Eg_n(t) - g(t)| = 0$.

证明 利用引理 3.5.1, 由文献 (孙燕和柴根象, 2004) 中证明引理 3.1 的方法证得.

3.5.3 定理的证明

定理 3.5.1 的证明 对 $0 < r \leqslant 2$, 利用 C_r-不等式和 Jensen 不等式, 可得

$$E|g_n(t) - g(t)|^r \leqslant 2^{r-1} \left[|Eg_n(t) - g(t)|^r + E|g_n(t) - Eg(t)|^r \right]$$

$$\leqslant 2^{r-1} \left[|Eg_n(t) - g(t)|^r + C|\mathrm{Var}(g_n(t))|^{r/2} \right]. \tag{3.5.3}$$

由引理 3.5.2(i), 可得

$$|Eg_n(t) - g(t)|^r = O(n^{-r}) + O(\eta_m^{-r}). \tag{3.5.4}$$

假设条件 (A1)—(A4) 和引理 3.5.1 成立, 则有

$$
\begin{aligned}
\operatorname{Var}(g_n(t)) &= \sigma_n^2 \sum_{i=1}^{n} \left(\int_{A_i} E_m(t,s)ds \right)^2 + O(2^{2m}/n) \sum_{1 \leqslant i < j \leqslant n} \operatorname{Cov}(\varepsilon_{ni}, \varepsilon_{nj}) \\
&= O(2^{2m}/n) + O(2^{2m}/n) \sum_{i=1}^{n-1} \sum_{j=i-1}^{n} \operatorname{Cov}(\varepsilon_{ni}, \varepsilon_{nj}) \\
&= O(2^{2m}/n).
\end{aligned}
\tag{3.5.5}
$$

因此, 由 (3.5.3)—(3.5.5) 式及 $2^{2m}/n \to 0$, 即得结果.

定理 3.5.2 的证明 由于

$$
\sup_{0 \leqslant t \leqslant 1} |g_n(t) - g(t)| \leqslant \sup_{0 \leqslant t \leqslant 1} |g_n(t) - Eg_n(t)| + \sup_{0 \leqslant t \leqslant 1} |Eg_n(t) - g(t)|
$$

$$
:= I_{n3} + I_{n4},
\tag{3.5.6}
$$

利用引理 3.5.2(ii), 即得

$$
I_{n4} \to 0, \quad n \to \infty.
\tag{3.5.7}
$$

又由于 I_{n3} 可分解为

$$
\begin{aligned}
I_{n3} &= \sup_{0 \leqslant t \leqslant 1} \left| \sum_{i=1}^{n} \varepsilon_i \int_{A_i} E_m(t,s)ds \right| \\
&= \sup_{0 \leqslant t \leqslant 1} \left| \sum_{i=1}^{n} \varepsilon_i \int_{A_i} E_m(t,s)ds \sum_{j=1}^{n} I(s_{j-1} < t \leqslant s_j)ds \right| \\
&\leqslant \sup_{0 \leqslant t \leqslant 1} \left| \sum_{i=1}^{n} \varepsilon_i \int_{A_i} \sum_{j=1}^{n} (E_m(t,s) - E_m(t_j, s)) I(s_{j-1} < t \leqslant s_j)ds \right| \\
&\quad + \sup_{0 \leqslant t \leqslant 1} \left| \sum_{i=1}^{n} \varepsilon_i \int_{A_i} \sum_{j=1}^{n} E_m(t,s)ds I(s_{j-1} < t \leqslant s_j)ds \right| \\
&:= I_{n31} + I_{n32},
\end{aligned}
\tag{3.5.8}
$$

由定理 3.5.2 的条件, 利用性质 1.2.8, 可得

$$
I_{n31} \leqslant \sup_{0 \leqslant t \leqslant 1} \sum_{i=1}^{n} |\varepsilon_i| \int_{A_i} \sum_{j=1}^{n} |E_m(t,s) - E_m(t_j,s)| I(s_{j-1} < t \leqslant s_j)ds
$$

$$\leqslant C \sup_{0\leqslant t\leqslant 1}\left(\sum_{j=1}^{n}|\varepsilon_i|\int_{A_i}\sum_{j=1}^{n}(2^{2m}/n)I(s_{j-1}<t\leqslant s_j)ds\right)$$

$$\leqslant \sum_{i=1}^{n}\frac{|\varepsilon_i|}{n^{4/3}}=O(n^{-4/3}) \tag{3.5.9}$$

以及

$$I_{n32}\leqslant \sup_{0\leqslant t\leqslant 1}\left|\sum_{j=1}^{n}I(s_{j-1}<t\leqslant s_j)\right|\left|\sum_{i=1}^{n}\varepsilon_i\int_{A_i}E_m(t_j,s)ds\right|$$

$$\leqslant \sup_{0\leqslant t\leqslant 1}\sum_{j=1}^{n}I(s_{j-1}<t\leqslant s_j)\max_{1\leqslant j\leqslant n}\left|\sum_{i=1}^{n}\varepsilon_i\int_{A_i}E_m(t_j,s)ds\right|$$

$$\leqslant \max_{1\leqslant j\leqslant n}\left|\sum_{i=1}^{n}\varepsilon_i\int_{A_i}E_m(t_j,s)ds\right|.$$

利用 Markov 不等式、引理 3.5.1 和引理 1.3.14, 可得

$$P\left(|I_{n32}|\geqslant n^{-1/12}\right)\leqslant \sum_{j=1}^{n}P\left(\sum_{i=1}^{n}\left|\varepsilon_i\int_{A_i}E_m(t,s)ds\right|\geqslant \varepsilon\right)$$

$$\leqslant n\frac{E\left(\sum_{i=1}^{n}\left|\varepsilon_i\int_{A_i}E_m(t,s)ds\right|\right)^r}{n^{-r/12}}$$

$$\leqslant Cn\frac{(n^{-1}2^m)^r n^{r/2}}{n^{-1/12}}=Cn^{1-r/12}\to 0, \tag{3.5.10}$$

从而

$$|I_{n32}|=O(n^{-1/12}).$$

由此, 结合 (3.5.9) 和 (3.5.10) 式, 可得

$$I_{n3}\to 0, \quad n\to\infty.$$

再由 (3.5.7) 式即证得定理 3.5.2.

定理 3.5.3 的证明 注意到

$$|g_n(t)-g(t)|\leqslant |g_n(t)-Eg_n(t)|+|Eg_n(t)-g(t)|, \tag{3.5.11}$$

利用引理 3.5.2(i), 可得

$$|Eg_n(t)-g(t)|\to 0.$$

由此, 根据 (3.5.11) 式, 只要证明

$$|g_n(t) - Eg_n(t)| \to 0, \tag{3.5.12}$$

利用 Markov 不等式、引理 1.3.14、引理 3.5.1(iii), 可得

$$|Eg_n(t) - g_n(t)| = \left| \sum_{i=1}^{n} \varepsilon_i \int_{A_i} E_m(t, s) ds \right|$$

和

$$P\left(\sum_{i=1}^{n} \varepsilon_i \int_{A_i} E_m(t, s) ds > \varepsilon \right) \leqslant \frac{E\left| \sum_{i=1}^{n} \int_{A_i} E_m(t, s) ds \varepsilon_i \right|^r}{\varepsilon^r}$$

$$\leqslant C \left| \int_{A_i} E_m(t, s) ds \right|^r n^{r/2} = Cn^{-1/6}.$$

从而有

$$\sum_n P\left(\sum_{i=1}^{n} \varepsilon_i \int_{A_i} E_m(t, s) ds > \varepsilon \right) < \infty.$$

根据 Borel-Cantelli 引理, 可得

$$\sum_{i=1}^{n} \varepsilon_i \int_{A_i} E_m(t, s) ds \to 0, \quad \text{a.s..} \tag{3.5.13}$$

所以, 联合 (3.5.12)、(3.5.13) 和 (3.5.11) 式得证定理 3.5.3.

定理 3.5.4 的证明 令 $\sigma_n^2(x) = \text{Var}(g_n(x))$, 且

$$S_n = \sigma_n^{-1}\{g_n - g\}, \quad Z_{ni} = \sigma_n^{-1} \varepsilon_i \int_{A_i} E_m(t, s) ds.$$

则有 $S_n = \sum_{i=1}^{n} Z_{ni}$. 令 $k = [n/(p+q)]$, 把 S_n 分解为

$$S_n = S_n' + S_n'' + S_n''',$$

此处

$$S_n' = \sum_{m=1}^{k} y_{nm}, \quad S_n'' = \sum_{m=1}^{k} y_{nm}', \quad S_n''' = y_{nk+1}',$$

$$y_{nm} = \sum_{i=k_m}^{k_m+p-1} Z_{ni}, \quad y'_{nm} = \sum_{i=l_m}^{l_m+q-1} Z_{ni}, \quad y'_{nk+1} = \sum_{i=k(p+q)+1}^{n} Z_{ni},$$

$$k_m = (m-1)(p+q)+1, \quad l_m = (m-1)(p+q)+p+1, \quad m = 1, \cdots, k.$$

这样, 为了证明定理, 只需证明

$$E(S_n'')^2 \to 0, \quad E(S_n''')^2 \to 0, \tag{3.5.14}$$

$$S_n' \xrightarrow{d} N(0,1). \tag{3.5.15}$$

利用引理 1.3.14、(3.5.5) 式、条件 (A5) 和条件 (A6), 则有

$$E(S_n'')^2 = \sigma_n^{-2} \sum_{m=1}^{k} \sum_{i=l_m}^{l_m+q-1} \left(\int_{A_i} E_m(t,s)ds \right)^2 E(\varepsilon_i)^2$$

$$+ 2\sigma_n^{-2} \sum_{m=1}^{k} \sum_{l_m \leqslant i \leqslant j \leqslant l_m+q-1} \int_{A_{i_1}} E_m(t,s)ds \int_{A_{i_2}} E_m(t,s)ds \mathrm{Cov}(\varepsilon_{i_1}, \varepsilon_{i_2})$$

$$+ 2\sigma_n^{-2} \sum_{1 \leqslant m \leqslant s \leqslant k} \sum_{i_1=l_m}^{l_m+q-1} \sum_{i_2=l_s}^{l_s+q-1} \int_{A_{i_1}} E_m(t,s)ds \int_{A_{i_2}} E_m(t,s)ds \mathrm{Cov}(\varepsilon_{i_1}, \varepsilon_{i_2})$$

$$\leqslant C \bigg\{ kq + \sum_{m=1}^{k} \sum_{i=1}^{q-1} (q-i)\mathrm{Cov}(\varepsilon_1, \varepsilon_{i+1})$$

$$+ \sum_{m=1}^{k} \sum_{i_1=l_m}^{l_m+q-1} \sum_{s=m+1}^{k} \sum_{i_2=l_s}^{l_s+q-1} \mathrm{Cov}(\varepsilon_1, \varepsilon_{i+1}) \bigg\} \bigg/ n$$

$$\leqslant C \left\{ kq + ku(1) + ku(p) \right\} / n$$

$$\leqslant Ckq \leqslant Cqp^{-1} \to 0$$

和

$$E(S_n''')^2 \leqslant \sigma_n^{-2} \sum_{i=k(p+q)+1}^{n} \left(\int_{A_i} E_m(t,s)ds \right)^2 E(\varepsilon_i)^2$$

$$+ 2\sigma_n^{-2} \sum_{k(p+q)+1 \leqslant i_1 \leqslant i_2 \leqslant n} \int_{A_{i_1}} E_m(t,s)ds \int_{A_{i_2}} E_m(t,s)ds \mathrm{Cov}(\varepsilon_{i_1}, \varepsilon_{i_2})$$

$$\leqslant C \left\{ (n-k(p+q)) + \sum_{i=1}^{n-k(p+q)-1} \mathrm{Cov}(\varepsilon_1, \varepsilon_{i+1}) \right\} / n$$

$$\leqslant C\{(n/(p+q)-k)(p+q)+u(1)\}/n \leqslant Cpn^{-1} \to 0,$$

从而 (3.5.14) 式成立.

下面证明 (3.4.15) 式. 设

$$\Gamma_n = \sum_{1\leqslant i<j\leqslant k} \mathrm{Cov}(y_{ni},y_{nj}), \quad s_n^2 = \sum_{m=1}^k \mathrm{Var}(y_{nm}),$$

则

$$s_n^2 = E(S_n')^2 - 2\Gamma_n.$$

利用 (3.5.14) 式可得 $E(S_n')^2 \to 1$, 即得 $s_n^2 \to 1$. 从而只要证明 $\Gamma_n \to 0$. 由条件 (A5) 可得 $u(q) \to 0$. 再根据平稳性和定理条件可得到

$$|\Gamma_n| \leqslant \sum_{1\leqslant i<j\leqslant k} \sum_{s=k_i}^{k_i+p-1} \sum_{t=k_j}^{k_j+p-1} \sigma_n^{-2} \left| \int_{A_s} E_m(t,s)ds \int_{A_t} E_m(t,s)ds \right| |\mathrm{Cov}(\varepsilon_s,\varepsilon_t)|$$

$$\leqslant C \sum_{i=1}^{k-1} \sum_{s=k_i}^{k_i+p-1} \left| \int_{A_s} E_m(t,s)ds \right| \sum_{j=i+1}^k \sum_{t=k_j}^{k_j+p-1} |\mathrm{Cov}(\varepsilon_{ns},\varepsilon_{nt})|$$

$$\leqslant C \sum_{i=1}^{k-1} \sum_{s=k_i}^{k_i+p-1} \left| \int_{A_s} E_m(t,s)ds \right| \cdot \sup_{j\geqslant 1} \sum_{t:|t-j|\geqslant q} |\mathrm{Cov}(\varepsilon_j,\varepsilon_t)|$$

$$\leqslant Cu(q) \to 0. \tag{3.5.16}$$

接下来, 为了建立渐近正态性, 假设 $\{\eta_{nm}, m=1,\cdots,k\}$ 是独立随机变量, 对 $m=1,\cdots,k$, 其分布与 η_{nm} 相同. 则有 $E\eta_{nm}=0$, $\mathrm{Var}(\eta_{nm})=\mathrm{Var}(y_{nm})$. 再令 $T_{nm}=\eta_{nm}/s_n, m=1,\cdots,k$, 则 $\{T_{nm}, m=1,\cdots,k\}$ 是独立随机变量, 满足 $ET_{nm}=0$, $\mathrm{Var}(T_{nm})=1$. 记 $\phi_X(t)$ 为 X 的特征函数, 则有

$$\left| \phi_{\sum_{m=1}^k y_{nm}}(t) - e^{-t^2/2} \right|$$

$$\leqslant \left| E\exp\left(\mathbf{i}t\sum_{m=1}^k y_{nm}\right) - \prod_{m=1}^k E\exp(\mathbf{i}ty_{nm}) \right| + \left| \prod_{m=1}^k E\exp(\mathbf{i}ty_{nm}) - e^{-t^2/2} \right|$$

$$\leqslant \left| E\exp\left(\mathbf{i}t\sum_{m=1}^k y_{nm}\right) - \prod_{m=1}^k E\exp(\mathbf{i}ty_{nm}) \right| + \left| \prod_{m=1}^k E\exp(\mathbf{i}t\eta_{nm}) - e^{-t^2/2} \right|,$$

根据引理 1.3.18 以及 (3.5.16) 式, 可得

$$\left| E\exp\left(\mathbf{i}t\sum_{m=1}^{k}y_{nm}\right) - \prod_{m=1}^{k}E\exp(\mathbf{i}ty_{nm}) \right|$$

$$\leqslant 4t^2 \sum_{1\leqslant i<j\leqslant k}\sum_{s=k_i}^{k_i+p-1}\sum_{t=k_j}^{k_j+p-1}|\mathrm{Cov}(Z_s, Z_t)|$$

$$= 4t^2 \sum_{1\leqslant i<j\leqslant k}\sum_{s=k_i}^{k_i+p-1}\sum_{t=k_j}^{k_j+p-1}\sigma_n^{-2}\left|\int_{A_s}E_m(t,s)ds\int_{A_t}E_m(t,s)ds\right||\mathrm{Cov}(\varepsilon_s, \varepsilon_t)|$$

$$\leqslant Ct^2u(q) \to 0.$$

因此, 必须证明当 $s_n^2 \to 1$ 时, 根据 $\sum_{m=1}^{k}T_{nm} \xrightarrow{d} N(0,1)$ 可证得 $\eta_{nm} \xrightarrow{d} N(0,1)$. 再由 Lyapunov-条件, 当 $r > 2$ 时, 必须证明

$$\frac{1}{s_n^r}\sum_{m=1}^{k}E|\eta_{nm}|^r \to 0. \tag{3.5.17}$$

利用引理 1.3.14 和条件 (A6), 可得

$$\sum_{m=1}^{k}E|\eta_{nm}|^r = \sum_{m=1}^{k}E|y_{nm}|^r = \sigma_n^{-r}\sum_{m=1}^{k}E\left|\sum_{i=k_m}^{k_m+p-1}\varepsilon_i\int_{A_i}E_m(t,s)ds\right|^r$$

$$\leqslant C\sigma_n^{-r}\sum_{m=1}^{k}(2^m/n)^r p^{r/2} = C(pn^{-1})^{r/2-1} \to 0.$$

从而 (3.5.17) 式成立. 定理 3.5.4 证毕.

3.6 φ 混合线性过程误差下回归函数小波估计的 Berry-Esseen 界

考虑如下的非参数回归模型:

$$Y_{ni} = g(t_{ni}) + \varepsilon_i, \quad i = 1, \cdots, n, \tag{3.6.1}$$

其中 $g(\cdot)$ 是定义在区间 $[0,1]$ 上的未知函数, $\{t_{ni}\}$ 是非随机设计点, $\{\varepsilon_i\}$ 是随机误差. 众所周知, 模型 (3.6.1) 在实际问题中有比较广泛的应用, 而且通过不同的

估计方法得到未知回归函数 $g(\cdot)$ 不同的估计量. 如 Antoniadis 等 (1994) 提出的回归函数 $g(\cdot)$ 的小波估计:

$$\widehat{g}_n(t) = \sum_{i=1}^{n} Y_{ni} \int_{A_i} E_m(t, s)ds, \tag{3.6.2}$$

其中小波核

$$E_m(t, s) = 2^m \sum_{k \in Z} \phi(2^m t - k)\phi(2^m - k),$$

这里 $\{m \equiv m(n) > 0, n \geqslant 1\}$ 是一仅仅与 n 有关的正整数列, $\phi(\cdot)$ 是一尺度函数, 而 $t_{ni} \in A_i$, $A_i = [d_{i-1}, d_i), i = 1, \cdots, n - 1$, $A_n = [d_{n-1}, d_n]$, $d_0 = 0, d_n = 1$.

本节在 φ 混合序列生成的线性过程误差下, 研究回归函数 $g(\cdot)$ 的小波估计 (3.6.2) 的 Berry-Esseen 界.

3.6.1　主要结果

为了阐述下面的主要结论, 我们给出如下条件.

条件 3.6.1　$\{\varepsilon_t\}_{t \in Z}$ 的线性表示为 $\varepsilon_t = \sum_{s=-\infty}^{\infty} a_s e_{s-t}$, 其中 $\{a_s\}$ 是一实数序列且满足关系 $\sum_{s=-\infty}^{\infty} |a_s| < \infty$, $\{e_t\}$ 是同分布的 φ 混合随机变量且满足 $Ee_0 = 0$, $E|e_0|^{2+\delta} < \infty$, $0 < \delta \leqslant 1$, 混合系数满足 $\varphi(n) = O(n^{-\lambda})$, $\lambda > 2$.

条件 3.6.2　$\{\varepsilon_i\}$ 的谱密度函数 $f(\omega)$ 是有界的且远离 0 和 ∞, 即存在常数 c_1, c_2, 有 $0 < c_1 \leqslant f(\omega) \leqslant c_2 < \infty$, 其中 $\omega \in (-\pi, \pi]$.

条件 3.6.3　(i) $\phi(\cdot)$ 是 γ-正则 (γ 为正整数), 即对任意的 $l \leqslant \gamma$ 以及整数 z, 有 $|d^l\phi/dx^l| \leqslant c_z(1 + |x|)^{-z}$, 此处 c_z 是仅仅依赖于 z 的常数;

(ii) $\phi(\cdot)$ 满足一阶 Lipschitz 条件, 有紧支撑, 且当 $\xi \to \infty$ 时, 有 $|\hat{\phi}(\xi) - 1| = O(\xi)$, 这里 $\hat{\phi}$ 为 ϕ 的 Fourier 变换.

条件 3.6.4　(i) $g(\cdot)$ 满足一阶 Lipschitz 条件;

(ii) $g(\cdot) \in H^\nu$, $\nu > \dfrac{1}{2}$, 此处 H^ν 是 ν 阶 Sobolev 空间, 即如果 $h \in H^\nu$ 则有

$$H^\nu = \left\{ h : \int |\hat{h}(w)|^2 (1 + w^2)^\nu dw < \infty \right\}, \hat{h} \text{ 为 } h \text{ 的 Fourier 变换.}$$

条件 3.6.5　$\max\limits_{1 \leqslant i \leqslant n} |d_i - d_{i-1} - n^{-1}| = o(n^{-1})$.

条件 3.6.6　令 $p = p_n$, $q = q_n$, $k = k_n = [3n/(p + q)]$ 为正整数, 使得 $p + q \leqslant 3n$, $qp^{-1} \to 0$, 且 $\gamma_{in} \to 0$, $i = 1, 2, 3, 4$, 此处

$$\gamma_{1n} = qp^{-1}2^m, \quad \gamma_{2n} = p\frac{2^m}{n}, \quad \gamma_{3n} = n\left(\sum_{|j|>n} |a_j|\right)^2, \quad \gamma_{4n} = kp\varphi(q)\left(\frac{2^m}{n}\right)^{1/2}.$$

注 3.6.1　下面是关于上述条件的一些说明.

(i) 对于条件 3.6.1, 混合系数为 $\varphi(n) = O(n^{-\lambda})$, $\lambda > 2$, 它包含一大类混合系数适度递减的随机变量序列, 所以是合理可行的.

(ii) 条件 3.6.3—条件 3.6.5 对于小波估计方法而言是相对正规的条件, 可参见最近的文献, 如文献 (Antoniadis et al., 1994; 薛留根, 2002; 孙燕和柴根象, 2004; Liang and Qi, 2007; Li et al., 2008), 以及文献 (李永明和韦程东, 2009).

(iii) 在条件 3.6.6 中, p, q, m 可以作为递增序列, 而 $\gamma_{in} \to 0, i = 1, 2, 4$ 也是容易满足的, 如果选取 p, q 和 2^m 如下

$$\lambda > 2, \quad p \sim n^{\delta_1}, \quad q \sim n^{\delta_2}, \quad 2^m \sim n^{\delta_3},$$

$$\delta_1 > \delta_2 > 0, \quad \delta_3 > 0, \quad \delta_2 + \delta_3 < \delta_1 < 1 - \delta_3, \quad \delta_3 < 2\delta_2\lambda - 1.$$

例如, 可取 $\delta_1 = 0.6, \delta_2 = 0.32, \delta_3 = 0.21$ 以及 $\lambda = 3$, 则有 $\gamma_{in} \to 0, i = 1, 2, 4$.

另外, $\gamma_{3n} \to 0$ 成立, 在通常的 AR, MA 以及 ARMA 过程中经常用到, 这是广泛用于模型序列的相关数据, 如文献 (Liang and Li, 2008) 中注记 2.1(c).

记

$$\sigma_n^2 = \sigma_n^2(t) = \mathrm{Var}(\widehat{g}_n(t)), \quad S_n = S_n(t) = \sigma_n^{-1}\{\widehat{g}_n(t) - E\widehat{g}_n(t)\},$$

$$u(n) = \sum_{j=n}^{\infty} \varphi^{1/2}(j), \quad \parallel X \parallel_\alpha = (E|X|^\alpha)^{1/\alpha}.$$

下面给出本节的主要结果.

定理 3.6.1　如果条件 3.6.1—条件 3.6.6 成立, 则当 $t \in [0, 1]$ 时有

$$\sup_u \left| P(S_n(t) \leqslant u) - \Phi(u) \right| \leqslant C \left\{ \gamma_{1n}^{1/3} + \gamma_{2n}^{1/3} + \gamma_{2n}^{\delta/2} + \gamma_{3n}^{1/3} + \gamma_{4n}^{1/2} + u(q) \right\}.$$

推论 3.6.1　在定理 3.6.1 条件下, 当 $t \in [0, 1]$ 时有

$$\sup_u \left| P(S_n(t) \leqslant u) - \Phi(u) \right| = \circ(1).$$

推论 3.6.2　设 $\delta = 2/3, \dfrac{2^m}{n} = O(n^{-\theta}), \sup\limits_{n \geqslant 1} \left(n^{\frac{12\lambda\theta + 6\lambda + 3\theta - 2}{2(12\lambda+4)}} \right) \sum\limits_{|j|>n} |a_j| < \infty$, $\dfrac{2\lambda+2}{4\lambda+1} < \theta \leqslant \min\left\{ \dfrac{2(\lambda-1)}{\lambda+1}, 1 \right\}, \lambda > 2$, 则在定理 3.6.1 条件下, 当 $t \in [0, 1]$ 时有

$$\sup_u \left| P(S_n(t) \leqslant u) - \Phi(u) \right| = O\left(n^{-\frac{2\lambda(2\theta-1)+\theta-2}{12\lambda+4}} \right). \tag{3.6.3}$$

特别当 $2 < \lambda < 3$ 以及 $\theta = \dfrac{2(\lambda - 1)}{\lambda + 1}$ 时, 有

$$\sup_u \left| P(S_n(t) \leqslant u) - \Phi(u) \right| = O\left(n^{-\frac{(3\lambda+1)(\lambda-2)}{(\lambda+1)(6\lambda+2)}} \right). \tag{3.6.4}$$

注 3.6.2 (i) 定理 3.6.1 推广了文献 (李永明和韦程东, 2009) 中的相应的结果, 主要是把假设误差 $\{\varepsilon_i\}$ 是强混合样本情形推广到误差 $\{\varepsilon_i\}$ 为线性过程 $\varepsilon_i = \sum_{s=-\infty}^{\infty} a_s e_{s-i}$, 其中这里的 $\{e_s\}$ 是 φ 混合序列.

(ii) 本书在 φ 混合序列生成的线性过程误差下得到的定理和推论是文献 (Li et al., 2008) 中在 φ 混合样本下的相应结果的推广和总结.

注 3.6.3 (i) 当 $\theta > 0$ 时, 易知 $\dfrac{2\lambda(2\theta-1)+\theta-2}{12\lambda+4}$ 关于 λ 是单调递增的函数, 从而当 λ 充分大时, $\dfrac{2\lambda(2\theta-1)+\theta-2}{12\lambda+4} \to \dfrac{2\theta-1}{6}$. 因此由关系式 (3.6.3), 当 θ 充分接近 1 时, 小波估计 (3.6.2) 的一致渐近正态速度达到 $O(n^{-1/6})$, 这与文献 (杨善朝和李永明, 2006) 中一般加权回归估计达到的速度和文献 (李永明和韦程东, 2009) 中小波估计量的相应的速度是同一数量级的.

(ii) 同样地, 我们知道 $\dfrac{(3\lambda+1)(\lambda-2)}{(\lambda+1)(6\lambda+2)}$ 关于 λ 也是单调递增函数. 由此根据关系式 (3.6.4), 当 θ 充分接近 3 时, 小波估计 (3.6.2) 的一致渐近正态速度达到 $O(n^{-1/8})$.

3.6.2 辅助引理

由关系式 (3.6.2) 可得

$$S_n = \sigma_n^{-1} \sum_{i=1}^n \varepsilon_i \int_{A_i} E_m(t,s)ds$$
$$= \sigma_n^{-1} \sum_{i=1}^n \int_{A_i} E_m(t,s)ds \sum_{j=-n}^n a_j e_{i-j} + \sigma_n^{-1} \sum_{i=1}^n \int_{A_i} E_m(t,s)ds \sum_{|j|>n} a_j e_{i-j}$$
$$\triangleq S_{1n} + S_{2n},$$

又由于

$$S_{1n} = \sum_{l=1-n}^{2n} \sigma_n^{-1} \left(\sum_{i=\max\{1,l-n\}}^{\min\{n,l+n\}} a_{i-l} \int_{A_i} E_m(t,s)ds \right) e_l \triangleq \sum_{l=1-n}^{2n} Z_{nl}$$

$$= S'_{1n} + S''_{1n} + S'''_{1n},$$

其中

$$S'_{1n} = \sum_{w=1}^{k} y_{nw}, \quad S''_{1n} = \sum_{w=1}^{k} y'_{nw}, \quad S'''_{1n} = y'_{nk+1},$$

$$y_{nw} = \sum_{i=m_w}^{m_w+p-1} Z_{ni}, \quad y'_{nw} = \sum_{i=l_w}^{l_w+q-1} Z_{ni}, \quad y'_{nk+1} = \sum_{i=k(p+q)-n+1}^{2n} Z_{ni},$$

$$m_w = (w-1)(p+q) + 1 - n, \quad l_w = (w-1)(p+q) + p + 1 - n, \ w = 1, \cdots, k.$$

则有

$$S_n = S'_{1n} + S''_{1n} + S'''_{1n} + S_{2n}.$$

为了证明本节主要结果, 我们先给出辅助引理.

引理 3.6.1 如果条件 3.6.1—条件 3.6.5 成立, 则有

$$\sigma_n^2(t) \geqslant C2^m n^{-1}, \quad \sigma_n^{-2}(t) \left| \int_{A_i} E_m(t,s)ds \right| \leqslant C.$$

证明 参见文献 (Li et al., 2008) 中引理 3.5 的证明, 此处省略.

引理 3.6.2 (Li et al., 2008) 在条件 3.6.3—条件 3.6.5 下, 成立

(i) $\left| \int_{A_i} E_m(t,s)ds \right| = O\left(\dfrac{2^m}{n}\right), i = 1, 2, \cdots, n;$

(ii) $\displaystyle\sum_{i=1}^{n} \left(\int_{A_i} E_m(t,s)ds \right)^2 = O\left(\dfrac{2^m}{n}\right);$

(iii) $\displaystyle\sup_m \int_0^1 |E_m(t,s)ds| \leqslant C;$

(iv) $\displaystyle\sum_{i=1}^{n} \left| \int_{A_i} E_m(t,s)ds \right| \leqslant C.$

引理 3.6.3 如果条件 3.6.1—条件 3.6.6 成立, 则有

(i) $E(S''_{1n})^2 \leqslant C\gamma_{1n}, \quad E(S'''_{1n})^2 \leqslant C\gamma_{2n}, \quad E(S_{2n})^2 \leqslant C\gamma_{3n};$

(ii) $P(|S''_{1n}| \geqslant \gamma_{1n}^{1/3}) \leqslant C\gamma_{1n}^{1/3}, \quad P(|S'''_{1n}| \geqslant \gamma_{2n}^{1/3}) \leqslant C\gamma_{2n}^{1/3},$
$P(|S_{2n}| \geqslant \gamma_{3n}^{1/3}) \leqslant C\gamma_{3n}^{1/3}.$

证明 根据引理 3.6.1 和引理 1.3.4, 在条件 3.6.1 和条件 3.6.6 下

$$E(S''_{1n})^2 \leqslant C \sum_{w=1}^{k} \sum_{i=l_w}^{l_w+q-1} \sigma_n^{-2} \left(\sum_{j=\max\{1,i-n\}}^{\min\{n,i+n\}} a_{j-i} \int_{A_j} E_m(t,s)ds \right)^2 Ee_i^2$$

$$\leqslant C \sum_{w=1}^{k} \sum_{i=l_w}^{l_w+q-1} \frac{2^m}{n} \left(\sum_{j=\max\{1,i-n\}}^{\min\{n,i+n\}} |a_{j-i}| \right)^2 \leqslant Ckq\frac{2^m}{n} \left(\sum_{j=-\infty}^{\infty} |a_j| \right)^2$$

$$\leqslant Cqp^{-1}2^m = C\gamma_{1n},$$

$$E(S_{1n}''')^2 \leqslant C \sum_{i=k(p+q)-n+1}^{2n} \sigma_n^{-2} \left(\sum_{j=\max\{1,i-n\}}^{\min\{n,i+n\}} a_{j-i} \int_{A_j} E_m(t,s)ds \right)^2 Ee_i^2$$

$$\leqslant C \sum_{i=k(p+q)-n+1}^{2n} \frac{2^m}{n} \left(\sum_{j=\max\{1,i-n\}}^{\min\{n,i+n\}} |a_{j-i}| \right)^2$$

$$\leqslant C(3n - k(p+q))\frac{2^m}{n} \left(\sum_{j=-\infty}^{\infty} |a_j| \right)^2$$

$$\leqslant Cp \cdot \frac{2^m}{n} = C\gamma_{2n}. \tag{3.6.5}$$

再根据引理 3.6.2 (iv), 当 $Ee_0^2 < \infty$ 时, 利用文献 (Liang and Li, 2008) 中关于 ES_{2n}^2 的处理过程, 可以得到

$$ES_{2n}^2 \leqslant C\gamma_{3n}.$$

从而引理 3.6.3 (i) 得证.

另一方面, 根据上述的结果, 再利用 Markov 不等式即得引理 3.6.3 (ii). 从而引理 3.6.3 证明完毕.

引理 3.6.4　在条件 3.6.1—条件 3.6.6 下, 记 $s_n^2 = \sum_{w=1}^{k} \mathrm{Var}(y_{nw})$, 则有

$$\left| s_n^2 - 1 \right| \leqslant C \left(\gamma_{1n}^{1/2} + \gamma_{2n}^{1/2} + \gamma_{3n}^{1/2} + u(q) \right).$$

证明　记 $\Gamma_n = \sum_{1 \leqslant i < j \leqslant k} \mathrm{Cov}(y_{ni}, y_{nj})$, 则有

$$s_n^2 = E(S_{1n}')^2 - 2\Gamma_n.$$

根据 $E(S_n)^2 = 1$ 以及引理 3.6.2(i), 可得

$$\left| E(S_{1n}')^2 - 1 \right| = \left| E\left(S_{1n}'' + S_{1n}''' + S_{2n}\right)^2 - 2E\left\{S_n\left(S_{1n}'' + S_{1n}''' + S_{2n}\right)\right\} \right|$$

$$\leqslant C \left(\gamma_{1n}^{1/2} + \gamma_{2n}^{1/2} + \gamma_{3n}^{1/2} \right). \tag{3.6.6}$$

接下来利用 φ 混合序列的基本不等式, 见文献 (Lin and Lu, 1996) 中引理 1.2.8, 以及引理 3.6.1 和引理 3.6.2(iv), 在条件 3.6.1 下, 可以证得

$$|\Gamma_n| \leqslant \sum_{1 \leqslant i < j \leqslant k} \sum_{s_1=k_i}^{k_i+p-1} \sum_{t_1=k_j}^{k_j+p-1} |\mathrm{Cov}(Z_{ns_1}, Z_{nt_1})|$$

$$\leqslant \sum_{1 \leqslant i < j \leqslant k} \sum_{s_1=k_i}^{k_i+p-1} \sum_{t_1=k_j}^{k_j+p-1} \sum_{u=\max\{1,s_1-n\}}^{\min\{n,s_1+n\}} \sum_{v=\max\{1,t_1-n\}}^{\min\{n,t_1+n\}} \sigma_n^{-2}$$

$$\cdot \left| \int_{A_u} E_m(t,s)ds \int_{A_v} E_m(t,s)ds \right| \cdot |a_{u-s_1} a_{v-t_1}| |\mathrm{Cov}(e_{s_1}, e_{t_1})|$$

$$\leqslant \sum_{1 \leqslant i < j \leqslant k} \sum_{s_1=k_i}^{k_i+p-1} \sum_{t_1=k_j}^{k_j+p-1} \sum_{u=\max\{1,s_1-n\}}^{\min\{n,s_1+n\}} \sum_{v=\max\{1,t_1-n\}}^{\min\{n,t_1+n\}} \left| \int_{A_u} E_m(t,s)ds \right|$$

$$\cdot |a_{u-s_1} a_{v-t_1}| \cdot \varphi^{1/2}(s_1 - t_1) \|e_{t_1}\|_2 \cdot \|e_{s_1}\|_2$$

$$\leqslant C \sum_{i=1}^{k-1} \sum_{s_1=k_i}^{k_i+p-1} \sum_{u=\max\{1,s_1-n\}}^{\min\{n,s_1+n\}} \left| \int_{A_u} E_m(t,s)ds \right| |a_{u-s_1}| \sum_{j=i+1}^{k} \sum_{t_1=k_j}^{k_j+p-1} \varphi^{1/2}(s_1 - t_1)$$

$$\cdot \sum_{v=\max\{1,t_1-n\}}^{\min\{n,t_1+n\}} |a_{v-t_1}|$$

$$\leqslant C \sum_{i=1}^{k-1} \sum_{s_1=k_i}^{k_i+p-1} \sum_{u=\max\{1,s_1-n\}}^{\min\{n,s_1+n\}} \left| \int_{A_u} E_m(t,s)ds \right| |a_{u-s_1}| \sum_{j \geqslant q} \varphi^{1/2}(j)$$

$$\leqslant Cu(q) \sum_{i=1}^{k-1} \sum_{s_1=k_i}^{k_i+p-1} \sum_{u=1}^{n} \left| \int_{A_u} E_m(t,s)ds \right| |a_{u-s_1}|$$

$$\leqslant Cu(q) \sum_{u=1}^{n} \left| \int_{A_u} E_m(t,s)ds \right| \left(\sum_{i=1}^{k-1} \sum_{s_1=k_i}^{k_i+p-1} |a_{u-s_1}| \right) \leqslant Cu(q). \tag{3.6.7}$$

因此, 根据关系式 (3.6.6) 和 (3.6.7), 得到

$$|s_n^2 - 1| \leqslant |E(S'_{1n})^2 - 1| + 2|\Gamma_n| \leqslant C(\gamma_{1n}^{1/2} + \gamma_{2n}^{1/2} + \gamma_{3n}^{1/2} + u(q)).$$

假设 $\{\eta_{nw}, w = 1, \cdots, k\}$ 是独立随机变量, $\eta_{nw} \overset{\mathcal{D}}{=} y_{nw}$. 记 $T_n = \sum_{w=1}^{k} \eta_{nw}$, 则有下面引理.

引理 3.6.5　在引理 3.6.4 的条件下, 有

$$\sup_u |P\left(T_n/s_n \leqslant u\right) - \Phi(u)| \leqslant C\gamma_{2n}^{\delta/2}.$$

证明　利用 Berry-Esseen 不等式 (Petrov, 1996, 定理 5.7), 可得

$$\sup_u |P\left(T_n/s_n \leqslant u\right) - \Phi(u)| \leqslant C\frac{\sum\limits_{w=1}^{k} E|y_{nw}|^r}{s_n^r}, \quad 2 < r \leqslant 3. \tag{3.6.8}$$

根据引理 3.6.1 和引理 1.3.4, 当 $q = 2 + \delta$ 时, 由 C_r-不等式, 可得

$$\sum_{w=1}^{k} E|y_{nw}|^{2+\delta}$$

$$\leqslant C \sum_{w=1}^{k} \sum_{j=m_w}^{m_w+p-1} \left| \sum_{i=\max\{1,j-n\}}^{\min\{n,j+n\}} \sigma_n^{-1} a_{i-j} \int_{A_i} E_m(t,s)ds \right|^{2+\delta} E|e_j|^{2+\delta}$$

$$+ C \sum_{w=1}^{k} \left(\sum_{j=m_w}^{m_w+p-1} \left(\sum_{i=\max\{1,j-n\}}^{\min\{n,j+n\}} \sigma_n^{-1} a_{i-j} \int_{A_i} E_m(t,s)ds \right)^2 E e_j^2 \right)^{1+\delta/2}$$

$$\leqslant C\sigma_n^{-(2+\delta)} \sum_{w=1}^{k} \sum_{j=m_w}^{m_w+p-1} \sum_{i=\max\{1,j-n\}}^{\min\{n,j+n\}} \left| a_{i-j} \int_{A_i} E_m(t,s)ds \right|$$

$$\cdot \left| \sum_{i=\max\{1,j-n\}}^{\min\{n,j+n\}} a_{i-j} \int_{A_i} E_m(t,s)ds \right|^{1+\delta}$$

$$+ C \sum_{w=1}^{k} \left(\sum_{j=m_w}^{m_w+p-1} \left(\sum_{i=\max\{1,j-n\}}^{\min\{n,j+n\}} \sigma_n^{-1} a_{i-j} \int_{A_i} E_m(t,s)ds \right)^2 \right)^{1+\delta/2}$$

$$\leqslant C \left(\frac{2^m}{n} \right)^{\delta/2} \sum_{i=1}^{n} \left| \int_{A_i} E_m(t,s)ds \right| \left(\sum_{w=1}^{k} \sum_{j=m_w}^{m_w+p-1} |a_{i-j}| \right)$$

$$+ Cp^{\delta/2} \sum_{w=1}^{k} \sum_{j=m_w}^{m_w+p-1} \left(\sum_{i=\max\{1,j-n\}}^{\min\{n,j+n\}} \sigma_n^{-1} a_{i-j} \int_{A_i} E_m(t,s)ds \right)^{2+\delta}$$

$$\leqslant C\left(\frac{2^m}{n}\right)^{\delta/2}+Cp^{\delta/2}\sigma_n^{-(2+\delta)}\sum_{w=1}^{k}\sum_{j=m_w}^{m_w+p-1}\sum_{i=\max\{1,j-n\}}^{\min\{n,j+n\}}|a_{i-j}|\left|\int_{A_i}E_m(t,s)ds\right|$$

$$\cdot\left|\sum_{i=\max\{1,j-n\}}^{\min\{n,j+n\}}a_{i-j}\int_{A_i}E_m(t,s)ds\right|^{1+\delta}$$

$$\leqslant C\left(\frac{2^m}{n}\right)^{\delta/2}+C\left(\frac{2^m}{n}\right)^{\delta/2}p^{\delta/2}\sum_{i=1}^{n}\left|\int_{A_i}E_m(t,s)ds\right|\left(\sum_{w=1}^{k}\sum_{j=m_w}^{m_w+p-1}|a_{i-j}|\right)$$

$$\leqslant C\left(\frac{2^m}{n}\right)^{\delta/2}p^{\delta/2}=C\gamma_{2n}^{\delta/2}. \tag{3.6.9}$$

因此, 结合引理 3.6.4、关系式 (3.6.8) 和 (3.6.9) 即得所证结果.

引理 3.6.6　在引理 3.6.4 的条件下, 有

$$\sup_{u}|P(S'_{1n}\leqslant u)-P(T_n\leqslant u)|\leqslant C\left\{\gamma_{2n}^{\delta/2}+\gamma_{4n}^{1/2}\right\}.$$

证明　假设 $\phi_1(t)$ 和 $\psi_1(t)$ 分别是随机变量 S'_{1n} 和 T_n 的特征函数. 根据引理 3.6.1、引理 1.3.5 和引理 3.6.2, 在假设 3.6.1 下有

$$|\phi_1(t)-\psi_1(t)|$$
$$=\left|E\exp\left(\mathbf{i}t\sum_{w=1}^{k}y_{nw}\right)-\prod_{w=1}^{k}E\exp(\mathbf{i}ty_{nw})\right|\leqslant C|t|\varphi(q)\sum_{w=1}^{k}E|y_{nw}|$$
$$\leqslant C|t|\varphi(q)\sum_{w=1}^{k}\left\{E\left(\sum_{i=m_w}^{m_w+p-1}\sigma_n^{-1}\sum_{j=\max\{1,i-n\}}^{\min\{n,i+n\}}a_{j-i}\int_{A_j}E_m(t,s)ds|e_i|\right)\right\}$$
$$\leqslant C|t|\varphi(q)\sigma_n^{-1}\sum_{w=1}^{k}\sum_{i=m_w}^{m_w+p-1}\sum_{j=\max\{1,i-n\}}^{\min\{n,i+n\}}|a_{j-i}|\left|\int_{A_j}E_m(t,s)ds\right|$$
$$\leqslant C|t|kp\varphi(q)\left(\frac{2^m}{n}\right)^{1/2}\left(\sum_{l=-\infty}^{\infty}|a_l|\right)\leqslant C|t|\gamma_{4n}.$$

因此可得

$$\int_{-T}^{T}\left|\frac{\phi_1(t)-\psi_1(t)}{t}\right|dt\leqslant C\gamma_{4n}T. \tag{3.6.10}$$

根据文献 (Liang and Li, 2008, 第 1764 页, 引理 3.4), 再由引理 3.6.5, 可得

$$T \sup_u \int_{|y| \leqslant c/T} |P(T_n \leqslant u + y) - P(T_n \leqslant u)| \, dy \leqslant C\{\gamma_{2n}^{\delta/2} + 1/T\}. \qquad (3.6.11)$$

由此及关系式 (3.6.10), (3.6.11), 选取 $T = \gamma_{4n}^{-1/2}$, 则有

$$\sup_u |P(S'_{1n} \leqslant u) - P(T_n \leqslant u)|$$

$$\leqslant \int_{-T}^{T} \left| \frac{\phi_1(t) - \psi_1(t)}{t} \right| dt + T \sup_u \int_{|y| \leqslant c/T} |P(T_n \leqslant u + y) - P(T_n \leqslant u)| \, dy$$

$$\leqslant C\{\gamma_{4n} T + \gamma_{2n}^{\delta/2} + 1/T\} = C\{\gamma_{2n}^{\delta/2} + \gamma_{4n}^{1/2}\}.$$

证明完毕.

3.6.3　定理的证明

定理 3.6.1 的证明　由文献 (Liang and Li, 2008) 中定理 2.1 的证明方法, 再根据引理 3.6.2—引理 3.6.4 可得

$$\sup_u \left| P(S'_{1n} \leqslant u) - \Phi(u) \right| \leqslant C \left\{ \gamma_{1n}^{1/2} + \gamma_{2n}^{1/2} + \gamma_{2n}^{\delta/2} + \gamma_{3n}^{1/2} + \gamma_{4n}^{1/2} + u(q) \right\}.$$

这样利用引理 3.6.3(ii) 和引理 1.3.25, 有

$$\sup_u \left| P(S_n \leqslant u) - \Phi(u) \right|$$

$$\leqslant C \Bigg\{ \sup_u |P(S'_{1n} \leqslant u) - \Phi(u)| + \sum_{i=1}^{3} \gamma_{in}^{1/3} + P\left(|S''_{1n}| \geqslant \gamma_{1n}^{1/3} \right)$$

$$+ P\left(|S'''_{1n}| \geqslant \gamma_{2n}^{1/3} \right) + P\left(|S_{2n}| \geqslant \gamma_{3n}^{1/3} \right) \Bigg\}$$

$$\leqslant C \left\{ \gamma_{1n}^{1/3} + \gamma_{2n}^{1/3} + \gamma_{2n}^{\delta/2} + \gamma_{3n}^{1/3} + \gamma_{4n}^{1/2} + u(q) \right\}.$$

定理证明完毕.

推论 3.6.1 的证明　根据条件 3.6.1 容易得到 $\sum_{j=1}^{\infty} \varphi^{1/2}(j) < \infty$, 从而有 $u(q) \to 0$. 由此推论 3.6.1 得证.

推论 3.6.2 的证明　令 $p = [n^\tau], q = [n^{2\tau-1}]$. 选取 $\tau = \dfrac{1}{2} + \dfrac{4+\theta}{12\lambda+4}$, 由 $\theta > \dfrac{2\lambda+2}{4\lambda+1}$ 可得 $\tau < \theta$. 因此有

$$\gamma_{1n}^{1/3} = \gamma_{2n}^{1/3} = O\left(n^{-\frac{(\theta-\tau)}{3}} \right) = O\left(n^{-\frac{2\lambda(2\theta-1)+\theta-2}{12\lambda+4}} \right), \qquad (3.6.12)$$

$$\gamma_{3n}^{1/3} = n^{-\frac{2\lambda(2\theta-1)+\theta-2}{12\lambda+4}} \left(n^{\frac{12\lambda\theta+6\lambda+3\theta-2}{2(12\lambda+4)}} \sum_{|j|>n} |a_j| \right)^{2/3} = O\left(n^{-\frac{2\lambda(2\theta-1)+\theta-2}{12\lambda+4}} \right),$$

$$\gamma_{4n}^{1/2} = O\left(n^{-\frac{(4\tau-2)\lambda+\theta-2}{4}} \right) = O\left(n^{-\frac{2\lambda(2\theta-1)+\theta-2}{12\lambda+4}} \right), \tag{3.6.13}$$

$$u(q) = O\left(\sum_{j=q}^{\infty} j^{-\lambda/2} \right) = O\left(q^{-\lambda/2+1} \right) = O\left(n^{-\frac{(4+\theta)(\lambda-2)}{12\lambda+4}} \right). \tag{3.6.14}$$

另外, 由 $\theta \leqslant \dfrac{2(\lambda-1)}{\lambda+1}$、关系式 (3.6.14) 可得

$$u(q) = O\left(n^{-\frac{(4+\theta)(\lambda-2)}{12\lambda+4}} \right) \leqslant O\left(n^{-\frac{2\lambda(2\theta-1)+\theta}{12\lambda+4}} \right). \tag{3.6.15}$$

从而, 根据定理 3.6.1 以及关系式 (3.6.12)—(3.6.15), 证得推论 3.6.2.

第 4 章　相依误差下半参数模型小波估计和 M 估计

本章在强混合及其生成的线性过程误差、正相协和负相协误差下, 给出了半参数回归函数模型的小波估计的弱收敛速度、强一致相合性以及 Berry-Esseen 界. 在正相协下, 讨论了非线性模型的 M 估计的强相合性.

4.1　NA 误差下半参数回归模型小波估计的强相合性

对于固定设计回归模型:

$$y_i = x_i\beta + g(t_i) + e_i, \quad 1 \leqslant i \leqslant n, \tag{4.1.1}$$

其中 (x_i, t_i) 为 $\mathbb{R} \times [0,1]$ 上固定的非随机设计点列, β 是未知待估回归参数, $g(t)$ 是定义在闭区间 $[0,1]$ 上的未知函数, $\{e_i, 1 \leqslant i \leqslant n\}$ 是均值为 0 的随机误差. 文献 (任哲和陈明华 2002; 李永明, 2004) 综合最小二乘法和一般的非参数权估计方法讨论了半参数回归模型在 NA 误差序列下的一些大样本性质.

钱伟民和柴根象 (1999, 2000) 已将小波光滑成功地应用到半参数回归模型中的 β, $g(\cdot)$ 和误差方差的估计中, 得到了一些重要的大样本性质. 本节把小波光滑和最小二乘法等结合在一起, 在误差 $\{e_i\}$ 为 NA 序列的条件下, 得到了 β, $g(\cdot)$ 的小波估计的统计量 $\hat{\beta}$, $\hat{g}(t)$, 并对其强一致相合性进行了讨论, 得到了比较理想的结果.

为了方便, 仍采用文献 (钱伟民和柴根象, 1999) 中的记号和定义. 设有某个给定的刻度函数 $\phi(\cdot) \in S_l$ (阶为 l 的 Schwarz 空间), 相伴 $L^2(R)$ 的多尺度分析为 $\{V_m\}$, V_m 的再生核为

$$E_m(t,s) = 2^m E_0(2^m t, 2^m s) = 2^m \sum_{k \in Z} \phi(2^m t - k)\phi(2^m s - k). \tag{4.1.2}$$

又 (4.1.1) 式可写为

$$y_i - x_i\beta = g(t_i) + e_i, \quad i = 1, 2, \cdots, n. \tag{4.1.3}$$

记 $A_i = (s_{i-1}, s_i]$ 为 $(0,1]$ 上的分割 $s_i = \frac{1}{2}(t_i + t_{i+1})$, 且 $t_i \in A_i$, $1 \leqslant i \leqslant n$. 当 β

已知时, 可定义 $g(\cdot)$ 的估计为

$$\hat{g}_n(t) \triangleq \hat{g}_n(t, \beta) = \sum_{i=1}^{n}(y_i - x_i\beta)\int_{A_i} E_m(t,s)ds. \tag{4.1.4}$$

记

$$\widetilde{x}_i = x_i - \sum_{i=1}^{n} x_i \int_{A_i} E_m(t,s)ds, \quad \widetilde{y}_i = y_i - \sum_{i=1}^{n} y_i \int_{A_i} E_m(t,s)ds,$$

$$\widetilde{e}_i = g(t_i) - \hat{g}_n(t_i) + e_i, \quad i = 1, 2, \cdots, n.$$

求 $\sum_{i=1}^{n}(y_i - x_i\beta - \hat{g}_n(t_i))^2$ 达到最小值的解. 利用偏残差法和最小二乘法, 知 β 的估计为

$$\widetilde{\beta}_n = S_n^{-2}\sum_{i=1}^{n} \widetilde{x}_i\widetilde{y}_i, \tag{4.1.5}$$

其中 $S_n^2 = \sum_{i=1}^{n}(\widetilde{x}_i)^2$, $\hat{g} = (\hat{g}(t_1), \hat{g}(t_2), \cdots, \hat{g}(t_n))^{\mathrm{T}}$ 为 g 的估计. 最后定义 $g(\cdot)$ 的线性小波估计为

$$g_n(t) \triangleq \hat{g}_n(t, \widetilde{\beta}_n) = \sum_{i=1}^{n}(y_i - x_i\widetilde{\beta}_n)\int_{A_i} E_m(t,s)ds. \tag{4.1.6}$$

4.1.1 假设条件和主要结果

在本节, 假设 $g(t)$ 在闭区间 $I = [0,1]$ 上连续, 并且还需要下列条件:

条件 4.1.1 (i) 当 $n > N_1$ (N_1 为某自然数) 时, $C_1 \leqslant S_n^2/n \leqslant C_2$;

(ii) $\max\limits_{1\leqslant i\leqslant n} |\widetilde{x}_i| = O(\sqrt{n}(\log n)^{-1})$;

(iii) $\sum_{i=1}^{n} |\widetilde{x}_i|/S_n^2 \leqslant C < \infty$.

条件 4.1.2 (i) $\sup\limits_{t\in I}\sum_{i=1}^{n}\left|x_i\int_{A_i} E_m(t,s)ds\right| \leqslant C$, $\left|\int_{A_i} E_m(t,s)ds\right| = O\left(\dfrac{2^m}{n}\right)$, $i = 1, 2, \cdots$;

(ii) $\max\limits_{1\leqslant i\leqslant n}(s_i - s_{i-1}) = O(n^{-1})$ 且 $2^m = O(n^{1/3})$;

(iii) $g(\cdot)$ 满足 $\alpha > 0$ 阶 Lipschitz 条件;

(iv) $\phi(\cdot) \in S_q$, $\phi(\cdot)$ 满足一阶 Lipschitz 条件.

条件 4.1.3 $E\left(\sum_{i=1}^{n} e_i^2\right) = O(n^{1/3-\theta})$, $0 < \theta < 1/3$.

定理 4.1.1 对模型 (4.1.1) 式, 若条件 4.1.1—条件 4.1.3 满足, 且 $\{e_i, i \geqslant 1\}$ 为同分布 NA 序列, 则

$$\widetilde{\beta}_n \to \beta, \quad \text{a.s.,} \tag{4.1.7}$$

$$\lim_{n\to\infty}\sup_{t\in I}|\widetilde{g}_n(t)-g(t)|=0,\quad \text{a.s..} \tag{4.1.8}$$

注 4.1.1　定理 4.1.1 与文献 (李永明, 2004) 中的定理 1 结果较为一致, 而且条件 4.1.1、条件 4.1.2 是平凡的, 说明小波估计是一种可与其他估计方法比较的一种估计方法.

引理 4.1.1 (钱伟民和柴根象, 1999)　设 $\{e_i, i\geqslant 1\}$ 是同分布的 NA 序列, 且 $E|e_1|^p<\infty\ (\exists p>0)$. 若记

$$e'=e_iI(|e_i|\leqslant \varepsilon i^{\frac{1}{p}})+\varepsilon i^{\frac{1}{p}}I(e_i>\varepsilon i^{\frac{1}{p}})-\varepsilon i^{\frac{1}{p}}I(e_i<-\varepsilon i^{\frac{1}{p}}), \tag{4.1.9}$$

$$e''=e_i-e_i'=(e_i-\varepsilon i^{\frac{1}{p}})I(e_i>\varepsilon i^{\frac{1}{p}})+(e_i-\varepsilon i^{\frac{1}{p}})I(e_i<-\varepsilon i^{\frac{1}{p}}), \tag{4.1.10}$$

其中 ε 为任给的某个正数, 则 $\{e_i'\}$, $\{e''\}$ 都为 NA 变量, 且 $\sum_{i=1}^{\infty}|e_i''|$ a.s. 收敛.

引理 4.1.2 (Walter, 1994)　设 $\phi\in S_q$, 则

(i)　$\displaystyle\int_0^1 E_m(x,y)dy\to 1$ 对 $x\in[0,1]$ 一致成立, $m\to\infty$;

(ii)　$\displaystyle\sup_{m\geqslant 1}\int_0^1|E_m(x,y)|dy<\infty$;

(iii)　$\displaystyle\int_0^1|E_m(x,y)|I(|x-y|>\varepsilon)dy\to 0$, 对 $x\in[0,1]$ 一致成立, $\forall\varepsilon$, $m\to\infty$.

4.1.2　定理的证明

定理 4.1.1 的证明　由 (4.1.1) 和 (4.1.4) 式得

$$\hat{g}_n(t)=\sum_{i=1}^n g(t_i)\int_{A_i}E_m(t,s)ds+\sum_{i=1}^n e_i\int_{A_i}E_m(t,s)ds,$$

所以

$$E\hat{g}_n(t)=\sum_{i=1}^n g(t_i)\int_{A_i}E_m(t,s)ds,$$

且

$$\hat{g}_n(t)-E\hat{g}_n(t)=\sum_{i=1}^n e_i\int_{A_i}E_m(t,s)ds\triangleq Q_n(t). \tag{4.1.11}$$

由 $g(t)$ 在闭区间 I 上连续知 $g(t)$ 在 I 上有界. 设 $|g(t)|\leqslant c<\infty$. 则对任意的 $\delta>0$, 有

$$\sup_{t\in I}|E\hat{g}_n(t)-g(t)|=\sup_{t\in I}\left|\sum_{i=1}^n\Big(g(t_i)-g(t)\Big)\int_{A_i}E_m(t,s)ds\right|$$

$$\leqslant 2c \sup_{t \in I} \sum_{i=1}^{n} \int_{A_i} \mid E_m(t,s) \mid I(|t_i - t| > \delta) ds$$

$$+ \sup_{t \in I} \left| \sum_{i=1}^{n} (g(t_i) - g(t)) I(|t_i - t| \leqslant \delta) \cdot \int_{A_i} E_m(t,s) ds \right|.$$

由引理 4.1.2 及 $g(t)$ 的连续性, 取 $\delta > 0$ 充分小, 可得

$$\lim_{n \to \infty} \sup_{t \in I} \mid E\hat{g}_n(t) - g(t) \mid = 0. \tag{4.1.12}$$

从而由 (4.1.11) 和 (4.1.12) 式, 得

$$\sup_{t \in I} |\hat{g}_n(t) - g(t)| \leqslant \sup_{t \in I} |\hat{g}_n(t) - E\hat{g}_n(t)| + \sup_{t \in I} |E\hat{g}_n(t) - g(t)|$$

$$\leqslant \sup_{t \in I} |Q_n(t)| + o(1). \tag{4.1.13}$$

另外, 由 (4.1.4) 式得

$$\sum_{i=1}^{n} y_i \int_{A_i} E_m(t,s) ds = \hat{g}_n(t) + \sum_{i=1}^{n} x_i \beta \int_{A_i} E_m(t,s) ds.$$

再由 (4.1.1) 式有

$$\widetilde{y}_i = y_i - \sum_{j=1}^{n} y_j \int_{A_j} E_m(t_i, s) ds$$

$$= x_i \beta + g(t_i) + e_i - \hat{g}_n(t_i) - \sum_{j=1}^{n} x_j \beta \int_{A_j} E_m(t_i, s) ds$$

$$= \widetilde{x}_i \beta + e_i + g(t_i) - \hat{g}_n(t_i),$$

所以

$$\widetilde{\beta}_n - \beta = \sum_{i=1}^{n} \widetilde{x}_i e_i / S_n^2 + \sum_{i=1}^{n} \widetilde{x}_i \left(g(t_i) - \hat{g}_n(t_i) \right) / S_n^2.$$

由此以及条件 4.1.1 (iii) 和 (4.1.13) 式, 令 $T_n \overset{\Delta}{=} S_n^{-2} \sum_{i=1}^{n} \widetilde{x}_i e_i$, 得

$$|\widetilde{\beta}_n - \beta| \leqslant |T_n| + \sup_{t \in I} |g(t) - \hat{g}_n(t)| \sum_{i=1}^{n} |\widetilde{x}_i| / S_n^2$$

$$\leqslant |T_n| + C_3 \sup_{t \in I} |Q_n(t)| + o(1). \tag{4.1.14}$$

又由 (4.1.2)、(4.1.4) 式和条件 4.1.2(i), 有

$$\sup_{t \in I} \left| \widetilde{g}_n(t) - \widehat{g}_n(t) \right| = \sup_{t \in I} \left| \sum_{i=1}^{n} x_i \int_{A_i} E_m(t,s) ds (\beta - \widetilde{\beta}_n) \right|$$

$$\leqslant \sup_{t \in I} \sum_{i=1}^{n} \left| x_i \int_{A_i} E_m(t,s) ds \right| \cdot |\beta - \widetilde{\beta}_n| \leqslant C_4 |\beta - \widetilde{\beta}_n|. \tag{4.1.15}$$

联合 (4.1.13) 和 (4.1.15) 式得

$$\sup_{t \in I} \left| \widetilde{g}_n(t) - g(t) \right| \leqslant C \left\{ |\beta - \widetilde{\beta}_n| + \sup_{t \in I} |Q_n(t)| + o(1) \right\}. \tag{4.1.16}$$

由 (4.1.14) 和 (4.1.16) 式知, 为证明

$$\lim_{n \to \infty} \widetilde{\beta}_n = \beta, \text{ a.s.} \quad \text{和} \quad \lim_{n \to \infty} \sup_{t \in I} \left| \widetilde{g}_n(t) - g(t) \right| = 0, \text{ a.s.},$$

只需证明下面两个式子

$$\lim_{n \to \infty} |T_n| = 0, \quad \text{a.s.}, \tag{4.1.17}$$

$$\lim_{n \to \infty} \sup_{t \in I} |Q_n(t)| = 0, \quad \text{a.s..} \tag{4.1.18}$$

下面先证 (4.1.17) 式. 对任意的 $\varepsilon > 0$, 令

$$e' = e_i I(|e_i| \leqslant \varepsilon i^{\frac{1}{p}}) + \varepsilon i^{\frac{1}{p}} I(e_i > \varepsilon i^{\frac{1}{p}}) - \varepsilon i^{\frac{1}{p}} I(e_i < -\varepsilon i^{\frac{1}{p}}),$$

$$e'' = e_i - e_i' = (e_i - \varepsilon i^{\frac{1}{p}}) I(e_i > \varepsilon i^{\frac{1}{p}}) + (e_i - \varepsilon i^{\frac{1}{p}}) I(e_i < -\varepsilon i^{\frac{1}{p}}),$$

则 $e_i = e_i' + e_i''$. 记

$$e_{ni} = \left(\frac{\widetilde{x}_i}{S_n^2} \right)^+ (e_i' - E e_i') + \left(\frac{\widetilde{x}_i}{S_n^2} \right)^- (e_i' - E e_i') = e_{ni}^{(1)} + e_{ni}^{(2)}.$$

由 NA 的性质知 $\left\{ e_{ni}^{(1)} \right\}$ 和 $\left\{ e_{ni}^{(2)} \right\}$ 都是 NA 的, 且 $E e_{ni}^{(k)} = 0, k = 1, 2$. 又由条件 4.1.1 知

$$|e_{ni}^{(k)}| \leqslant 2\varepsilon \cdot n^{\frac{1}{2}} \max_{1 \leqslant i \leqslant n} \left| \frac{\widetilde{x}_i}{S_n^2} \right|$$

$$\leqslant 2\varepsilon \cdot n^{\frac{1}{2}} \max_{1 \leqslant i \leqslant n} \frac{|\widetilde{x}_i|}{\sqrt{n}} \cdot \frac{\sqrt{n}}{S_n^2} \leqslant \varepsilon \cdot C_5 (\log n)^{-1}, \tag{4.1.19}$$

$$\sum_{i=1}^{n} \mathrm{Var} e_{ni}^{(k)} \leqslant \sum_{i=1}^{n} \left(\frac{\widetilde{x}_i}{S_n^2} \right)^2 E(e_i')^2 \leqslant \sigma^2 \left(\sum_{i=1}^{n} \frac{\widetilde{x}_i}{S_n^2} \right) \cdot \max_{1 \leqslant i \leqslant n} \left| \frac{\widetilde{x}_i}{S_n^2} \right|$$

$$\leqslant C_6 \frac{1}{\sqrt{n} \log n}, \quad k = 1, 2. \tag{4.1.20}$$

由引理 1.3.16 知, 对任意的 $\mu > 0$, 取 $0 < \varepsilon < \dfrac{\mu}{2C_7}$, 当 n 充分大时有

$$P\left\{ \left| \sum_{i=1}^{n} e_{ni} \right| \geqslant 2\mu \right\} \leqslant P\left\{ \left| \sum_{i=1}^{n} e_{ni}^{(1)} \right| \geqslant \mu \right\} + P\left\{ \left| \sum_{i=1}^{n} e_{ni}^{(2)} \right| \geqslant \mu \right\}$$

$$\leqslant 4 \exp \left\{ - \frac{\mu^2}{2\left[\dfrac{2C_6}{\sqrt{n} \log n} + \dfrac{\varepsilon \cdot C_5}{\log n} \cdot \mu \right]} \right\}$$

$$\leqslant 4 \exp \left\{ - \frac{\mu^2}{C_7 \cdot \varepsilon \mu \cdot (\log n)^{-1}} \right\}$$

$$\leqslant 4n^{-2}. \tag{4.1.21}$$

根据 Borel-Cantelli 引理有

$$\sum_{i=1}^{n} e_{ni} \to 0, \quad \text{a.s.}. \tag{4.1.22}$$

再由引理 4.1.2 得

$$\left| \sum_{j=1}^{n} \frac{\widetilde{x}_i}{S_n^2} e_i'' \right| \leqslant \left(\max_{1 \leqslant i \leqslant n} \left| \frac{\widetilde{x}_i}{S_n^2} \right| \right) \left(\sum_{i=1}^{n} |e_i''| \right) = O\left(\log n^{-1} \cdot n^{-\frac{1}{2}} \right) \tag{4.1.23}$$

且

$$\left| \sum_{j=1}^{n} \frac{\widetilde{x}_i}{S_n^2} E e_i'' \right| \leqslant \left(\max_{1 \leqslant i \leqslant n} \left| \frac{\widetilde{x}_i}{S_n^2} \right| \right) \left(\sum_{j=1}^{n} E|e_i| I\left(|e_i| > i^{\frac{1}{2}} \right) \right)$$

$$\leqslant C \cdot n^{-\frac{1}{2}} (\log n)^{-1} \sum_{i=1}^{n} i^{-\frac{1}{2}} E(e_i^2) I\left(|e_i| > i^{\frac{1}{2}} \right)$$

$$\leqslant Cn^{-\frac{1}{2}} (\log n)^{-1} \sum_{i=1}^{n} i^{-\frac{1}{2}} \leqslant C \cdot (\log n)^{-1}. \tag{4.1.24}$$

由 (4.1.22)—(4.1.24) 式知

$$|T_n| = \left| \sum_{i=1}^n e_{ni} + \sum_{i=1}^n \frac{\tilde{x}_i}{S_n^2} e_i'' - \sum_{i=1}^n \frac{\tilde{x}_i}{S_n^2} E e_i'' \right| \to 0, \quad n \to \infty, \text{ a.s..}$$

从而证得 (4.1.17) 式.

下面证 (4.1.18) 式. 由林正炎等 (1999, 第 15 页推论 5.2) 知, 只要证

$$\sum_{n=1}^\infty E \sup_{t \in I} Q_n^2(t) < \infty. \tag{4.1.25}$$

设 $I_k^{(n)} = \left\{ t \big| |t - t_k^{(n)}| < n^{-\lambda} \right\}$, 其中 $t_k^{(n)} \in I$ 且 $\lambda > 0$ 为待定系数, 由 $I = [0,1]$ 是闭区间, 从而是紧集, 所以存在个数不超过 $O(n^\lambda)$ 的这样的开邻域覆盖闭区间 I. 不妨设开邻域 $I_k^{(n)}, 1 \leqslant k \leqslant n^\lambda$ 覆盖闭区间 I, 且对任意 $\mu, \nu \in I_k^{(n)}$, 当 n 充分大时有 $\int_{A_i} E_m(\mu, s) ds = \int_{A_i} E_m(\nu, s) ds$. 从而

$$\sup_{t \in I} Q_n^2(t) = \max_{1 \leqslant k \leqslant n^\lambda} \sup_{t \in I_k^{(n)}} \left(\sum_{i=1}^n e_i \int_{A_i} E_m(t, s) ds \right)^2$$

$$\leqslant 2 \cdot \max_{1 \leqslant k \leqslant n^\lambda} \sup_{t \in I_k^{(n)}} \left[\sum_{i=1}^n e_i \left(\int_{A_i} E_m(t, s) ds - \int_{A_i} E_m(t_k^{(n)}, s) ds \right) \right]^2$$

$$+ 2 \cdot \max_{1 \leqslant k \leqslant n^\lambda} \left(\sum_{i=1}^n e_i \int_{A_i} E_m(t_k^{(n)}, s) ds \right)^2$$

$$= I_{n1} + I_{n2}. \tag{4.1.26}$$

由 C_r-不等式和 $E_0(t, s)$ 关于 t 一致满足 Lipschitz 条件得

$$EI_{n1} \leqslant 2 \cdot n \cdot E \left(\max_{1 \leqslant k \leqslant n^\lambda} \sum_{i=1}^n e_i^2 \sup_{t \in I_k^{(n)}} \left(\int_{A_i} E_m(t, s) ds - \int_{A_i} E_m(t_k^{(n)}, s) ds \right)^2 \right)$$

$$\leqslant 2 \cdot n \cdot n^{-2\lambda} \cdot E \left(\max_{1 \leqslant k \leqslant n^\lambda} \sum_{i=1}^n e_i^2 \right)$$

$$= C n^{-2\lambda + 1 + 1/3 - \theta} \tag{4.1.27}$$

且

$$EI_{n2} \leqslant 2 \cdot E \left(\max_{1 \leqslant k \leqslant n^\lambda} \left(\sum_{i=1}^n e_i \int_{A_i} E_m(t_k^{(n)}, s) ds \right)^2 \right)$$

$$\leqslant 2 \cdot E\left(\sum_{i=1}^{n} e_i^2 \max_{1 \leqslant k \leqslant n^{\lambda}} \left(\int_{A_i} E_m(t_k^{(n)}, s) ds \right)^2 \right)$$

$$= 2 \cdot E\left(\sum_{i=1}^{n} e_i^2 \left(\int_{A_i} E_m(t, s) ds \right)^2 \right)$$

$$\leqslant 2 \cdot \left(\frac{2^m}{n} \right)^2 E\left(\sum_{i=1}^{n} e_i^2 \right) \leqslant C \cdot \left(\frac{2^m}{n} \right)^2 \cdot n^{1/3-\theta}. \qquad (4.1.28)$$

由 (4.1.26)—(4.1.28) 式及条件 $2^m = O(n^{1/3})$ 知, 故当 $\lambda > 7/6$ 时有

$$\sum_{n=1}^{\infty} E \sup_{t \in I} Q_n^2(t) \leqslant \sum_{n=1}^{\infty} (EI_{n1} + EI_{n2})$$

$$\leqslant C \sum_{n=1}^{\infty} \left(n^{-2\lambda+4/3-\theta} + \left(\frac{2^m}{n} \right)^2 \cdot n^{1/3-\theta} \right) < \infty.$$

从而 (4.1.18) 式得证. 这样定理 4.1.1 证毕.

4.2 PA 误差下半参数回归模型小波估计弱收敛速度

考虑如下半参数回归模型:

$$y_i^{(n)} = X_i^{(n)\mathrm{T}} \beta + g(t_i^{(n)}) + \varepsilon_i^{(n)}, \quad 1 \leqslant i \leqslant n, \qquad (4.2.1)$$

其中 $\beta \in \mathbb{R}^d$ 为未知参数, $g(t)$ 为 $[0,1]$ 上的未知 Borel 函数, $X_i^{(n)}$ 为 $\mathbb{R}^d$ 上的随机设计, 随机误差 $\{\varepsilon_i^{(n)}, i \leqslant n\}$ 为 PA 序列, $\{t_i^{(n)}\}$ 为 $[0,1]$ 上的常数序列. 采用 Speckman (1988) 的假定:

$$x_{ir}^{(n)} = f_r(t_i^{(n)}) + \eta_{ir}^{(n)}, \quad 1 \leqslant i \leqslant n, \quad 1 \leqslant r \leqslant d, \qquad (4.2.2)$$

其中 $f_r(\cdot)$ 为定义在 $[0,1]$ 上的某个函数, $\{\overline{\eta_i}^{(n)}, F_{n,i-1}, i \geqslant 1\}$ 是随机序列, 且 $\overline{\eta_i}^{(n)} = (\eta_{i1}^{(n)}, \cdots, \eta_{id}^{(n)})^{\mathrm{T}}$ 独立同分布, 又 $\{\eta_{ir}^{(n)}\}$ 和 $\{\varepsilon_i^{(n)}\}$ 相互独立及

$$E\overline{\eta_i}^{(n)} = 0, \quad \mathrm{Var}\overline{\eta_i}^{(n)} = V, \qquad (4.2.3)$$

其中 $V = (V_{ij})$ 为 d 阶正定矩阵, $j = 1, 2, \cdots, d$.

本节对 PA 误差下的半参数回归模型的小波估计进行讨论, 研究其估计量的弱收敛速度.

4.2.1　假设条件和主要结果

设有一个给定的刻度函数 $\phi(x) \in S_l$, 相伴 $L^2(\mathbb{R})$ 的多尺度分析为 $\{V_m\}$, 其再生核为

$$E_m(t,s) = 2^m E_0(2^m t, 2^m s) = 2^m \sum_{k \in \mathbb{Z}} \phi(2^m t - k)\phi(2^m s - k). \tag{4.2.4}$$

记 $A_i = [s_{i-1}, s_i]$ 是 $[0,1]$ 上的分割且 $t_i \in A_i, 1 \leqslant i \leqslant n$. 先假定 β 已知, 定义 $g(\cdot)$ 的估计为

$$\widehat{g}_0(t,\beta) = \sum_{i=1}^{n} (y_i^{(n)} - X_i^{(n)\mathrm{T}}\beta) \int_{A_i} E_m(t,s)ds; \tag{4.2.5}$$

接着求解极值问题 $\min_\beta \left\{ \sum_{i=1}^{n} \left(y_i^{(n)} - X_i^{(n)\mathrm{T}}\beta - \widehat{g}_0\big(t_i^{(n)}, \beta\big) \right)^2 \right\}$, 记其解 $\widehat{\beta}_n$, 然后定义 $g(\cdot)$ 的估计为

$$\widehat{g}_n(t) = \widehat{g}_0(t, \widehat{\beta}_n) = \sum_{i=1}^{n} (y_i^{(n)} - X_i^{(n)\mathrm{T}}\widehat{\beta}_n) \int_{A_i} E_m(t,s)ds. \tag{4.2.6}$$

令

$$X = (X_{ir}^{(n)})_{n \times d}, \quad Y = (y_1^{(n)}, \cdots, y_n^{(n)})^{\mathrm{T}},$$

$$\varepsilon = (\varepsilon_1^{(n)}, \cdots, \varepsilon_n^{(n)})^{\mathrm{T}}, \quad g = (g(t_1^{(n)}), \cdots, g(t_n^{(n)}))^{\mathrm{T}},$$

$$S = (S_{ij})_{n \times n}, \quad S_{ij} = \int_{A_j} E_m(t_i^{(n)}, s)ds,$$

$$\widetilde{X} = (I-S)X, \quad \widetilde{Y} = (I-S)Y.$$

则易得

$$\widehat{\beta}_n = (\widetilde{X}^{\mathrm{T}}\widetilde{X})^{-1}\widetilde{X}^{\mathrm{T}}\widetilde{Y}. \tag{4.2.7}$$

记 $\nu(k) = \sup\limits_{i \geqslant 1} \sum_{j-i \geqslant k} \mathrm{Cov}^{\frac{1}{2}}\left(\varepsilon_i^{(n)}, \varepsilon_j^{(n)}\right)$, $u(n) = \sum_{j=n}^{\infty} \mathrm{Cov}\left(\varepsilon_1^{(n)}, \varepsilon_j^{(n)}\right)$,

$$\tau_m = \begin{cases} 2^{-m(\alpha - \frac{1}{2})}, & \dfrac{1}{2} < \alpha < \dfrac{3}{2}, \\[2mm] \dfrac{\sqrt{m}}{2^m}, & \alpha = \dfrac{3}{2}, \\[2mm] 2^{-m} & \alpha > \dfrac{3}{2}. \end{cases}$$

以下是本节的基本条件:

(A1) $g(\cdot), f_r(\cdot) \in H^\alpha$ (阶为 α 的 Sobolev 空间), $\alpha > \frac{1}{2}, 1 \leqslant r \leqslant d$;

(A2) $g(\cdot), f_r(\cdot)$ 满足 γ 阶 Lipschitz 条件, $\gamma > 0, 1 \leqslant r \leqslant d$;

(A3) $\phi(\cdot) \in S_l$ (阶为 l 的 Schwartz 空间, $l \geqslant \alpha$), ϕ 满足一阶 Lipschitz 条件且具有紧支撑, 当 $\xi \to 0$ 时, $\left|\widehat{\phi}(\xi) - 1\right| = O(\xi)$, 其中 $\widehat{\phi}$ 为 ϕ 的 Fourier 变换;

(A4) $\max\limits_{1 \leqslant i \leqslant n}(s_i - s_{i-1}) = O(n^{-1})$, 且 $2^m = O(n^{\frac{1}{3}})$.

定理 4.2.1 若条件 (A1)—(A4) 成立, $\{\varepsilon_i^{(n)}, i \geqslant 1\}$ 是 PA 序列, 具有零均值和有限二阶矩且 $E|\varepsilon_i^{(n)}| = O(i^{-(1+2\rho)}), \rho > 0, \sup\limits_i E(\varepsilon_i^{(n)})^2 < \infty, \sup\limits_i E|\varepsilon_i^{(n)}|^q < \infty,$ $q > 2, \sup\limits_h E\eta_{hi}^2 < \infty, i = 1, 2, \cdots, d, \sum\limits_{i=1}^{\infty} \nu^{\frac{1}{2}}(2^i) < \infty, u(n) = O\big(n^{-\frac{(r-2)(r+\delta)}{2\delta}}\big)$. 则

$$\sup_{1 \leqslant i \leqslant d} \big|\widehat{\beta}_{ni} - \beta_i\big| = O_p\big(n^{-2\gamma}\big) + O_p\big(\tau_m^2\big) + O_p\big(n^{-\frac{1}{12}}\big),$$

其中, $\widehat{\beta}_{ni}$ 表示 $\widehat{\beta}_n$ 的第 i 个分量, β_i 表示 β 的第 i 个分量.

推论 4.2.1 若满足定理 4.2.1 的条件, 则对 $\alpha \geqslant \frac{3}{2}, \gamma \geqslant \frac{1}{24}$,

$$\sup_{1 \leqslant i \leqslant d} |\widehat{\beta}_{ni} - \beta_i| = O_p\big(n^{-\frac{1}{12}}\big).$$

定理 4.2.2 在定理 4.2.1 的条件下

$$\sup_{0 \leqslant t \leqslant 1} |\widehat{g}_n(t) - g(t)| = O_p\big(n^{-2\gamma}\big) + O_p\big(\tau_m^2\big) + O_p\big(n^{-\frac{1}{12}}\big).$$

推论 4.2.2 若满足推论 4.2.1 的条件, 则

$$\sup_{0 \leqslant t \leqslant 1} |\widehat{g}_n(t) - g(t)| = O_p\big(n^{-\frac{1}{12}}\big).$$

注 4.2.1 虽然参数分量的弱收敛速度达不到独立同分布情形下的最优收敛速度 $n^{-\frac{1}{2}}$, 但非参数分量的收敛速度在一定条件下, 如推论 4.2.2 在 $\frac{1}{24} \leqslant \gamma < \frac{1}{6}$ 条件下, 比一致最优收敛速度 $n^{-\frac{\gamma}{2\gamma+1}}$ 更精确.

注 4.2.2 由于从引理 4.2.5 的证明过程容易知道, 引理 4.2.5 结论中的 $n^{-\frac{1}{12}}$ 可改进为 $n^{-\theta}, \frac{1}{12} \leqslant \theta < \frac{1}{6}$. 故本节主要结果中的 $n^{-\frac{1}{12}}$ 均可改进为 $n^{-\theta}, \frac{1}{12} \leqslant$

$\theta < \dfrac{1}{6}$. 从引理 4.2.5 (误差为 PA 情形下) 和引理 4.2.6 (误差为独立同分布情形下) 的结论看, 引理 4.2.5 的收敛速度较为合理, 进而上述定理中的收敛速度较为合理, 改进的余地较小.

以上两点说明, 在误差为 PA 情形下用小波方法研究半参数回归模型是有效的.

4.2.2　辅助引理

为了证明主要结论, 我们先介绍一些引理.

引理 4.2.1 (钱伟民和柴根象, 1999)　若条件 (A3) 成立, 则有

(i)　$|E_0(t,s)| \leqslant \dfrac{C_k}{(1+|t-s|)^k}, |E_m(t,s)| \leqslant \dfrac{2^m C_k}{(1+2^m|t-s|)^k}, k \in \mathbb{N}, C_k$ 是只与 k 有关的实数;

(ii)　$\sup\limits_{0 \leqslant s \leqslant 1} |E_m(t,s)| = O(2^m)$;

(iii)　$\sup\limits_{0 \leqslant t \leqslant 1} \displaystyle\int_0^1 |E_m(t,s)|ds \leqslant C$;

(iv)　$\displaystyle\int_0^1 E_m(t,s)ds \xrightarrow{n \to \infty} 1$.

引理 4.2.2 (蔡择林和胡宏昌, 2011)　若条件 (A1)—(A4) 成立, 则有

$$\sup_{0 \leqslant t \leqslant 1} \left| f_j(t) - \sum_{k=1}^n f_j(t_k) \int_{A_k} E_m(t,s)ds \right| = O_p(n^{-\gamma}) + O_p(\tau_m), \qquad (4.2.8)$$

$$\sup_{0 \leqslant t \leqslant 1} \left| g(t) - \sum_{k=1}^n g(t_k) \int_{A_k} E_m(t,s)ds \right| = O_p(n^{-\gamma}) + O_p(\tau_m). \qquad (4.2.9)$$

引理 4.2.3 (杨善朝, 2001) 设 $\{\xi_i, i \geqslant 1\}$ 是 PA 序列, $E\xi_i = 0, i = 1, 2, \cdots$, 那么

$$E \max_{1 \leqslant j \leqslant n} S_j^2 \leqslant 4ES_n^2.$$

如果 $\sum_{i=1}^{\infty} \nu^{\frac{1}{2}}(2^i) < \infty$, 其中 $\nu(k) = \sup\limits_{i \geqslant 1} \sum_{j-i \geqslant k} \text{Cov}^{\frac{1}{2}}(\xi_i, \xi_j)$. 那么

$$ES_n^2 \leqslant Cn \left\{ \sup_{i \geqslant 1} E\xi_i^2 + \left(\sup_{i \geqslant 1} E\xi_i^2 \right)^{\frac{1}{2}} \right\}.$$

引理 4.2.4 设 $\{d_i(z), 1 \leqslant i \leqslant n\}$ 为定义在闭区间 I 上的实函数序列, 且引理 4.2.3 的条件满足, 则有

$$E\left|\sum_{i=1}^{n} d_i(z)\xi_i\right|^2 \leqslant Cn\left\{\sup_{i\geqslant 1} E(d_i(z)\xi_i)^2 + \left[\sup_{i\geqslant 1} E(d_i(z)\xi_i)^2\right]^{\frac{1}{2}}\right\}.$$

证明 记 $d_i^+(z) = \max(d_i(z), 0), d_i^-(z) = \max(-d_i(z), 0)$, 对于每个 $z \in A$, $\{d_i^+(z)\xi_i, 1 \leqslant i \leqslant n\}$ 和 $\{d_i^-(z)\xi_i, 1 \leqslant i \leqslant n\}$ 仍为 PA 序列, 对这两个序列分别利用引理 4.2.3 即得结论.

引理 4.2.5 设 $\{\varepsilon_i^{(n)}, i \leqslant n\}$ 为平稳 PA 序列, 具有零均值和有限二阶矩, $E|\varepsilon_i^{(n)}| = O(i^{-(1+2\rho)}), \rho > 0, \sup\limits_{j\geqslant 1} E(\varepsilon_i^{(n)})^2 < \infty$, 对某个 $r > 2$ 及 $\delta > 0$, $\sup\limits_{j\geqslant 1} E|\varepsilon_i^{(n)}|^{r+\delta} < \infty, u(n) = O(n^{-\frac{(r-2)(r+\delta)}{2\delta}})$, 其中 $u(n) = \sum_{j=n}^{\infty} \mathrm{Cov}(\varepsilon_1^{(n)}, \varepsilon_j^{(n)})$, 且条件 (A3) 及 (A4) 成立, 则

$$\sup_{0\leqslant t\leqslant 1}\left|\sum_{i=1}^{n} \varepsilon_i^{(n)} \int_{A_i} E_m(t, s)ds\right| = O_p(n^{-\frac{1}{12}}). \tag{4.2.10}$$

证明 为方便起见, 记 $\varepsilon_i^{(n)} = \varepsilon_i$,

$$\sup_{0\leqslant t\leqslant 1}\left|\sum_{i=1}^{n} \varepsilon_i \int_{A_i} E_m(t, s)ds\right|$$

$$\leqslant \sup_{0\leqslant t\leqslant 1}\left|\sum_{i=1}^{n} \varepsilon_i \int_{A_i} \sum_{j=1}^{n}(E_m(t, s) - E_m(s_j, s))I(s_{j-1} < t \leqslant s_j)ds\right|$$

$$+ \sup_{0\leqslant t\leqslant 1}\left|\sum_{i=1}^{n} \varepsilon_i \int_{A_i} \sum_{j=1}^{n} E_m(s_j, s)I(s_{j-1} < t \leqslant s_j)ds\right| \triangleq T_1 + T_2. \tag{4.2.11}$$

注意到

$$T_1 \leqslant \sup_{0\leqslant t\leqslant 1}\sum_{i=1}^{n} |\varepsilon_i| \int_{A_i} \sum_{j=1}^{n}\left|E_m(t, s) - E_m(s_j, s)\right|I(s_{j-1} < t \leqslant s_j)ds$$

$$\leqslant C \sup_{0\leqslant t\leqslant 1}\left(\sum_{i=1}^{n} |\varepsilon_i| \int_{A_i} \sum_{j=1}^{n}\frac{2^{2m}}{n}I(s_{j-1} < t \leqslant s_j)ds\right) \leqslant C\sum_{i=1}^{n}\frac{|\varepsilon_i|}{n^{\frac{4}{3}}}.$$

由条件 $E|\varepsilon_i| = O(i^{-(1+2\rho)})$ 与性质 1.2.8 知

$$T_1 = O_p(n^{-\frac{4}{3}}). \tag{4.2.12}$$

注意到

$$
\begin{aligned}
T_2 &\leqslant \sup_{0 \leqslant t \leqslant 1} \left| \sum_{j=1}^{n} I(s_{j-1} < t \leqslant s_j) \right| \left| \sum_{i=1}^{n} \varepsilon_i \int_{A_i} E_m(s_j, s) ds \right| \\
&\leqslant \sup_{0 \leqslant t \leqslant 1} \sum_{j=1}^{n} I(s_{j-1} < t \leqslant s_j) \max_{1 \leqslant j \leqslant n} \left| \sum_{i=1}^{n} \varepsilon_i \int_{A_i} E_m(s_j, s) ds \right| \\
&\leqslant \max_{1 \leqslant j \leqslant n} \sum_{i=1}^{n} \left| \varepsilon_i \int_{A_i} E_m(s_j, s) ds \right|.
\end{aligned}
\tag{4.2.13}
$$

由 Markov 不等式、条件 (A4)、引理 4.2.1(ii)、引理 1.3.4 得, 当 $r > 12$ 时,

$$
\begin{aligned}
P\left(|T_2| \geqslant n^{-\frac{1}{12}} \right) &\leqslant \sum_{j=1}^{n} P\left(\sum_{i=1}^{n} \left| \varepsilon_i \int_{A_i} E_m(s_j, s) ds \right| \geqslant n^{-\frac{1}{12}} \right) \\
&\leqslant n \frac{E\left(\sum_{i=1}^{n} \left| \varepsilon_i \int_{A_i} E_m(s_j, s) ds \right| \right)^r}{n^{-\frac{r}{12}}} \leqslant Cn \frac{(n^{-1} 2^m)^r n^{\frac{r}{2}}}{n^{-\frac{r}{12}}} \\
&= Cn \frac{(n^{-1} n^{\frac{1}{3}})^r n^{\frac{r}{2}}}{n^{-\frac{r}{12}}} = Cn n^{-\frac{r}{6}} n^{\frac{r}{12}} = Cn^{1-\frac{r}{12}} \to 0.
\end{aligned}
$$

从而有

$$
|T_2| = O_p\left(n^{-\frac{1}{12}} \right).
\tag{4.2.14}
$$

故由 (4.2.12) 和 (4.2.14) 式证得引理 4.2.5.

引理 4.2.6　设条件 (A3), (A4) 成立, 且 $E\eta_{1j}^2 < \infty$ $(j = 1, 2, \cdots, d)$, 则

$$
\sup_t \left| \sum_{k=1}^{n} \eta_{kj} \int_{A_k} E_m(s_j, s) ds \right| = O_p\left(n^{-\frac{1}{3}} \log n \right).
$$

证明　见文献 (蔡择林和胡宏昌, 2011, 引理 5), 在这里就不再证明.

引理 4.2.7 (史及民, 1999)　设随机序列 $\{\mu_n, n \geqslant 1\}$ 满足 $\sup_{n \geqslant 1} E|\mu_n| < \infty$, 且 $\varsigma_n \xrightarrow{P} 0$, 则 $\mu_n \varsigma_n \xrightarrow{P} 0$.

4.2.3　主要结论证明

定理 4.2.1 的证明　为方便起见记

$$
\varepsilon_i^{(n)} = \varepsilon_i, \quad \eta_{ir}^{(n)} = \eta_{ir}, \quad \overline{\eta_i}^{(n)} = \eta_i,
$$

$$g(t_i^{(n)}) = g(t_i), \quad \widetilde{\varepsilon} = (I - S)\varepsilon, \quad \widetilde{g} = (I - S)g,$$

则

$$\widehat{\beta}_n - \beta = (n^{-1}\widetilde{X}^{\mathrm{T}}\widetilde{X})^{-1}(n^{-1}\widetilde{X}^{\mathrm{T}}\widetilde{g} + n^{-1}\widetilde{X}^{\mathrm{T}}\widetilde{\varepsilon}). \tag{4.2.15}$$

由胡宏昌和胡迪鹤 (2006) 的文献易得

$$(n^{-1}\widetilde{X}^{\mathrm{T}}\widetilde{X})_{ij} \xrightarrow{P} V_{ij} \quad (n \to \infty), \tag{4.2.16}$$

其中 $(n^{-1}\widetilde{X}^{\mathrm{T}}\widetilde{X})_{ij}$ 表示矩阵 $(n^{-1}\widetilde{X}^{\mathrm{T}}\widetilde{X})$ 的第 (i,j) 元素. 由条件知 V_{ij} 有界. 其次, 可证

$$(n^{-1}\widetilde{X}^{\mathrm{T}}\widetilde{g})_i = O_p(n^{-r-\frac{1}{3}}\log n) + O_p(\tau_m n^{-\frac{1}{3}}\log n) + O_p(n^{-2\gamma}) + O_p(\tau_m^2), \tag{4.2.17}$$

其中 $(n^{-1}\widetilde{X}^{\mathrm{T}}\widetilde{g})_i$ 表示向量 $(n^{-1}\widetilde{X}^{\mathrm{T}}\widetilde{g})$ 的第 i 个元素. 事实上,

$$
\begin{aligned}
(n^{-1}\widetilde{X}^{\mathrm{T}}\widetilde{g})_i &= \frac{1}{n}\sum_{h=1}^{n} \widetilde{X}_{hi}\widetilde{g} \\
&= \frac{1}{n}\sum_{h=1}^{n} \left(X_{hi} - \sum_{k=1}^{n} S_{hk}X_{ki} \right) \left(g(t_h) - \sum_{r=1}^{n} S_{hr}g(t_r) \right) \\
&= \frac{1}{n}\sum_{h=1}^{n} \left(\eta_{hi} - \sum_{k=1}^{n} S_{hk}\eta_{ki} \right) \left(g(t_h) - \sum_{r=1}^{n} S_{hr}g(t_r) \right) \\
&\quad + \frac{1}{n}\sum_{h=1}^{n} \left(f_i(t_h) - \sum_{k=1}^{n} S_{hk}f(t_r) \right) \left(g(t_h) - \sum_{r=1}^{n} S_{hr}g(t_r) \right) \\
&= J_1 + J_2.
\end{aligned}
\tag{4.2.18}
$$

容易证明

$$J_1 = O_p\left(n^{-\gamma-\frac{1}{3}}\log n\right) + O_p\left(\tau_m n^{-\frac{1}{3}}\log n\right). \tag{4.2.19}$$

由引理 4.2.2 得

$$J_2 = O_p(n^{-2\gamma}) + O_p(\tau_m^2). \tag{4.2.20}$$

故由 (4.2.18)—(4.2.20) 式知结论成立. 最后, 可以证明

$$(n^{-1}\widetilde{X}^{\mathrm{T}}\widetilde{\varepsilon})_i = O_p(n^{-\frac{1}{12}}). \tag{4.2.21}$$

事实上,

$$\left(n^{-1}\widetilde{X}^{\mathrm{T}}\widetilde{\varepsilon}\right)_i = \frac{1}{n}\sum_{h=1}^{n}\widetilde{X}_{hi}\widetilde{\varepsilon}_h$$

$$
\begin{aligned}
&= \frac{1}{n} \sum_{h=1}^{n} \left(X_{hi} - \sum_{k=1}^{n} S_{hk} X_{ki} \right) \left(\varepsilon_h - \sum_{r=1}^{n} S_{hk} \varepsilon_r \right) \\
&= \frac{1}{n} \sum_{h=1}^{n} \left(\eta_{hi} - \sum_{k=1}^{n} S_{hk} \eta_{ki} \right) \left(\varepsilon_h - \sum_{r=1}^{n} S_{hk} \varepsilon_r \right) \\
&\quad + \frac{1}{n} \sum_{h=1}^{n} \left(f_i(t_h) - \sum_{k=1}^{n} S_{hk} f_j(t_k) \right) \left(\varepsilon_h - \sum_{r=1}^{n} S_{hr} \varepsilon_r \right) \\
&= T_1 + T_2.
\end{aligned}
\tag{4.2.22}
$$

将 T_1 进一步分解为

$$
\begin{aligned}
T_1 &= \frac{1}{n} \sum_{h=1}^{n} \left(\eta_{hi} \varepsilon_h - \left(\sum_{k=1}^{n} S_{hk} \eta_{ki} \right) \varepsilon_h - \left(\sum_{r=1}^{n} S_{hr} \varepsilon_r \right) \eta_{hi} \right. \\
&\quad \left. + \left(\sum_{k=1}^{n} S_{hk} \eta_{ki} \right) \left(\sum_{r=1}^{n} S_{hr} \varepsilon_r \right) \right) \\
&= T_1^{(1)} - T_1^{(2)} - T_1^{(3)} + T_1^{(4)}.
\end{aligned}
\tag{4.2.23}
$$

由 Chebychev 不等式、引理 4.2.4、η_{hi} 与 ε_h 相互独立、$\sup\limits_{h} E|\varepsilon_h|^2 < \infty$ 和 $\sup\limits_{h} E\eta_{hi}^2 < \infty$, 得

$$
\begin{aligned}
P\left(|T_1^{(1)}| \geqslant n^{-\frac{1}{3}} \right) &= P\left(\left| \sum_{h=1}^{n} \eta_{hi} \varepsilon_h \right| \geqslant n^{\frac{2}{3}} \right) \leqslant n^{-\frac{4}{3}} E \left| \sum_{h=1}^{n} \eta_{hi} \varepsilon_h \right|^2 \\
&\leqslant C n n^{-\frac{4}{3}} \left\{ \sup_{h} E(\eta_{hi} \varepsilon_h)^2 + \left[\sup_{h} E(\eta_{hi} \varepsilon_h)^2 \right]^{\frac{1}{2}} \right\} \\
&= C n^{-\frac{1}{3}} \left\{ \sup_{h} E\eta_{hi}^2 \sup_{h} E\varepsilon_h^2 + \left(\sup_{h} E\eta_{hi}^2 \sup_{h} E\varepsilon_h^2 \right)^{\frac{1}{2}} \right\} \\
&\leqslant C_1 n^{-\frac{1}{3}} \to 0.
\end{aligned}
$$

从而得到

$$
T_1^{(1)} = O_p(n^{-\frac{1}{3}}), \quad n \to \infty.
\tag{4.2.24}
$$

由引理 4.2.6 及引理 4.2.7 得

$$
|T_1^{(2)}| \leqslant \max_{h} \left| \sum_{k=1}^{n} S_{hk} \eta_{ki} \right| \left(\frac{1}{n} \sum_{h=1}^{n} |\varepsilon_h| \right) = O_p\left(n^{-\frac{1}{3}} \log n \right).
\tag{4.2.25}
$$

由引理 4.2.5 及引理 4.2.7 得

$$|T_1^{(3)}| \leqslant \max_h \left| \sum_{r=1}^n S_{hr}\varepsilon_r \right| \left(\frac{1}{n} \sum_{h=1}^n |\eta_{hi}| \right) = O_p\big(n^{-\frac{1}{12}}\big). \tag{4.2.26}$$

由引理 4.2.5 及引理 4.2.6 得

$$|T_1^{(4)}| \leqslant \max_h \left| \left(\sum_{k=1}^n S_{hk}\eta_{ki} \right) \left(\sum_{r=1}^n S_{hr}\varepsilon_r \right) \right| = O_p\big(n^{-\frac{5}{12}} \log n\big). \tag{4.2.27}$$

故由 (4.2.23)—(4.2.27) 式知

$$T_1 = O_p(n^{-\frac{1}{12}}). \tag{4.2.28}$$

令 $\widetilde{f}_{hi} = f_i(t_h) - \sum_{k=1}^n S_{hk} f_i(t_k)$, 则

$$\begin{aligned} T_2 &= \frac{1}{n} \sum_{h=1}^n \widetilde{f}_{hi} \left(\varepsilon_h - \sum_{r=1}^n S_{hr}\varepsilon_r \right) \\ &= \frac{1}{n} \sum_{h=1}^n \widetilde{f}_{hi}\varepsilon_h - \frac{1}{n} \sum_{h=1}^n \widetilde{f}_{hi} \sum_{r=1}^n S_{hr}\varepsilon_r = T_2^{(1)} + T_2^{(2)}. \end{aligned} \tag{4.2.29}$$

由引理 1.3.14、引理 4.2.2, 易得

$$\begin{aligned} E|T_2^{(1)}|^r &= E \left| \frac{1}{n} \sum_{i=1}^n \widetilde{f}_{hi}\varepsilon_h \right|^r = \frac{1}{n^r} E \left| \sum_{i=1}^n \widetilde{f}_{hi}\varepsilon_h \right|^r \\ &\leqslant Cn^{-r}|\widetilde{f}_{hi}|^r n^{\frac{r}{2}} = Cn^{-\frac{r}{2}} \big(n^{-\gamma} + \tau_m \big)^r. \end{aligned} \tag{4.2.30}$$

于是对 $r > 2$, 由 Markov 不等式及 (4.2.30) 式得

$$P\Big(|T_2^{(1)}| \geqslant n^{-\frac{1}{2}}(n^{-\gamma} + \tau_m) \log n \Big) \leqslant \frac{E|T_2^{(1)}|^r}{\big(n^{-\frac{1}{2}}(n^{-\gamma} + \tau_m) \log n \big)^r} \to 0.$$

从而有

$$T_2^{(1)} = O_p\Big(n^{-\frac{1}{2}-\gamma} \log n \Big) + O_p\Big(n^{-\frac{1}{2}} \tau_m \log n \Big). \tag{4.2.31}$$

由引理 4.2.5 及 (4.2.8) 式易得

$$T_2^{(2)} = \frac{1}{n} \sum_{h=1}^n \widetilde{f}_{hi} \sum_{r=1}^n S_{hr}\varepsilon_r$$

$$= \max_h \left(\widetilde{f}_{hi} \sum_{r=1}^{n} S_{hr} \varepsilon_r \right) = O_p\left(n^{-\frac{1}{12}-\gamma}\right) + O_p\left(n^{-\frac{1}{12}}\tau_m\right). \tag{4.2.32}$$

故由 (4.2.29)、(4.2.31) 和 (4.2.32) 式知

$$T_2 = O_p\left(n^{-\frac{1}{12}-\gamma}\right) + O_p\left(n^{-\frac{1}{12}}\tau_m\right). \tag{4.2.33}$$

从而由 (4.2.22)、(4.2.28) 和 (4.2.33) 式便知 (4.2.21) 式成立. 由 (4.2.15) 式得

$$\sup_{1\leqslant i\leqslant d} |\widehat{\beta}_{ni}-\beta_i| \leqslant d \sup_{1\leqslant j\leqslant d} |(n^{-1}\widetilde{X}^{\mathrm{T}}\widetilde{X})_{ij}^{-1}| \sup_{1\leqslant j\leqslant d} |(n^{-1}\widetilde{X}^{\mathrm{T}}\widetilde{g})_j + (n^{-1}\widetilde{X}^{\mathrm{T}}\widetilde{\varepsilon})_j|. \tag{4.2.34}$$

于是, 由 (4.2.16)、(4.2.17)、(4.2.21) 和 (4.2.34) 式可得

$$\sup_{1\leqslant i\leqslant d} |\widehat{\beta}_{ni}-\beta_i|$$

$$= O_p(n^{-\gamma-\frac{1}{3}}\log n) + O_p(\tau_m n^{-\frac{1}{3}}\log n) + O(n^{-2\gamma}) + O(\tau_m^2) + O_p(n^{-\frac{1}{12}})$$

$$= O_p(n^{-2\gamma}) + O_p(\tau_m^2) + O_p(n^{-\frac{1}{12}}).$$

至此, 定理 4.2.1 证毕.

　　推论 4.2.1 的证明　由定理 4.2.1 容易得到该推论, 在此略.

　　定理 4.2.2 的证明　由文献 (蔡择林和胡宏昌, 2011) 中定理 2 的证明即得.

　　推论 4.2.2 的证明　由定理 4.2.2 容易得到此推论, 在此略.

4.3　NA 误差下半参数回归模型加权核估计的
强一致相合性

　　考虑固定设计回归模型:

$$y_i = x_i\beta + g(t_i) + e_i, \quad 1\leqslant i\leqslant n, \tag{4.3.1}$$

其中 (x_i, t_i) 是固定的非随机设计点列, β 是未知待估参数, $g(t)$ 是定义在闭区间 I 上的未知函数, $\{e_i, 1\leqslant i\leqslant n\}$ 是同分布 NA 随机误差, 且 $Ee_1 = 0$, $Ee_1^2 = \sigma^2 > 0$.

　　对于模型 (4.3.1) 式, 陈明华 (1998) 综合最小二乘法和一般的非参数权估计方法给出了非参数分量 $g(\cdot)$ 的估计为

$$\hat{g}_n(t) \triangleq \hat{g}_n(t,\beta) = \sum_{i=1}^{n} W_{ni}(t)(y_i - x_i\beta), \tag{4.3.2}$$

而 β 的估计为 $\sum_{i=1}^{n}(y_i - x_i\beta - \hat{g}_n(t_i))^2$ 达到最小值的解

$$\tilde{\beta}_n = \sum_{i=1}^{n} \frac{\tilde{x}_i \tilde{y}_i}{S_n^2}. \tag{4.3.3}$$

由 (4.3.2) 和 (4.3.3) 可得 $g(t)$ 的最终估计为

$$\tilde{g}_n(t) \overset{\triangle}{=} \hat{g}_n(t, \tilde{\beta}_n) = \sum_{i=1}^{n} W_{ni}(t)(y_i - x_i\tilde{\beta}_n), \tag{4.3.4}$$

其中 $W_{ni}(t)$ 为一般的权函数, 且

$$S_n^2 = \sum_{i=1}^{n} (\tilde{x}_i)^2, \quad \tilde{x}_i = x_i - \sum_{j=1}^{n} W_{nj}(t_i)x_j, \quad \tilde{y}_i = y_i - \sum_{j=1}^{n} W_{nj}(t_i)y_j.$$

对于模型 (4.3.1) 式, 当 (x_i, t_i) 为固定设计时, 胡舒合 (1994) 在误差 $\{e_i\}$ 为 ρ 混合下讨论了 $\tilde{g}_n(t)$ 估计的强一致相合性.

本节在误差 $\{e_i\}$ 为 NA 序列的条件下, 讨论 $\tilde{g}_n(t)$ 的强一致相合性, 得到了比较理想的结果.

4.3.1　假设条件和主要结果

假设 $g(t)$ 在闭区间 I 上连续, 并且还需要下列条件:

条件 4.3.1　(i) 当 $n > N_1$ (N_1 为某一自然数) 时, $C_1 \leqslant S_n^2/n \leqslant C_2$;

(ii) $\max\limits_{1 \leqslant i \leqslant n} |\tilde{x}_i| = O(\sqrt{n}(\log n) - 1)$;

(iii) $\sum_{i=1}^{n} |\tilde{x}_i|/S_n^2 \leqslant C < \infty$.

条件 4.3.2　$W_{ni}(\cdot)$ 满足

(i) $W_{ni}(t) \geqslant 0$ 且 $\sum_{i=1}^{n} W_{ni}(t) = 1$, $\forall\, t \in I$;

(ii) $\lim\limits_{n \to \infty} \sup\limits_{t \in I} \sum_{i=1}^{n} W_{ni}(t) I_{(|t - t_i| > a)} = 0$, $\forall\, a > 0$;

(iii) $\sup\limits_{t \in I} \sum_{i=1}^{n} |W_{ni}(t)x_i| \leqslant C_3$;

(iv) $\max\limits_{1 \leqslant i \leqslant n} |W_{ni}(t)| \leqslant C_4 n^{-\frac{1}{2}}(\log n)^{-1}$;

(v) $W_{ni}(\cdot)$ 满足 $\alpha > 0$ 阶 Lipschitz 条件.

条件 4.3.3　$E(\sum_{i=1}^{n} e_i^2) \leqslant C_5 < \infty$.

定理 4.3.1　设 $\{e_i, 1 \leqslant i \leqslant n\}$ 为 NA 序列, 且条件 4.3.1—条件 4.3.3 满足, 则

$$\lim_{n \to \infty} \sup_{t \in I} |\tilde{g}_n(t) - g(t)| = 0, \quad \text{a.s..} \tag{4.3.5}$$

注 4.3.1　定理 4.3.1 的条件比文献 (胡舒合, 1994) 中相关的定理条件更简洁.

下面给出 NA 序列的一个引理.

引理 4.3.1 (任哲和陈明华, 2002)　设 $\{e_i, i \geqslant 1\}$ 是同分布的 NA 序列, 且存在 $p > 0$, 使得 $E|e_1|^p < \infty$, 若记

$$e' = e_i I_{(|e_i| \leqslant \varepsilon i^{\frac{1}{p}})} + \varepsilon i^{\frac{1}{p}} I_{(e_i > \varepsilon i^{\frac{1}{p}})} - \varepsilon i^{\frac{1}{p}} I_{(e_i < -\varepsilon i^{\frac{1}{p}})},$$

$$e'' = e_i - e_i' = (e_i - \varepsilon i^{\frac{1}{p}}) I_{(e_i > \varepsilon i^{\frac{1}{p}})} + (e_i - \varepsilon i^{\frac{1}{p}}) I_{(e_i < -\varepsilon i^{\frac{1}{p}})},$$

其中 ε 为任给的某个正数, 则 $\{e_i'\}$ 和 $\{e''\}$ 都为 NA 的, 且 $\sum_{i=1}^{\infty} |e_i''|$, a.s. 收敛.

4.3.2　定理的证明

定理 4.3.1 的证明　记 $Q_n(t) = \sum_{i=1}^{n} W_{ni}(t) e_i$ 和 $T_n = \sum_{i=1}^{n} \widetilde{x}_i e_i / S_n^2$. 由 (4.3.1) 和 (4.3.2) 式得

$$\hat{g}_n(t) = \sum_{i=1}^{n} W_{ni}(t) g(t_i) + \sum_{i=1}^{n} W_{ni}(t) e_i,$$

所以 $E\hat{g}_n(t) = \sum_{i=1}^{n} W_{ni}(t) g(t_i)$ 且

$$\hat{g}_n(t) - E\hat{g}_n(t) = \sum_{i=1}^{n} W_{ni}(t) e_i = Q_n(t). \tag{4.3.6}$$

由于 $g(t)$ 在闭区间 I 上连续, 存在常数 c, $|g(t)| \leqslant c < \infty$. 则对任意的 $\delta > 0$,

$$\sup_{t \in I} |E\hat{g}_n(t) - g(t)| = \sup_{t \in I} \left| \sum_{i=1}^{n} W_{ni}(t) (g(t_i) - g(t)) \right|$$

$$\leqslant 2c \sup_{t \in I} \sum_{i=1}^{n} W_{ni}(t) I_{(|t_i - t| > \delta)}$$

$$+ \sup_{t \in I} \sum_{i=1}^{n} W_{ni}(t) \mid g(t_i) - g(t) \mid I_{(|t_i - t| \leqslant \delta)},$$

由 $g(t)$ 的连续性, 可取 $\delta > 0$ 充分小, 使上式最后两项中第二项充分小. 而由条件 4.3.2 (ii) 知, 当 n 充分大时, 上式最后两项中第一项也充分小. 因此, 有

$$\lim_{n \to \infty} \sup_{t \in I} \mid E\hat{g}_n(t) - g(t) \mid = 0. \tag{4.3.7}$$

由 (4.3.6) 和 (4.3.7) 式, 得

$$|\hat{g}_n(t) - g(t)| \leqslant \sup_{t \in I} |\hat{g}_n(t) - g(t)| \leqslant \sup_{t \in I} |Q_n(t)| + o(1). \qquad (4.3.8)$$

另外, 由 (4.3.2) 式有 $\sum_{i=1}^{n} W_{ni}(t)y_i = \hat{g}_n(t) + \sum_{i=1}^{n} W_{ni}(t)x_i\beta$. 由此和 (4.3.1) 式有

$$\widetilde{y}_i = y_i - \sum_{j=1}^{n} W_{nj}(t_i)y_j$$

$$= x_i\beta + g(t_i) + e_i - \hat{g}_n(t_i) - \sum_{j=1}^{n} W_{nj}(t_i)x_j\beta$$

$$= \widetilde{x}_i\beta + e_i + g(t_i) - \hat{g}_n(t_i).$$

所以

$$\widetilde{\beta}_n - \beta = \sum_{i=1}^{n} \widetilde{x}_i e_i \bigg/ S_n^2 + \sum_{i=1}^{n} \widetilde{x}_i \left(g(t_i) - \hat{g}_n(t_i)\right) \bigg/ S_n^2.$$

由此以及条件 4.3.1 (iii) 和 (4.3.8) 式得

$$|\widetilde{\beta}_n - \beta| \leqslant |T_n| + \sup_{t \in I} |g(t) - \hat{g}_n(t)| \sum_{i=1}^{n} |\widetilde{x}_i| \bigg/ S_n^2$$

$$\leqslant |T_n| + C_4 \sup_{t \in I} |Q_n(t)| + o(1). \qquad (4.3.9)$$

又由 (4.3.2)、(4.3.4) 式和条件 4.3.2 (iii), 有

$$\sup_{t \in I} |\widetilde{g}_n(t) - \widehat{g}_n(t)| = \sup_{t \in I} \left| \sum_{i=1}^{n} W_{ni}(t)x_i(\beta - \widetilde{\beta}_n) \right|$$

$$\leqslant \sup_{t \in I} \sum_{i=1}^{n} |W_{ni}(t)x_i| \cdot |\beta - \widetilde{\beta}_n| \leqslant C_3 |\beta - \widetilde{\beta}_n|. \qquad (4.3.10)$$

联合 (4.3.8) 和 (4.3.10) 式, 得

$$\sup_{t \in I} |\widetilde{g}_n(t) - g(t)| \leqslant C \left\{ |\beta - \widetilde{\beta}_n| + \sup_{t \in I} |Q_n(t)| + o(1) \right\}. \qquad (4.3.11)$$

由 (4.3.9) 和 (4.3.11) 式知, 为证明:

$$\lim_{n \to \infty} \widetilde{\beta}_n = \beta, \text{ a.s.} \quad \text{和} \quad \lim_{n \to \infty} \sup_{t \in I} |\widetilde{g}_n(t) - g(t)| = 0, \text{ a.s.},$$

我们只需证明下面两个式子:

$$\lim_{n \to \infty} |T_n| = 0, \quad \text{a.s.}, \tag{4.3.12}$$

$$\lim_{n \to \infty} \sup_{t \in I} |Q_n(t)| = 0, \quad \text{a.s.}. \tag{4.3.13}$$

下面先证 (4.3.12) 式. 对任意 $\varepsilon > 0$, 令

$$e_i' = e_i I_{(|e_i| \leqslant \varepsilon \cdot i^{\frac{1}{p}})} + \varepsilon \cdot i^{\frac{1}{p}} I_{(e_i > \varepsilon \cdot i^{\frac{1}{p}})} - \varepsilon \cdot i^{\frac{1}{p}} I_{(e_i < -\varepsilon \cdot i^{\frac{1}{p}})},$$

$$e_i'' = e_i - e_i' = (e_i - \varepsilon \cdot i^{\frac{1}{p}}) I_{(e_i > \varepsilon \cdot i^{\frac{1}{p}})} + (e_i + \varepsilon \cdot i^{\frac{1}{p}}) I_{(e_i < -\varepsilon \cdot i^{\frac{1}{p}})},$$

则 $e_i = e_i' + e_i''$. 记

$$e_{ni} = \left(\frac{\widetilde{x}_i}{S_n^2} \right)^+ (e_i' - E e_i') + \left(\frac{\widetilde{x}_i}{S_n^2} \right)^- (e_i' - E e_i') = e_{ni}^{(1)} + e_{ni}^{(2)}.$$

由 NA 的性质知 $\{e_{ni}^{(1)}\}$ 和 $\{e_{ni}^{(2)}\}$ 都是 NA 的, 且 $E e_{ni}^{(k)} = 0, k = 1, 2$. 又由条件 4.3.1 知

$$|e_{ni}^{(k)}| \leqslant 2\varepsilon \cdot n^{\frac{1}{2}} \max_{1 \leqslant i \leqslant n} \left| \frac{\widetilde{x}_i}{S_n^2} \right|$$

$$\leqslant 2\varepsilon \cdot n^{\frac{1}{2}} \max_{1 \leqslant i \leqslant n} \frac{|\widetilde{x}_i|}{\sqrt{n}} \cdot \frac{\sqrt{n}}{S_n^2} \leqslant \varepsilon \cdot C_5 (\log n)^{-1}, \tag{4.3.14}$$

$$\sum_{i=1}^n \text{Var} e_{ni}^{(k)} \leqslant \sum_{i=1}^n \left(\frac{\widetilde{x}_i}{S_n^2} \right)^2 E(e_i')^2$$

$$\leqslant \sigma^2 \left(\sum_{i=1}^n \frac{\widetilde{x}_i}{S_n^2} \right) \cdot \max_{1 \leqslant i \leqslant n} \left| \frac{\widetilde{x}_i}{S_n^2} \right| \leqslant C_6 \frac{1}{\sqrt{n} \log n}. \tag{4.3.15}$$

由引理 1.3.16 知对任意的 $\mu > 0$, 当 n 充分大且 $0 < \varepsilon < \dfrac{\mu}{2C_7}$ 时有

$$P \left\{ \left| \sum_{i=1}^n e_{ni} \right| \geqslant 2\mu \right\} \leqslant P \left\{ \left| \sum_{i=1}^n e_{ni}^{(1)} \right| \geqslant \mu \right\} + P \left\{ \left| \sum_{i=1}^n e_{ni}^{(2)} \right| \geqslant \mu \right\}$$

$$\leqslant 4 \exp \left\{ - \frac{\mu^2}{2 \left[\dfrac{2C_6}{\sqrt{n} \log n} + \dfrac{\varepsilon \cdot C_5}{\log n} \cdot \mu \right]} \right\}$$

$$\leqslant 4\exp\left\{-\frac{\mu^2}{C_7\cdot\varepsilon\mu\cdot(\log n)^{-1}}\right\}\leqslant 4n^{-2}. \tag{4.3.16}$$

根据 Borel-Cantelli 引理有

$$\sum_{i=1}^{n}e_{ni}\to 0,\quad\text{a.s..} \tag{4.3.17}$$

再由引理 4.3.1 得

$$\left|\sum_{j=1}^{n}\frac{\widetilde{x}_i}{S_n^2}e_i''\right|\leqslant\left(\max_{1\leqslant i\leqslant n}\left|\frac{\widetilde{x}_i}{S_n^2}\right|\right)\left(\sum_{i=1}^{n}|e_i''|\right)=O\left(n^{-\frac{1}{2}}(\log n)^{-1}\right), \tag{4.3.18}$$

$$\left|\sum_{j=1}^{n}\frac{\widetilde{x}_i}{S_n^2}Ee_i''\right|\leqslant\left(\max_{1\leqslant i\leqslant n}\left|\frac{\widetilde{x}_i}{S_n^2}\right|\right)\left(\sum_{j=1}^{n}E|e_i|I_{(|e_i|>i^{\frac{1}{2}})}\right)$$

$$\leqslant C\cdot n^{-\frac{1}{2}}(\log n)^{-1}\sum_{i=1}^{n}i^{-\frac{1}{2}}E(e_i^2)I_{(|e_i|>i^{\frac{1}{2}})}$$

$$\leqslant C\sum_{i=1}^{n}i^{-\frac{1}{2}}\leqslant C\cdot(\log n)^{-1}. \tag{4.3.19}$$

由 (4.3.17)—(4.3.19) 式知

$$|T_n|=\left|\sum_{i=1}^{n}e_{ni}+\sum_{i=1}^{n}\frac{\widetilde{x}_i}{S_n^2}e_i''-\sum_{i=1}^{n}\frac{\widetilde{x}_i}{S_n^2}Ee_i''\right|\to 0,\quad n\to\infty,\text{ a.s..}$$

从而证得 (4.3.12) 式.

下面再证 (4.3.13) 式. 由林正炎等 (1999, 第 15 页推论 5.2) 的文献知, 只要证

$$\sum_{n=1}^{\infty}E\sup_{t\in I}Q_n^2(t)<\infty. \tag{4.3.20}$$

设 $I_k^{(n)}=\{t||t-t_k^{(n)}|<n^{-\lambda}\}$, 其中 $t_k^{(n)}\in I$ 且 $\lambda>0$ 为待定系数, 由 I 是闭区间, 所以存在个数不超过 $O(n^\lambda)$ 的这样的开邻域覆盖闭区间 I. 不妨设开邻域 $I_k^{(n)},1\leqslant k\leqslant n^\lambda$ 覆盖闭区间 I, 且对任意 $\mu,\nu\in I_k^{(n)}$, 当 n 充分大时有 $W_{ni}(\mu)=W_{ni}(\nu)$, 则

$$\sup_{t\in I}Q_n^2(t)=\max_{1\leqslant k\leqslant n^\lambda}\sup_{t\in I_k^{(n)}}\left(\sum_{i=1}^{n}W_{ni}(t)e_i\right)^2$$

$$\leqslant 2 \cdot \max_{1 \leqslant k \leqslant n^\lambda} \sup_{t \in I_k^{(n)}} \left[\sum_{i=1}^n (W_{ni}(t) - W_{ni}(t_k^{(n)})) e_i \right]^2$$

$$+ 2 \cdot \max_{1 \leqslant k \leqslant n^\lambda} \left(\sum_{i=1}^n W_{ni}(t_k^{(n)}) e_i \right)^2$$

$$= I_{n1} + I_{n2}. \tag{4.3.21}$$

由 C_r-不等式和条件 4.3.2(v)、条件 4.3.3,

$$EI_{n1} \leqslant 2 \cdot n \cdot E \left(\max_{1 \leqslant k \leqslant n^\lambda} \sum_{i=1}^n \sup_{t \in I_k^{(n)}} \left(W_{ni}(t) - W_{ni}(t_k^{(n)}) \right)^2 e_i^2 \right)$$

$$\leqslant 2 \cdot n \cdot n^{-2\lambda \cdot \alpha} \cdot E \left(\max_{1 \leqslant k \leqslant n^\lambda} \sum_{i=1}^n e_i^2 \right) = C n^{-2\lambda \cdot \alpha + 1} \tag{4.3.22}$$

和

$$EI_{n2} \leqslant 2E \left(\max_{1 \leqslant k \leqslant n^\lambda} \left(\sum_{i=1}^n W_{ni}(t_k^{(n)}) e_i \right)^2 \right) \leqslant 2E \left(\sum_{i=1}^n \max_{1 \leqslant k \leqslant n^\lambda} W_{ni}^2(t_k^{(n)}) e_i^2 \right)$$

$$= 2E \left(\sum_{i=1}^n W_{ni}^2(t) e_i^2 \right) \leqslant 2 \cdot n^{-1} (\log n)^{-2} E \left(\sum_{i=1}^n e_i^2 \right)$$

$$\leqslant 2 n^{-1} (\log n)^{-2}. \tag{4.3.23}$$

由 (4.3.21)—(4.3.23) 式, 当 $\lambda \cdot \alpha > 1$ 时有

$$\sum_{n=1}^\infty E \sup_{t \in I} Q_n^2(t) \leqslant \sum_{n=1}^\infty (EI_{n1} + EI_{n2})$$

$$\leqslant \sum_{n=1}^\infty (C n^{-2\lambda \cdot \alpha + 1} + 2 \cdot n^{-1} (\log n)^{-2}) < \infty.$$

从而 (4.3.13) 式得证. 这样定理 4.3.1 证毕.

4.4　φ 混合线性过程误差下半参数回归模型的小波估计

1986 年, Engle 等给出如下半参数回归模型

$$Y_i = x_i \beta + g(t_i) + \varepsilon_i, \qquad i = 1, \cdots, n, \tag{4.4.1}$$

其中 β 为未知回归参数, $g(\cdot)$ 是定义在 $[0,1]$ 的未知函数, $\{(x_i, t_i)\}$ 是已知设计点列, $\{y_i\}$ 是响应变量, $\{\varepsilon_i\}$ 是随机误差. 由于模型 (4.4.1) 可以减少有关参数回归模型假设的高风险, 又能避免完全非参数回归模型的一些缺陷, 所以模型 (4.4.1) 得到学者们越来越广泛的关注.

本节考虑半参数回归模型 (4.4.1). 当误差为由 φ 混合序列产生的线性过程, 即 $\varepsilon_i = \sum_{j=-\infty}^{\infty} a_j e_{i-j}$, 其中 $\{e_j, j = 0, \pm 1, \pm 2, \cdots\}$ 为 φ 混合序列时, 给出了未知回归参数 β 和回归函数 $g(\cdot)$ 小波估计量的 Berry-Esseen 界. 所得结果是 Li 等 (2011) 文献结果的推广和一般化.

4.4.1 假设条件和主要结果

下面介绍模型 (4.4.1) 式中未知回归参数 β 和回归函数 $g(\cdot)$ 的小波估计. 假设模型 (4.4.1) 式中的 β 给定且 $Ee_j = 0$, 则可定义 $g(\cdot)$ 的估计为

$$g_n(t, \beta) = \sum_{j=1}^{n} (Y_j - x_j \beta) \int_{A_j} E_m(t, s) \mathrm{d}s, \tag{4.4.2}$$

其中 $A_j = [s_{j-1}, s_j)$ 是 $[0,1]$ 区间的一组分割, $s_0 = 0$, $s_n = 1$, $s_i = \frac{1}{2}(t_i + t_{i+1})$, $0 \leqslant t_1 \leqslant \cdots \leqslant t_n \leqslant 1$. $E_m(t, s)$ 为由刻度函数 $\phi(x)$ 产生的小波再生核

$$E_m(t, s) = 2^m E_0(2^m t, 2^m s), \quad E_0(t, s) = \sum_{j \in Z} \phi(t - j)\phi(s - j),$$

此处 $m = m(n) > 0$ 是只依赖 n 的整数. 然后求解下述极小问题

$$\mathrm{SS}(\beta) = \sum_{j=1}^{n} [Y_j - x_j \beta - g_n(t_j, \beta)]^2. \tag{4.4.3}$$

记 (4.4.3) 式的解为 $\hat{\beta}_n$, 则

$$\hat{\beta}_n = S_n^{-2} \sum_{i=1}^{n} \tilde{x}_i \tilde{y}_i, \tag{4.4.4}$$

这里

$$\tilde{x}_i = x_i - \sum_{j=1}^{n} x_j \int_{A_j} E_m(t_i, s) ds,$$

$$\tilde{y}_i = Y_i - \sum_{j=1}^{n} Y_j \int_{A_j} E_m(t_i, s) ds, \quad S_n^2 = \sum_{i=1}^{n} \tilde{x}_i^2. \tag{4.4.5}$$

把 (4.4.2) 式中的 β 用 (4.4.4) 式中的 $\hat{\beta}_n$ 代替, 得 $g(\cdot)$ 小波估计的最终估计量为

$$\hat{g}_n(t) \triangleq g_n(t, \hat{\beta}_n) = \sum_{j=1}^{n} (Y_j - x_j \hat{\beta}_n) \int_{A_j} E_m(t, s) ds. \tag{4.4.6}$$

首先给出如下的条件:

(C1) (i) 设 $\varepsilon_i = \sum_{j=-\infty}^{\infty} a_j e_{i-j}$, 其中 $\sum_{j=-\infty}^{\infty} |a_j| < \infty$, $\{e_j, \ j = 0, \pm 1, \pm 2, \cdots\}$ 是同分布且均值为 0 的 φ 混合序列;

(ii) 设 $E|e_j|^{2+\delta} < \infty$, $0 < \delta < 1$, $\varphi(n) = O(n^{-\lambda})$, $\lambda > 3$, 则 $u(1) < \infty$.

(C2) 设存在定义在 $[0,1]$ 上满足一阶 Lipschitz 条件的函数 $h(\cdot)$, 使得 $x_i = h(t_i) + u_i$, 且

(i) $\lim\limits_{n\to\infty} n^{-1} \sum_{i=1}^{n} u_i^2 = \Sigma_0 (0 < \Sigma_0 < \infty)$;

(ii) $\max\limits_{1\leqslant i\leqslant n} |u_i| = O(1)$;

(iii) 对于 $(1, \cdots, n)$ 任一置换 $(j_1, \cdots, j_n)$, 有

$$\limsup_{n\to\infty} \left(\sqrt{n} \log n\right)^{-1} \max_{1\leqslant m\leqslant n} \left| \sum_{i=1}^{m} u_{j_i} \right| < \infty.$$

(C3) 设 $\{\varepsilon_i\}$ 的谱密度函数 $f(\omega)$ 满足 $0 < c_1 \leqslant f(\omega) \leqslant c_2 < \infty$, $\omega \in (-\pi, \pi]$.

(C4) 设 $g(\cdot)$ 满足一阶 Lipschitz 条件, 且 $g(\cdot) \in H^\nu, \nu > 3/2$, H^ν 为 ν 阶 Sobolev 空间.

(C5) 设刻度函数 $\phi(\cdot)$ 为 γ-阶正则具有紧支撑 (γ 是正整数), 满足一阶 Lipschitz 条件, 且当 $\xi \to \infty$ 时, $|\hat{\phi}(\xi) - 1| = O(\xi)$, 其中 $\hat{\phi}$ 是 ϕ 的 Fourier 变换.

(C6) $\max\limits_{1\leqslant i\leqslant n} |s_i - s_{i-1}| = O(n^{-1})$.

(C7) 设存在正常数 d_1, 使得 $\min\limits_{1\leqslant i\leqslant n} (t_i - t_{i-1}) \geqslant d_1 \cdot \dfrac{1}{n}$.

又设 $p = p(n)$, $q = q(n)$ 为正整数, 且满足 $p + q \leqslant 3n$, $qp^{-1} \leqslant c < \infty$. 令 $k = [3n/(p+q)]$, 记

$$\sigma_{n1}^2 = \mathrm{Var}\left(\sum_{i=1}^{n} u_i \varepsilon_i\right), \quad \sigma_{n2}^2 = \mathrm{Var}\left(\sum_{i=1}^{n} \varepsilon_i \int_{A_i} E_m(t, s) ds\right),$$

$$S_{n\beta} = \sigma_{n1}^{-1} S_n^2 (\hat{\beta}_n - \beta), \quad S_{ng} = \sigma_{n2}^{-1} \left(\hat{g}_n(t) - E\hat{g}_n(t)\right),$$

$$\gamma_{1n} = qp^{-1}, \quad \gamma_{2n} = pn^{-1}, \quad \gamma_{3n} = n\left(\sum_{|j|>n} |a_j|\right)^2, \quad \gamma_{4n} = kp\varphi(q)n^{-1/2},$$

$$\lambda_{1n} = qp^{-1}2^m, \quad \lambda_{2n} = pn^{-1}2^m, \quad \lambda_{3n} = n\left(\sum_{|j|>n}|a_j|\right)^2,$$

$$\lambda_{4n} = kp\varphi(q)\sqrt{2^m/n}, \quad \lambda_{5n} = 2^{-m/2} + \sqrt{2^m/n}\log n,$$

$$\mu_n(\delta, p) = \sum_{i=1}^{3}\gamma_{in}^{1/3} + u(q) + \gamma_{2n}^{\delta/2} + \gamma_{4n}^{1/2},$$

$$v_n(m) = 2^{-\frac{2m}{3}} + (2^m/n)^{1/3}\log^{2/3}n + 2^{-m}\log n + n^{1/2}2^{-2m}.$$

下面给出两个预备引理.

引理 A1 (Li et al., 2011; 薛留根, 2003) 设条件 (C5)—(C7) 成立, 则

(i) $\left|\displaystyle\int_{A_i}E_m(t,s)ds\right| = O\left(\dfrac{2^m}{n}\right)$, $i = 1, \cdots, n$;

(ii) $\sum_{i=1}^{n}\left(\displaystyle\int_{A_i}E_m(t,s)ds\right)^2 = O\left(\dfrac{2^m}{n}\right)$;

(iii) $\displaystyle\sup_m\int_0^1|E_m(t,s)ds| \leqslant C$;

(iv) $\sum_{i=1}^{n}\left|\displaystyle\int_{A_i}E_m(t,s)ds\right| \leqslant C$;

(v) $\displaystyle\max_{1\leqslant i\leqslant n}\sum_{j=1}^{n}\int_{A_j}|E_m(t_i,s)|ds \leqslant c$;

(vi) $\displaystyle\max_{1\leqslant i\leqslant n}\sum_{j=1}^{n}\int_{A_i}|E_m(t_j,s)|ds \leqslant c$.

引理 A2 条件 (C1)、(C2)(i) 和 (C3) 成立, 则

$$c_1\pi n \leqslant \sigma_{n1}^2 \leqslant c_2\pi n, \quad c_3n^{-1}2^m \leqslant \sigma_{n2}^2 \leqslant c_4n^{-1}2^m.$$

事实上, 利用文献 (You et al., 2004) 中定理 2.3 的 (3.4) 式证明方法, 对任意数列 $\{\gamma_l\}_{l\in\mathbb{N}}$, 可得

$$2c_1\pi\sum_{l=1}^{n}\gamma_l^2 \leqslant E\left(\sum_{l=1}^{n}\gamma_l\varepsilon_l\right)^2 \leqslant 2c_2\pi\sum_{l=1}^{n}\gamma_l^2.$$

由此, 利用引理 A1 和条件 (C2), 即证得引理 A2.

本节的主要结果:

定理 4.4.1 设条件 (C1)—(C7) 成立, 则

$$\sup_u\left|P\left(S_{n\beta}\leqslant u\right) - \Phi(u)\right| \leqslant c(\mu_n(\delta, p) + v_n(m)).$$

推论 4.4.1　设条件 (C1)—(C7) 成立, 且

$$\sup_{n \geqslant 1} n^{\frac{18\lambda+1}{2(12\lambda+4)}} \sum_{|j|>n} |a_j| < \infty, \quad 2^m = O(n^{2/5}),$$

则

$$\left| P(S_{n\beta} \leqslant u) - \Phi(u) \right| = O\left(n^{-\frac{2\lambda-1}{12\lambda+4}}\right).$$

定理 4.4.2　设条件 (C1)—(C7) 成立, 则

$$\sup_u \left| P(S_{ng} \leqslant u) - \Phi(u) \right| \leqslant c \left(\sum_{i=1}^{3} \lambda_{in}^{1/3} + u(q) + \lambda_{2n}^{\delta/2} + \lambda_{4n}^{1/2} + \lambda_{5n}^{(2+\delta)/(3+\delta)} \right).$$

推论 4.4.2　在定理 4.4.2 的条件下, 当 $\delta = 2/3$, $2^m/n = O(n^{-\theta})$, 且

$$\sup_{n \geqslant 1} \left(n^{\frac{12\lambda\theta+6\lambda+3\theta-2}{2(12\lambda+4)}} \right) \sum_{|j|>n} |a_j| < \infty$$

时, 如果 $\max\left\{ \dfrac{2\lambda+2}{4\lambda+1}, 3/4 \right\} < \theta \leqslant \min\left\{ \dfrac{2(\lambda-1)}{\lambda+1}, 1 \right\}$, 则

$$\sup_u |P(S_{ng} \leqslant u) - \Phi(u)| = O\left(n^{-\min\left\{ \frac{2\lambda(2\theta-1)+\theta-2}{12\lambda+4}, \frac{4}{11}\theta \right\}} \right).$$

注 4.4.1　记 $\tilde{h}(t) = h(t) - \sum_{j=1}^{n} h(t_j) \int_{A_j} E_m(t,s)ds$. 由条件 (C4)—(C7) 以及文献 (李永明和杨善朝, 2003) 中定理 3.2 证明中的关系式 (11), 可得 $\sup_t |\tilde{h}(t)| = O(n^{-1} + 2^{-m})$. 类似地, 记 $\tilde{g}(t) = g(t) - \sum_{j=1}^{n} g(t_j) \int_{A_j} E_m(t,s)ds$, 则也有 $\sup_t |\tilde{g}(t)| = O(n^{-1} + 2^{-m})$.

注 4.4.2　根据推论 4.4.1, 当 λ 充分大时, 小波估计 $\hat{\beta}_n$ 的 Berry-Esseen 界接近 $O(n^{-\frac{1}{6}})$. 此外当 $\theta > 0$ 时, $\dfrac{2\lambda(2\theta-1)+\theta-2}{12\lambda+4}$ 关于 λ 为单调递增的函数. 从而当 $\lambda \to \infty$ 时, 可得 $\dfrac{2\lambda(2\theta-1)+\theta-2}{12\lambda+4} \to \dfrac{2\theta-1}{6}$. 因此, 根据推论 4.4.2, 当 θ 趋近于 1 时, 可得小波估计量 $\hat{g}_n(t)$ 的 Berry-Esseen 界接近 $O(n^{-1/6})$, 与文献 (Li et al., 2011) 中的 Berry-Esseen 界一致. 故本节的结果把文献 (Li et al., 2011) 中非参数回归模型下的结果推广到半参数回归模型情形.

4.4.2　辅助引理

为了证明本节主要结果, 我们需要给出一些辅助结果.

根据 (4.4.4) 式中 $\hat{\beta}_n$ 的定义可得

$$S_{n\beta} = \sigma_{n1}^{-1}\bigg[\sum_{i=1}^{n}\tilde{x}_i\varepsilon_i - \sum_{i=1}^{n}\tilde{x}_i\sum_{j=1}^{n}\varepsilon_j\int_{A_j}E_m(t_i,s)ds + \sum_{i=1}^{n}\tilde{x}_i\tilde{g}_i\bigg]$$

$$:= S_{n1} + S_{n2} + S_{n3}. \tag{4.4.7}$$

又由 (4.4.5) 式得

$$S_{n1} = \sigma_{n1}^{-1}\bigg[\sum_{i=1}^{n}u_i\varepsilon_i + \sum_{i=1}^{n}\tilde{h}_i\varepsilon_i - \sum_{i=1}^{n}\varepsilon_i\sum_{j=1}^{n}u_j\int_{A_j}E_m(t_i,s)ds\bigg]$$

$$= S_{n11} + S_{n12} + S_{n13} \tag{4.4.8}$$

和

$$|S_{n2}| \leqslant \bigg|\sigma_{n1}^{-1}\sum_{i=1}^{n}u_i\bigg(\sum_{j=1}^{n}\varepsilon_j\int_{A_j}E_m(t_i,s)ds\bigg)\bigg|$$

$$+ \bigg|\sigma_{n1}^{-1}\sum_{i=1}^{n}\tilde{h}_i\bigg(\sum_{j=1}^{n}\varepsilon_j\int_{A_j}E_m(t_i,s)ds\bigg)\bigg|$$

$$+ \bigg|\sigma_{n1}^{-1}\sum_{i=1}^{n}\bigg(\sum_{l=1}^{n}u_l\int_{A_l}E_m(t_i,s)ds\bigg)\bigg(\sum_{j=1}^{n}\varepsilon_j\int_{A_j}E_m(t_i,s)ds\bigg)\bigg|$$

$$= S_{n21} + S_{n22} + S_{n23},$$

其中

$$S_{n11} = \sum_{i=1}^{n}\sigma_{n1}^{-1}u_i\sum_{j=-n}^{n}a_je_{i-j} + \sum_{i=1}^{n}\sigma_{n1}^{-1}u_i\sum_{|j|>n}a_je_{i-j} := S_{n111} + S_{n112}. \tag{4.4.9}$$

我们把 S_{n111} 写成

$$S_{n111} = \sum_{l=1-n}^{2n}\sigma_{n1}^{-1}\bigg(\sum_{i=\max\{1,l-n\}}^{\min\{n,l+n\}}u_ia_{i-l}\bigg)e_l \overset{\triangle}{=} \sum_{l=1-n}^{2n}Z_{nl},$$

则 S_{n111} 可分解为

$$S_{n111} = S'_{n111} + S''_{n111} + S'''_{n111}, \tag{4.4.10}$$

其中

$$S'_{n111} = \sum_{w=1}^{k} y_{1nw}, \quad S''_{n111} = \sum_{w=1}^{k} y'_{1nw}, \quad S'''_{n111} = y'_{1,n,k+1},$$

$$y_{1nw} = \sum_{i=k_w}^{k_w+p-1} Z_{ni}, \quad y'_{1nw} = \sum_{i=l_w}^{l_w+q-1} Z_{ni}, \quad y'_{1,n,k+1} = \sum_{i=k(p+q)-n+1}^{2n} Z_{ni},$$

$$k_w = (w-1)(p+q)+1-n, \ l_w = (w-1)(p+q)+p+1-n, \ w=1,\cdots,k.$$

联合 (4.4.7)—(4.4.10) 式得

$$S_{n\beta} = S'_{n111} + S''_{n111} + S'''_{n111} + S_{n112} + S_{n12} + S_{n13} + S_{n2} + S_{n3}.$$

另外, 由 $\hat{g}_n(t)$ 的定义 S_{ng} 可表示为

$$S_{ng} = \sigma_{n2}^{-1} \sum_{i=1}^{n} \varepsilon_i \int_{A_i} E_m(t,s)ds + \sigma_{n2}^{-1} \sum_{i=1}^{n} x_i(\beta-\hat{\beta}_n) \int_{A_i} E_m(t,s)ds$$

$$- \sigma_{n2}^{-1} \sum_{i=1}^{n} x_i(\beta-E\hat{\beta}_n) \int_{A_i} E_m(t,s)ds =: H_{n1} + H_{n2} + H_{n3}. \qquad (4.4.11)$$

进一步 H_{n1} 可表示为

$$H_{n1} = \sigma_{n2}^{-1} \sum_{i=1}^{n} \int_{A_i} E_m(t,s)ds \left(\sum_{j=-n}^{n} a_j e_{i-j} \right)$$

$$+ \sigma_{n2}^{-1} \sum_{i=1}^{n} \int_{A_i} E_m(t,s)ds \left(\sum_{|j|>n} a_j e_{i-j} \right) =: H_{n11} + H_{n12}. \qquad (4.4.12)$$

记

$$H_{n11} = \sigma_{n2}^{-1} \sum_{l=1-n}^{2n} \left(\sum_{i=\max(1,l-n)}^{\min(n,n+l)} a_{i-l} \int_{A_i} E_m(t,s)ds \right) e_l = \sum_{l=1-n}^{2n} M_{nl}.$$

又令

$$y_{2nw} = \sum_{i=k_w}^{k_w+p-1} M_{ni}, \quad y'_{2nw} = \sum_{i=l_w}^{l_w+q-1} M_{ni}, \quad y'_{2,n,k+1} = \sum_{i=k(p+q)-n+1}^{2n} M_{ni},$$

$$H'_{n11} = \sum_{w=1}^{k} y_{2nw}, \quad H''_{n11} = \sum_{w=1}^{k} y'_{2nw}, \quad H'''_{n11} = y'_{2,n,k+1},$$

则类似于 (4.4.10) 式中的 S_{n111}, H_{n11} 可表示为

$$H_{n11} = H'_{n11} + H''_{n11} + H'''_{n11}. \tag{4.4.13}$$

联合 (4.4.11)—(4.4.13) 式得

$$S_{ng} = H'_{n11} + H''_{n11} + H'''_{n11} + H_{n12} + H_{n2} + H_{n3}.$$

假设 $\{\eta_{inw}, w = 1, \cdots, k\}, i = 1, 2$ 是独立随机变量, 其分布与 $\{y_{inw}, w = 1, \cdots, k\}$ 相同. 令

$$T_{ni} = \sum_{w=1}^{k} \eta_{inw}, \quad B_{ni}^2 = \sum_{w=1}^{k} \mathrm{Var}(\eta_{inw}), \quad s_{ni}^2 = \sum_{w=1}^{k} \mathrm{Var}(y_{inw}).$$

显然 $B_{ni}^2 = s_{ni}^2, \ i = 1, 2$.

下面给出 6 个辅助结果.

引理 4.4.1 在条件 (C1)—(C7) 下有

(i) $E(S''_{n111})^2 \leqslant C\gamma_{1n}, \ E(S'''_{n111})^2 \leqslant C\gamma_{2n}, \ E(S_{n112})^2 \leqslant C\gamma_{3n};$

$$P(|S''_{n111}| \geqslant \gamma_{1n}^{1/3}) \leqslant C\gamma_{1n}^{1/3}, \ P(|S'''_{n111}| \geqslant \gamma_{2n}^{1/3}) \leqslant C\gamma_{2n}^{1/3},$$

$$P(|S_{n112}| \geqslant \gamma_{3n}^{1/3}) \leqslant C\gamma_{3n}^{1/3}.$$

(ii) $E(H''_{n11})^2 \leqslant C\lambda_{1n}, \ E(H'''_{n11})^2 \leqslant C\lambda_{2n}, \ EH_{n12}^2 \leqslant C\lambda_{3n};$

$$P(|H''_{11n}| \geqslant \lambda_{1n}^{1/3}) \leqslant C\lambda_{1n}^{1/3}, \ P(|H'''_{11n}| \geqslant \lambda_{2n}^{1/3}) \leqslant C\lambda_{2n}^{1/3},$$

$$P(|H_{n12}| \geqslant \lambda_{3n}^{1/3}) \leqslant C\lambda_{3n}^{1/3}.$$

证明 利用引理 A2、引理 1.3.4, 以及条件 (C1)(i) 和 (C2) 可得

$$E(S''_{n111})^2 \leqslant C \sum_{w=1}^{k} \sum_{i=l_w}^{l_w+q-1} \sigma_{n1}^{-2} \left(\sum_{j=\max\{1,i-n\}}^{\min\{n,i+n\}} u_i a_{j-i} \right)^2 \|e_i\|_{2+\delta}^2$$

$$\leqslant C \sum_{w=1}^{k} \sum_{i=l_w}^{l_w+q-1} n^{-1} \left(\max_{1 \leqslant i \leqslant n} |u_i| \right)^2 \left(\sum_{j=\max\{1,i-n\}}^{\min\{n,i+n\}} |a_{j-i}| \right)^2$$

$$\leqslant Ckqn^{-1} \left(\sum_{j=-\infty}^{\infty} |a_j| \right)^2 \leqslant Cqp^{-1} = C\gamma_{1n}, \tag{4.4.14}$$

$$E(S'''_{n111})^2 \leqslant C \sum_{i=k(p+q)-n+1}^{2n} \sigma_{n1}^{-2} \left(\sum_{j=\max\{1,i-n\}}^{\min\{n,i+n\}} u_i a_{j-i} \right)^2 \|e_i\|_{2+\delta}^2$$

$$\leqslant C \sum_{i=k(p+q)-n+1}^{2n} n^{-1} \left(\max_{1\leqslant i\leqslant n} |u_i| \right)^2 \left(\sum_{j=\max\{1,i-n\}}^{\min\{n,i+n\}} |a_{j-i}| \right)^2$$

$$\leqslant C[3n-k(p+q)]n^{-1} \left(\sum_{j=-\infty}^{\infty} |a_j| \right)^2 \leqslant Cpn^{-1} = C\gamma_{2n}. \tag{4.4.15}$$

利用 Cauchy 不等式可得

$$E(S_{n112})^2 \leqslant C\sigma_{n1}^{-2} \left(\sum_{i=1}^{n} |u_i|^2 \right) E \left(\sum_{i=1}^{n} \left(\sum_{|j|>n} a_j e_{i-j} \right)^2 \right)$$

$$\leqslant C\sigma_{n1}^{-2} n \sum_{i=1}^{n} \left(\sum_{|j|>n} |a_j| \right)^2 \|e_i\|_{2+\delta}^2$$

$$\leqslant Cn \left(\sum_{|j|>n} |a_j| \right)^2 = C\gamma_{3n}. \tag{4.4.16}$$

因此, 联合 (4.4.14)—(4.4.16) 式, 利用 Markov 不等式可证得引理 4.4.1(i). 引理 4.4.1(ii) 证明类似. 从而, 引理 4.4.1 证毕.

引理 4.4.2　在定理 4.4.1 和定理 4.4.2 的条件下,

(i)　$|s_{n1}^2 - 1| \leqslant C \left(\gamma_{1n}^{1/2} + \gamma_{2n}^{1/2} + \gamma_{3n}^{1/2} + u(q) \right)$;

(ii)　$|s_{n2}^2 - 1| \leqslant C \left(\lambda_{1n}^{1/2} + \lambda_{2n}^{1/2} + \lambda_{3n}^{1/2} + u(q) \right)$.

证明　记 $\Gamma_{n1} = \sum_{1\leqslant i<j\leqslant k} \text{Cov}(y_{1ni}, y_{1nj})$, 则 $s_{n1}^2 = E(S'_{n111})^2 - 2\Gamma_{n1}$ 且 $E(S_{n11})^2 = 1$ 以及

$$E(S'_{n111})^2 = 1 + E\left(S''_{n111} + S'''_{n111} + S_{n112} \right)^2 - 2E\left[S_{n11}\left(S''_{n111} + S'''_{n111} + S_{n112} \right) \right].$$

根据引理 4.4.1、C_r-不等式和 Cauchy-Schwarz 不等式可得

$$E\left(S''_{n111} + S'''_{n111} + S_{n112} \right)^2 \leqslant C\left(\gamma_{1n} + \gamma_{2n} + \gamma_{3n} \right),$$

$$\left| E\left[S_{n11}(S''_{n111} + S'''_{n111} + S_{n112}) \right] \right| \leqslant C\left(\gamma_{1n}^{1/2} + \gamma_{2n}^{1/2} + \gamma_{3n}^{1/2} \right).$$

故有

$$\left| E(S'_{n111})^2 - 1 \right| \leqslant C\left(\gamma_{1n}^{1/2} + \gamma_{2n}^{1/2} + \gamma_{3n}^{1/2} \right). \tag{4.4.17}$$

利用 φ 混合不等式 (陆传荣和林正炎, 1997, 引理 1.2.8)、引理 A2 和引理 A1、条件 (C2), 可得

$$\begin{aligned}
|\Gamma_{n1}| &\leqslant \sum_{1 \leqslant i < j \leqslant k} \sum_{s_1=k_i}^{k_i+p-1} \sum_{t_1=k_j}^{k_j+p-1} |\mathrm{Cov}(Z_{ns_1}, Z_{nt_1})| \\
&\leqslant \frac{C}{n} \sum_{1 \leqslant i < j \leqslant k} \sum_{s_1=k_i}^{k_i+p-1} \sum_{t_1=k_j}^{k_j+p-1} \sum_{u=\max\{1,s_1-n\}}^{\min\{n,s_1+n\}} \sum_{v=\max\{1,t_1-n\}}^{\min\{n,t_1+n\}} |u_u u_v||a_{u-s_1} a_{v-t_1}| \\
&\quad \cdot |\mathrm{Cov}(e_{s_1}, e_{t_1})| \\
&\leqslant \frac{C}{n} \sum_{1 \leqslant i < j \leqslant k} \sum_{s_1=k_i}^{k_i+p-1} \sum_{t_1=k_j}^{k_j+p-1} \sum_{u=\max\{1,s_1-n\}}^{\min\{n,s_1+n\}} \sum_{v=\max\{1,t_1-n\}}^{\min\{n,t_1+n\}} u_u^2 |a_{u-s_1} a_{v-t_1}| \\
&\quad \cdot \varphi^{1/2}(s_1 - t_1)\|e_{t_1}\|_2 \cdot \|e_{s_1}\|_2 \\
&\leqslant \frac{C}{n} \sum_{i=1}^{k-1} \sum_{s_1=k_i}^{k_i+p-1} \sum_{u=\max\{1,s_1-n\}}^{\min\{n,s_1+n\}} u_u^2 |a_{u-s_1}| \\
&\quad \cdot \sum_{j=i+1}^{k} \sum_{t_1=k_j}^{k_j+p-1} \varphi^{1/2}(s_1 - t_1) \sum_{v=\max\{1,t_1-n\}}^{\min\{n,t_1+n\}} |a_{v-t_1}| \\
&\leqslant \frac{C}{n} \sum_{i=1}^{k-1} \sum_{s_1=k_i}^{k_i+p-1} \sum_{u=\max\{1,s_1-n\}}^{\min\{n,s_1+n\}} u_u^2 |a_{u-s_1}| \sum_{j \geqslant q} \varphi^{1/2}(j) \\
&\leqslant \frac{C}{n} u(q) \sum_{i=1}^{k-1} \sum_{s_1=k_i}^{k_i+p-1} \sum_{u=1}^{n} u_u^2 |a_{u-s_1}| \\
&\leqslant \frac{C}{n} u(q) \sum_{u=1}^{n} u_u^2 \left(\sum_{i=1}^{k-1} \sum_{s_1=k_i}^{k_i+p-1} |a_{u-s_1}| \right) \leqslant C u(q). \tag{4.4.18}
\end{aligned}$$

所以, 由 (4.4.17) 式和 (4.4.18) 式即得

$$|s_{n1}^2 - 1| \leqslant |E(S'_{n111})^2 - 1| + 2|\Gamma_{n1}| \leqslant C\left(\gamma_{1n}^{1/2} + \gamma_{2n}^{1/2} + \gamma_{3n}^{1/2} + u(q) \right).$$

证得引理 4.4.2(i). 引理 4.4.2(ii) 证明类似.

引理 4.4.3　在定理 4.4.1 和定理 4.4.2 的条件下分别有

(i)　$\sup\limits_{u} |P(T_{n1}/s_{n1} \leqslant u) - \Phi(u)| \leqslant C\gamma_{2n}^{\delta/2}$;

(ii)　$\sup\limits_{u} |P(T_{n2}/s_{n2} \leqslant u) - \Phi(u)| \leqslant C\lambda_{2n}^{\delta/2}$.

证明　根据 Esseen 不等式 (Petrov, 1996, 定理 5.7) 得

$$\sup_{u} |P(T_{n1}/s_{n1} \leqslant u) - \Phi(u)| \leqslant C\frac{\sum\limits_{w=1}^{k} E|y_{1nw}|^r}{s_{n1}^r}, \quad 2 < r \leqslant 3. \tag{4.4.19}$$

令 $r = 2 + \delta$, 利用引理 A2、引理 1.3.4、条件 (C1) 和 (C2) 以及 C_r-不等式得

$$\sum_{w=1}^{k} \mathrm{E}|y_{1nw}|^{2+\delta} \leqslant C \sum_{w=1}^{k} \left\{ \sum_{j=m_w}^{m_w+p-1} \left| \sum_{i=\max\{1,j-n\}}^{\min\{n,j+n\}} \sigma_{n1}^{-1} u_i a_{i-j} \right|^{2+\delta} \right.$$

$$\left. + \left[\sum_{j=m_w}^{m_w+p-1} \left(\sum_{i=\max\{1,j-n\}}^{\min\{n,j+n\}} \sigma_{n1}^{-1} u_i a_{i-j} \right)^2 \right]^{1+\delta/2} \right\}$$

$$\leqslant C\sigma_{n1}^{-(2+\delta)} \left(kp + kp^{1+\delta/2} \right) \leqslant C\gamma_{2n}^{\delta/2}. \tag{4.4.20}$$

因此, 根据引理 4.4.2 以及关系式 (4.4.19) 和 (4.4.20), 证得引理 4.4.3(i). 引理 4.4.3(ii) 证明类似.

引理 4.4.4　在定理 4.4.1 和定理 4.4.2 的条件下分别有

(i)　$\sup\limits_{u} |P(S'_{n111} \leqslant u) - P(T_{n1} \leqslant u)| \leqslant C\{\gamma_{2n}^{\delta/2} + \gamma_{4n}^{1/2}\}$;

(ii)　$\sup\limits_{u} |P(H'_{n11} \leqslant u) - P(T_{n2} \leqslant u)| \leqslant C\{\lambda_{2n}^{\delta/2} + \gamma_{4n}^{1/2}\}$.

证明　假设 $\phi_1(t)$ 和 $\psi_1(t)$ 是 S'_{1n} 和 T_n 的特征函数, 由引理 1.3.5 和引理 A2 得

$$|\phi_1(t) - \psi_1(t)| \leqslant C|t|\varphi(q) \sum_{w=1}^{k} E|y_{nw}|$$

$$\leqslant C|t|\varphi(q) \sum_{w=1}^{k} \left\{ E \left(\sum_{i=m_w}^{m_w+p-1} \sigma_{n1}^{-1} \sum_{j=\max\{1,i-n\}}^{\min\{n,i+n\}} u_i a_{j-i} |e_i| \right) \right\}$$

$$\leqslant C|t|\varphi(q)\sigma_{n1}^{-1} \sum_{w=1}^{k} \sum_{i=m_w}^{m_w+p-1} \sum_{j=\max\{1,i-n\}}^{\min\{n,i+n\}} |u_j a_{j-i}|$$

$$\leqslant C|t|kp\varphi(q)n^{-1/2}\left(\sum_{l=-\infty}^{\infty}|a_l|\right) \leqslant C|t|\gamma_{4n}.$$

因此

$$\int_{-T}^{T}\left|\frac{\phi_1(t)-\psi_1(t)}{t}\right|dt \leqslant C\gamma_{4n}T, \tag{4.4.21}$$

$$T\sup_{u}\int_{|y|\leqslant c/T}|P(T_{n1}\leqslant u+y)-P(T_{n1}\leqslant u)|\,dy \leqslant C\{\gamma_{2n}^{\delta/2}+1/T\}. \tag{4.4.22}$$

再由关系式 (4.4.21) 和 (4.4.22), 选取 $T=\gamma_{4n}^{-1/2}$, 可得

$$\sup_{u}|P(S'_{n111}\leqslant u)-P(T_{n1}\leqslant u)|$$

$$\leqslant \int_{-T}^{T}\left|\frac{\phi_1(t)-\psi_1(t)}{t}\right|dt + T\sup_{u}\int_{|y|\leqslant c/T}\left|P(T_{n1}\leqslant u+y)-P(T_{n1}\leqslant u)\right|dy$$

$$\leqslant C\left\{\gamma_{4n}T+\gamma_{2n}^{\delta/2}+1/T\right\} = C\left\{\gamma_{2n}^{\delta/2}+\gamma_{4n}^{1/2}\right\}.$$

证得引理 4.4.4(i). 引理 4.4.4(ii) 证明类似.

引理 4.4.5 在条件 (C1)—(C7) 下有

(a) $P\{|S_{n12}|\geqslant C(n^{-1}+2^{-m})^{2/3}\}\leqslant C(n^{-1}+2^{-m})^{2/3}$;

(b) $P\{|S_{n13}|\geqslant C(2^{m}n^{-1}\log^2 n)^{1/3}\}\leqslant C(2^{m}n^{-1}\log^2 n)^{1/3}$;

(c) $P\{|S_{n21}|\geqslant C(2^{m}n^{-1}\log^2 n)^{1/3}\}\leqslant C(2^{m}n^{-1}\log^2 n)^{1/3}$;

(d) $P\{|S_{n22}|\geqslant C(n^{-1}+2^{-m})^{2/3}\}\leqslant C(n^{-1}+2^{-m})^{2/3}$;

(e) $P\{|S_{n23}|\geqslant C(2^{m}n^{-1}\log^2 n)^{1/3}\}\leqslant C(2^{m}n^{-1}\log^2 n)^{1/3}$;

(f) $S_{n3}\leqslant C(2^{-m}\log n+n^{1/2}2^{-2m})$.

证明 (a) 由条件 (C2)、注 4.4.1 以及引理 A2 得

$$E(S_{n12}^2)\leqslant C(n^{-1}+2^{-m})^2,$$

$$P\left\{|S_{n12}|\geqslant C(n^{-1}+2^{-m})^{2/3}\right\}\leqslant C(n^{-1}+2^{-m})^{2/3}.$$

(b) 利用引理 1.3.4、引理 A1 和引理 A2, 可得

$$ES_{n13}^2 \leqslant \sigma_{n1}^{-2}\cdot c_2\sum_{i=1}^{n}\left(\sum_{j=1}^{n}u_j\int_{A_j}E_m(t_i,s)\,ds\right)^2$$

$$\leqslant c_2\sigma_{n1}^{-2}\cdot\max_{1\leqslant i,j\leqslant n}\left|\int_{A_j}E_m(t_i,s)\,ds\right|$$

$$\cdot \max_{1 \leqslant j \leqslant n} \sum_{i=1}^{n} \left| \int_{A_j} E_m(t_i, s) \, ds \right| \cdot \left(\max_{1 \leqslant m \leqslant n} \left| \sum_{i=1}^{m} u_{ji} \right| \right)^2$$

$$\leqslant C 2^m n^{-1} \log^2 n.$$

因此

$$P\left\{ |S_{n13}| \geqslant C(2^m n^{-1} \log^2 n)^{1/3} \right\} \leqslant C(2^m n^{-1} \log^2 n)^{1/3}.$$

(c) 通过改变 $\{S_{n21}\}$ 中的求和次序, 类似于 ES_{n13}^2 的计算得

$$ES_{n21}^2 \leqslant \sigma_{n1}^{-2} \cdot c_2 \sum_{j=1}^{n} \left(\sum_{i=1}^{n} u_i \int_{A_j} E_m(t_i, s) \, ds \right)^2 \leqslant C 2^m n^{-1} \log^2 n,$$

故有

$$P\left\{ |S_{n21}| \geqslant C(2^m n^{-1} \log^2 n)^{1/3} \right\} \leqslant C(2^m n^{-1} \log^2 n)^{1/3}.$$

(d) 类似地, 由引理 1.3.4、引理 A1、引理 A2, 以及注 4.4.1 可得

$$ES_{n22}^2 \leqslant c_2 \sigma_{n1}^{-2} \cdot \sum_{i=1}^{n} \left(\sum_{j=1}^{n} \tilde{h}_j \int_{A_i} E_m(t_j, s) \, ds \right)^2$$

$$\leqslant c_2 \sigma_{n1}^{-2} \cdot \left(\sup_{t_j} |\tilde{h}_j| \right)^2 \sum_{i=1}^{n} \left(\sum_{j=1}^{n} \left| \int_{A_i} E_m(t_j, s) \, ds \right| \right)$$

$$\cdot \left(\sum_{j=1}^{n} \left| \int_{A_i} E_m(t_j, s) \, ds \right| \right)$$

$$\leqslant c_2 \sigma_{n1}^{-2} \cdot \left(\sup_{t_j} |\tilde{h}_j| \right)^2 \cdot n \leqslant C(n^{-1} + 2^{-m})^2.$$

因此

$$P\left\{ |S_{n22}| \geqslant C(n^{-1} + 2^{-m})^{2/3} \right\} \leqslant C(n^{-1} + 2^{-m})^{2/3}.$$

(e) 注意到

$$S_{n23} = \sigma_{n1}^{-1} \sum_{j=1}^{n} \left\{ \sum_{i=1}^{n} \int_{A_j} E_m(t_i, s) ds \left(\sum_{l=1}^{n} \int_{A_l} E_m(t_i, s) u_l ds \right) \right\} \varepsilon_j.$$

类似于 ES_{n13}^2 中的计算, 再由引理 1.3.4、引理 A1、引理 A2, 可得

$$ES_{n23}^2 \leqslant c_2\pi\sigma_{n1}^{-2} \sum_{j=1}^n \left[\sum_{i=1}^n \int_{A_j} E_m(t_i,s)ds \left(\sum_{l=1}^n \int_{A_l} E_m(t_i,s)u_l ds \right) \right]^2$$

$$\leqslant c_2\pi\sigma_{n1}^{-2} \max_{1\leqslant i,j\leqslant n} \int_{A_i} E_m(t_j,s)ds \cdot \max_{1\leqslant j\leqslant n} \sum_{i=1}^n \int_{A_i} E_m(t_j,s)ds$$

$$\cdot \left(\max_{1\leqslant l\leqslant n} \sum_{j=1}^n \int_{A_l} E_m(t_j,s)ds \cdot \max_{1\leqslant m\leqslant n} \left| \sum_{i=1}^m u_{ji} \right| \right)^2$$

$$\leqslant C \cdot 2^m n^{-1} \log^2 n.$$

进而得

$$P\left\{ |S_{n23}| \geqslant C(2^m n^{-1} \log^2 n)^{1/3} \right\} \leqslant C(2^m n^{-1} \log^2 n)^{1/3}.$$

(f) 由条件 (C2)、注 4.4.1、引理 A1, 利用 Abel 不等式, 则有

$$\sigma_{n1}S_{n3} \leqslant \left| \sum_{i=1}^n u_i\tilde{g}_i \right| + \left| \sum_{i=1}^n \tilde{h}_i\tilde{g}_i \right| + \left| \sum_{i=1}^n \left(\sum_{j=1}^n u_j \int_{A_j} E_m(t_i,s)ds \right) \tilde{g}_i \right|$$

$$\leqslant c\left\{ \max_{1\leqslant i\leqslant n} |\tilde{g}_i| \max_{1\leqslant k\leqslant n} \left| \sum_{i=1}^k u_{ji} \right| + n \max_{1\leqslant i\leqslant n} |\tilde{h}_i| \max_{1\leqslant i\leqslant n} |\tilde{g}_i| \right.$$

$$\left. + \max_{1\leqslant i\leqslant n} |\tilde{g}_i| \max_{1\leqslant j\leqslant n} \sum_{i=1}^n \int_{A_j} E_m(t_i,s)ds \max_{1\leqslant k\leqslant n} \sum_{i=1}^k |u_{ji}| \right\}$$

$$= C_1(n^{-1} + 2^{-m})\sqrt{n}\log n + C_2 n(n^{-1} + 2^{-m})^2.$$

再利用引理 A2 得

$$S_{n3} \leqslant C(2^{-m}\log n + n^{1/2}2^{-2m}).$$

引理 4.4.5 证毕.

引理 4.4.6 在条件 (C1)—(C7) 下有

$$E|H_{n2}|^{2+\delta} \leqslant c\lambda_{5n}^{2+\delta}, \quad P\left(|H_{n2}| > \lambda_{5n}^{(2+\delta)/(3+\delta)}\right) \leqslant \lambda_{5n}^{(2+\delta)/(3+\delta)}, \quad |H_{n3}| \leqslant c\lambda_{5n}.$$

证明 类似于文献 (Liang and Una-Alvarez, 2009) 中 (A.8) 的证明, 需要证明

$$\lim_{n\to\infty} S_n/n = \lim_{n\to\infty} \frac{1}{n}\sum_{i=1}^n \tilde{x}_i^2 = \Sigma, \quad 其中 0 < \Sigma < \infty. \tag{4.4.23}$$

事实上, 由 (4.4.5) 式可得

$$\frac{1}{n}\sum_{i=1}^{n}\widetilde{x}_i^{\,2} = \frac{1}{n}\sum_{i=1}^{n}u_i^2 + \frac{1}{n}\sum_{i=1}^{n}\widetilde{h}_i^{\,2} + \frac{1}{n}\sum_{i=1}^{n}\left(\sum_{j=1}^{n}u_j\int_{A_j}E_m(t_i,s)ds\right)^2$$

$$+ \frac{2}{n}\sum_{i=1}^{n}u_i\widetilde{h}_i - \frac{2}{n}\sum_{i=1}^{n}u_i\left(\sum_{j=1}^{n}u_j\int_{A_j}E_m(t_i,s)ds\right)$$

$$- \frac{2}{n}\sum_{i=1}^{n}\widetilde{h}_i\left(\sum_{j=1}^{n}u_j\int_{A_j}E_m(t_i,s)ds\right)$$

$$= L_{1n} + L_{2n} + L_{3n} + 2L_{4n} - 2L_{5n} - 2L_{6n}. \tag{4.4.24}$$

利用条件 (C2) (i) 以及注 4.4.1 有

$$L_{1n} \to \Sigma, \quad L_{2n} \leqslant \max_{1\leqslant i\leqslant n}\widetilde{h}_i^{\,2} = O(n^{-1}+2^{-m}) \to 0. \tag{4.4.25}$$

又由条件 (C2) (iii) 以及引理 A1 计算得

$$L_{3n} \leqslant \frac{c}{n}\max_{1\leqslant i,j\leqslant n}\int_{A_j}|E_m(t_i,s)|ds\max_{1\leqslant j\leqslant n}\sum_{i=1}^{n}\left|\int_{A_j}E_m(t_i,s)\right|ds\left(\max_{1\leqslant l\leqslant n}\left|\sum_{i=1}^{l}u_{j_i}\right|\right)^2$$

$$= O\left(\frac{2^m\log^2 n}{n}\right) \to 0,$$

$$|L_{4n}| \leqslant \frac{c}{n}\max_{1\leqslant i\leqslant n}|\widetilde{h}_i|\cdot\max_{1\leqslant l\leqslant n}\left|\sum_{i=1}^{l}u_{j_i}\right| = O\left(\frac{\log n}{2^m\sqrt{n}}\right) \to 0,$$

$$|L_{5n}| \leqslant \frac{c}{n}\max_{1\leqslant i,j\leqslant n}\int_{A_j}|E_m(t_i,s)|ds\cdot\max_{1\leqslant l\leqslant n}\left|\sum_{i'=1}^{l}u_{j_{i'}}\right|\cdot\max_{1\leqslant \iota\leqslant n}\left|\sum_{i=1}^{\iota}u_{j_i}\right|$$

$$= O\left(\frac{2^m\log^2 n}{n}\right) \to 0,$$

$$|L_{6n}| \leqslant \frac{c}{n}\max_{1\leqslant i\leqslant n}|\widetilde{h}_i|\cdot\max_{1\leqslant j\leqslant n}\sum_{i=1}^{n}\int_{A_j}|E_m(t_i,s)|ds\cdot\max_{1\leqslant l\leqslant n}\left|\sum_{i=1}^{l}u_{j_i}\right|$$

$$= O\left(\frac{\log n}{2^m\sqrt{n}}\right) \to 0. \tag{4.4.26}$$

因此, 结合关系式 (4.4.24)—(4.4.26), 证得关系式 (4.4.23) 成立.

注意到 $\xi_n \Rightarrow \xi \sim N(0,1)$, 则 $E|\xi_n| \to E|\xi| = \sqrt{2/\pi}, E|\xi_n|^{2+\delta} \to E|\xi|^{2+\delta} < \infty$. 再由定理 4.4.1、引理 A2 和关系式 (4.4.23) 可得

$$|\beta - E\hat{\beta}_n| \leqslant E|\beta - \hat{\beta}_n| \leqslant O(\sigma_{n1}/S_n^2) = O(n^{-1/2}),$$

$$E|\hat{\beta}_n - \beta|^{2+\delta} \leqslant O((\sigma_{n1}/S_n^2)^{2+\delta}) = O(n^{-(1+\delta/2)}).$$

这样, 利用 Abel 不等式、条件 (C2)(iii) 和 (C4) 可得

$$|H_{n3}| = \sigma_{n2}^{-1}|\beta - E\hat{\beta}_n| \cdot \left| \sum_{i=1}^{n} x_i \int_{A_i} E_m(t,s)ds \right|$$

$$\leqslant \sigma_{n2}^{-1} n^{-1/2} \left(\sup_{0 \leqslant t \leqslant 1} |h(t)| + \max_{1 \leqslant i \leqslant n} \int_{A_i} |E_m(t,s)|ds \cdot \max_{1 \leqslant l \leqslant n} \left| \sum_{i=1}^{l} u_{j_i} \right| \right)$$

$$\leqslant c \left(2^{-m/2} + \sqrt{2^m/n} \log n \right) = c\lambda_{5n}, \tag{4.4.27}$$

$$E|H_{n2}|^{2+\delta} = \sigma_{n2}^{-(2+\delta)} E|\beta - \hat{\beta}_n|^{2+\delta} \cdot \left| \sum_{i=1}^{n} x_i \int_{A_i} E_m(t,s)ds \right|^{2+\delta}$$

$$\leqslant c(n\sigma_{n2}^2)^{-\frac{(2+\delta)}{2}} \left(\sup_{0 \leqslant t \leqslant 1} |h(t)| + \max_{1 \leqslant i \leqslant n} \int_{A_i} |E_m(t,s)|ds \right.$$

$$\left. \cdot \max_{1 \leqslant l \leqslant n} \left| \sum_{i=1}^{l} u_{j_i} \right| \right)^{2+\delta} \leqslant c\lambda_{5n}^{2+\delta}, \tag{4.4.28}$$

$$P\left(|H_{n2}| > \lambda_{5n}^{(2+\delta)/(3+\delta)} \right) \leqslant \lambda_{5n}^{(2+\delta)/(3+\delta)}. \tag{4.4.29}$$

联合关系式 (4.4.27)—(4.4.29), 引理 4.4.6 证毕.

4.4.3 主要结果的证明

定理 4.4.1 的证明 注意到

$$\sup_u |P(S'_{n111} \leqslant u) - \Phi(u)|$$

$$\leqslant \sup_u |P(S'_{n111} \leqslant u) - P(T_{n1} \leqslant u)| + \sup_u |P(T_{n1} \leqslant u) - \Phi(u/s_{n1})|$$

$$+ \sup_u |\Phi(u/s_{n1}) - \Phi(u)| =: J_{n1} + J_{n2} + J_{n3}.$$

利用引理 4.4.1(i)、引理 4.4.2(i) 以及引理 4.4.3(i) 分别得

$$J_{n1} \leqslant C \left\{ \gamma_{2n}^{\delta/2} + \gamma_{4n}^{1/2} \right\},$$

$$J_{n2} = \sup_u |P(T_{n1}/s_{n1} \leqslant u/s_{n1}) - \Phi(u/s_{n1})|$$

$$= \sup_u |P(T_{n1}/s_{n1} \leqslant u) - \Phi(u)| \leqslant C\gamma_{2n}^{\delta/2},$$

$$J_{n3} \leqslant C|s_n^2 - 1| \leqslant C\Big(\gamma_{1n}^{1/2} + \gamma_{2n}^{1/2} + \gamma_{3n}^{1/2} + u(q)\Big).$$

从而有

$$\sup_u \Big|P(S'_{n111} \leqslant u) - \Phi(u)\Big| \leqslant C\bigg\{\sum_{i=1}^3 \gamma_{in}^{1/2} + u(q) + \gamma_{2n}^{\delta/2} + \gamma_{4n}^{1/2}\bigg\}. \qquad (4.4.30)$$

进一步, 根据引理 4.4.1(i)、引理 4.4.5、引理 A1 以及关系式 (4.4.30) 可得

$$\sup_u \big|P(S_{n\beta} \leqslant u) - \Phi(u)\big|$$

$$= \sup_u \big|P(S'_{n111} + S''_{n111} + S'''_{n111} + S_{n112} + S_{n12} + S_{n13} + S_{n2} + S_{n3} \leqslant u) - \Phi(u)\big|$$

$$\leqslant C\bigg\{\sup_u |P(S'_{n111} \leqslant u) - \Phi(u)| + \sum_{i=1}^3 \gamma_{in}^{1/3}$$

$$+ P(|S''_{n111}| \geqslant \gamma_{1n}^{1/3}) + P(|S'''_{n111}| \geqslant \gamma_{2n}^{1/3})$$

$$+ P(|S_{n112}| \geqslant \gamma_{3n}^{1/3}) + (n^{-1} + 2^{-m})^{2/3} + (2^m n^{-1} \log^2 n)^{1/3} + 2^{-m} \log n$$

$$+ n^{1/2} 2^{-2m} P(|S_{n12}| \geqslant (n^{-1} + 2^{-m})^{2/3}) + P(|S_{n13}| \geqslant (2^m n^{-1} \log^2 n)^{1/3})$$

$$+ P(|S_{n21}| \geqslant (2^m n^{-1} \log^2 n)^{1/3}) + P(|S_{n22}| \geqslant (n^{-1} + 2^{-m})^{2/3})$$

$$+ P(|S_{n23}| \geqslant (2^m n^{-1} \log^2 n)^{1/3})\bigg\}$$

$$\leqslant C\bigg(\sum_{i=1}^3 \gamma_{in}^{1/3} + u(q) + \gamma_{2n}^{\delta/2} + \gamma_{4n}^{1/2}\bigg)$$

$$+ C\Big(2^{-2m/3} + (2^m n^{-1} \log^2 n)^{1/3} + 2^{-m} \log n + n^{1/2} 2^{-2m}\Big)$$

$$= O(\mu_n(\delta, p)) + O(\upsilon_n(m)).$$

定理 4.4.1 证毕.

推论 4.4.1 的证明　取 $p = [n^\tau]$, $q = [n^{2\tau-1}]$, 其中 $\tau = \dfrac{6\lambda+7}{12\lambda+4}$, 则

$$\gamma_{1n}^{1/3} = \gamma_{2n}^{1/3} = \gamma_{4n}^{1/2} = O\big(n^{-\frac{2\lambda-1}{12\lambda+4}}\big),$$

$$\gamma_{3n}^{1/3} = n^{-\frac{2\lambda-1}{12\lambda+4}} \left(\sup_{n \geqslant 1} n^{\frac{18\lambda+1}{2(12\lambda+4)}} \sum_{|j|>n} |a_j| \right)^{2/3} = O\left(n^{-\frac{2\lambda-1}{12\lambda+4}} \right).$$

由 $\lambda \geqslant 3$ 可得 $\dfrac{5\lambda-10}{12\lambda+4} \geqslant \dfrac{2\lambda-1}{12\lambda+4}$, 从而

$$u(q) = O\left(\sum_{j=q}^{\infty} j^{-\lambda/2} \right) = O\left(q^{-\lambda/2+1} \right) = O\left(n^{-\frac{5\lambda-10}{12\lambda+4}} \right) \leqslant O\left(n^{-\frac{2\lambda-1}{12\lambda+4}} \right).$$

因此

$$\mu_n(\delta,p) = O\left(n^{-\frac{2\lambda-1}{12\lambda+4}} \right), \quad \upsilon_n(m) = O\left(n^{-\frac{1}{5}} \right).$$

所以根据定理 4.4.1 即可证得推论 4.4.1.

定理 4.4.2 的证明　由于

$$\sup_u |P(H'_{n11} \leqslant u) - \Phi(u)|$$

$$\leqslant \sup_u |P(H'_{n11} \leqslant u) - P(T_{n2} \leqslant u)|$$

$$\quad + \sup_u |P(T_{n2} \leqslant u) - \Phi(u/s_{n2})| + \sup_u |\Phi(u/s_{n2}) - \Phi(u)|$$

$$=: J'_{n1} + J'_{n2} + J'_{n3},$$

根据引理 4.4.4(ii)、引理 4.4.3(ii) 和引理 4.4.2(ii) 分别可得

$$J'_{n1} \leqslant C\{\lambda_{2n}^{\rho} + \gamma_{4n}^{1/4}\},$$

$$J'_{n2} = \sup_u |P(T_{n2}/s_{n2} \leqslant u) - \Phi(u)| \leqslant C\lambda_{2n}^{\delta/2},$$

$$J'_{n3} \leqslant C|s_{n2}^2 - 1| \leqslant C\left(\lambda_{1n}^{1/2} + \lambda_{2n}^{1/2} + \lambda_{3n}^{1/2} + u(q) \right).$$

故有

$$\sup_u |P(H'_{n11} \leqslant u) - \Phi(u)| \leqslant C\left\{ \sum_{i=1}^{3} \lambda_{in}^{1/2} + u(q) + \lambda_{2n}^{\delta/2} + \lambda_{4n}^{1/2} \right\}. \qquad (4.4.31)$$

因此, 利用引理 4.4.1(ii)、引理 4.4.6、引理 A1 以及关系式 (4.4.31) 可得

$$\sup_u \left| P(S_{ng} \leqslant u) - \Phi(u) \right|$$

$$= \sup_u \left| P(H'_{n11} + H''_{n11} + H'''_{n11} + H_{n12} + H_{n2} + H_{n3} \leqslant u) - \Phi(u) \right|$$

$$\leqslant C \left\{ \sup_u |P(H'_{n11} \leqslant u) - \Phi(u)| + \sum_{i=1}^{3} \lambda_{in}^{1/3} + P(|H''_{n11}| \geqslant \lambda_{1n}^{1/3}) + P(|H'''_{n11}| \geqslant \lambda_{2n}^{1/3}) \right.$$

$$\left. + P(|H_{n12}| \geqslant \lambda_{3n}^{1/3}) + \lambda_{5n} + \lambda_{5n}^{(2+\delta)/(3+\delta)} + P(|H_{n2}| > \lambda_{5n}^{(2+\delta)/(3+\delta)}) \right\}$$

$$\leqslant c \left(\sum_{i=1}^{3} \lambda_{in}^{1/3} + u(q) + \lambda_{2n}^{\delta/2} + \lambda_{4n}^{1/2} + \lambda_{5n}^{(2+\delta)/(3+\delta)} \right).$$

定理 4.4.2 证毕.

推论 4.4.2 的证明　令 $p = [n^\tau]$, $q = [n^{2\tau-1}]$. 取 $\tau = \dfrac{1}{2} + \dfrac{4+\theta}{12\lambda+4}$. 由 $\theta > \dfrac{2\lambda+2}{4\lambda+1}$, 可知 $\tau < \theta$. 故有

$$\lambda_{1n}^{1/3} = \lambda_{2n}^{1/3} = \lambda_{4n}^{1/2} = O\big(n^{-\frac{2\lambda(2\theta-1)+\theta-2}{12\lambda+4}}\big),$$

$$\lambda_{3n}^{1/3} = n^{-\frac{2\lambda(2\theta-1)+\theta-2}{12\lambda+4}} \left(n^{\frac{12\lambda\theta+6\lambda+3\theta-2}{2(12\lambda+4)}} \sum_{|j|>n} |a_j| \right)^{2/3} = O\big(n^{-\frac{2\lambda(2\theta-1)+\theta-2}{12\lambda+4}}\big),$$

再根据 $\theta \geqslant 3/4$ 和 $\delta = 2/3$, 可得

$$\lambda_{5n}^{(2+\delta)/(3+\delta)} = O\big(n^{-\frac{\theta(2+\delta)}{2(3+\delta)}}\big) = O\big(n^{-\frac{4}{11}\theta}\big).$$

此外

$$u(q) = O\big(q^{-\lambda/2+1}\big) = O\big(n^{-\frac{(4+\theta)(\lambda-2)}{12\lambda+4}}\big).$$

而由 $\theta \leqslant \dfrac{2(\lambda-1)}{\lambda+1}$ 得

$$\frac{(4+\theta)(\lambda-2)}{12\lambda+4} \geqslant \frac{2\lambda(2\theta-1)+\theta-2}{12\lambda+4}.$$

从而

$$u(q) = O\big(n^{-\frac{(4+\theta)(\lambda-2)}{12\lambda+4}}\big) \leqslant O\big(n^{-\frac{2\lambda(2\theta-1)+\theta}{12\lambda+4}}\big).$$

综上所述, 利用定理 4.4.2, 即证得推论 4.4.2.

4.5 NA 误差下非线性模型 M 估计的强相合性

考虑非线性模型

$$y_i = f(x_i, \theta) + e_i, \quad i = 1, 2, \cdots, n, \tag{4.5.1}$$

其中 θ 为一 p 维未知参数, $\{x_i\}$ 为 d 维已知向量. f 为已知函数, e_i 为不可观察的随机误差, y_i 为观察值. 在参数回归中, 常用最小二乘估计, 但最小二乘估计的最大缺点就是非常容易受到异常值的影响. 虽然最小二乘估计是 M 估计的一个最重要的特例, 但在 M 估计定义中的函数 φ 在一定限度内可以自由选择, 以适应不同的要求, 而且选择适当 φ 时, M 估计量相对于异常值的影响是稳健的. 从而对于参数是 θ 的非线性函数的模型 (4.5.1), 经常采用如下定义的 M 估计: 令 φ 为 $\mathbb{R}$ 上的非负连续函数. 定义 θ 的 M 估计量为 $\hat{\theta}_n \in \Theta$ 使得

$$Q_n(\hat{\theta}_n) = \min\{Q_n(r), r \in \overline{\Theta}\},$$

其中, $Q_n(r) = \sum_{i=1}^{n} \varphi(y_i - f(x_i, r)), \Theta \subset \mathbb{R}^p, \overline{\Theta}$ 为 Θ 的闭包.

本节利用 NA 序列的性质, 讨论了误差 $\{e_i\}$ 为 NA 序列情形时, θ 的 M 估计量的强相合性.

4.5.1 辅助引理

引理 4.5.1 设 ξ 和 η 是 NA 随机变量, 有有限方差, 则对任何两个可微函数 g_1 和 g_2 有

$$|\mathrm{Cov}(g_1(\xi), g_2(\eta))| \leqslant \sup_x |g_1'(x)| \sup_y |g_2'(y)| [-\mathrm{Cov}(\xi, \eta)],$$

此处 g_1', g_2' 分别表示 g_1 和 g_2 的导数.

证明 证明见文献 (潘建敏, 1997).

注 4.5.1 引理 4.5.1 中当 ξ 和 η 是连续型随机变量时, 关于 g_1 和 g_2 的可微性的要求可以放宽为 g_1 和 g_2 分别在有限或可列点集 E_1^0 和 E_2^0 上不可微, 有

$$|\mathrm{Cov}(g_1(\xi), g_2(\eta))| \leqslant \sup_{x \in \mathbb{R}^1 - E_1^0} |g_1'(x)| \sup_{y \in \mathbb{R}^1 - E_2^0} |g_2'(y)| [-\mathrm{Cov}(\xi, \eta)].$$

证明 当 g_1 和 g_2 分别在 E_1^0 和 E_2^0 不可微时, $\mathrm{Cov}(g_1(\xi), g_2(\eta))$ 在乘积空间 $(\mathbb{R}^1 - E_1^0) \times (\mathbb{R}^1 - E_2^0)$ 上积分与 $\mathbb{R}^2$ 上积分值相等, 故类似于引理 4.5.1 的证明可证得注 4.5.1.

引理 4.5.2　设 Θ 为有界集, X 为 $\mathbb{R}^d$ 上的有界闭子集, f 为 $X \times \overline{\Theta}$ 上的连续函数, ψ 在 $\mathbb{R} \times X \times \overline{\Theta}$ 上连续且在 $\mathbb{R}$ 上是凸函数 (若有偏导则有界), 存在 $\mathbb{R}$ 上的函数 h, h 的导函数有界, 且满足

$$\sup_{x\in X,\ r\in\overline{\Theta}} |\psi(w,x,r)| \leqslant h(w), \quad w \in \mathbb{R}, \tag{4.5.2}$$

$$\sup_i E[h(e_i)]^{1+\delta} < \infty, \quad \delta > 0 \text{ 为常数}, \tag{4.5.3}$$

$$\text{当 } |x| > c \text{ 时}, \quad h(x) > ac, \quad a > 0 \text{ 为常数}. \tag{4.5.4}$$

若 $\{e_i\}$ 为有概率密度函数的 NA 序列, 满足

$$Ee_i^2 < \infty, \quad u(n) = \sup_{j\geqslant 1} \sum_{|i-j|\geqslant n} |\mathrm{Cov}(e_i,e_j)|, \quad u(1) < \infty, \tag{4.5.5}$$

则有

$$\sup_{r\in\overline{\Theta}} \frac{1}{n} \left| \sum_{i=1}^n [\psi(e_i,x_i,r) - E\psi(e_i,x_i,r)] \right| \to 0, \quad \text{a.s..}$$

证明　令 $\xi_i = \psi(e_i,x_i,r) - E\psi(e_i,x_i,r)$, $i=1,2,\cdots,n$, 则 $E\xi_i = 0$. 下证

$$\frac{1}{n} \left| \sum_{i=1}^n \xi_i \right| \to 0, \quad \text{a.s..} \tag{4.5.6}$$

令 $S_{a,n} = \sum_{i=a+1}^{a+n} \xi_i$, 则

$$ES_{a,n}^2 \leqslant \sum_{i=a+1}^{a+n} E\xi_i^2 + 2\sum_{i=a+1}^{a+n-1}\sum_{j=i+1}^{a+n} |E\xi_i\xi_j|$$
$$\leqslant \sum_{i=a+1}^{a+n} E\xi_i^2 + 2\sum_{i=a+1}^{a+n-1}\sum_{j=i+1}^{a+n} |\mathrm{Cov}(\xi_i,\xi_j)|.$$

又令

$$g(F_{a,n}) = \sum_{i=a+1}^{a+n} E\xi_i^2 + 2\sum_{i=a+1}^{a+n-1}\sum_{j=i+1}^{a+n} |\mathrm{Cov}(\xi_i,\xi_j)|.$$

则

$$g(F_{a,m}) + g(F_{a+m,k}) \leqslant g(F_{a,m+k}).$$

由于凸函数除在可数点集上不可微, 在其他点上皆可微, ψ 关于 e_i 的偏导有界, 根据注 4.5.1, 存在常数 B, 使得

$$g(F_{a,n}) \leqslant \sum_{i=a+1}^{a+n} E\xi_i^2 + B \sum_{i=a+1}^{a+n-1} \sum_{j=i+1}^{a+n} |\mathrm{Cov}(e_i, e_j)|.$$

由文献 (Stout, 1974, 定理 2.4.1) 及条件 (4.5.5) 式得

$$E\left(\max_{1\leqslant k\leqslant n} |S_{a,k}|\right)^2 \leqslant \left(\frac{\log 2n}{\log 2}\right)^2 \cdot g(F_{a,n}) \leqslant C \cdot \left(\frac{\log 2n}{\log 2}\right)^2 \cdot n.$$

取 $b_n = n^{\frac{1}{2}} \log^2 n$, 则由 Chebyshev 不等式有

$$P(|S_{a,2^k}| > \varepsilon \cdot b_{2^k}) \leqslant \frac{E|S_{a,2^k}|^2}{\varepsilon^2 \cdot b_{2^k}^2} \leqslant C \cdot \frac{1}{k^4},$$

$$P\left(\max_{1\leqslant n\leqslant 2^k} |S_{2^k,n}| > \varepsilon \cdot b_{2^k}\right) \leqslant \frac{C \cdot (k+1)^2 \cdot 2^k}{\varepsilon^2 \cdot b_{2^k}^2} \leqslant C \cdot \frac{1}{k^2}.$$

根据 b_n 的取法知它们是非降的, 且有

$$\sum_{n=1}^{\infty} P(|S_{a,n}| > b_n \varepsilon)$$

$$\leqslant \sum_{k=1}^{\infty} P\left(|S_{a,2^k}| > b_{2^k} \cdot \frac{\varepsilon}{2}\right) + \sum_{k=1}^{\infty} P\left(\max_{2^k\leqslant n\leqslant 2^{k+1}} |S_{a,n} - S_{a,2^k}| > b_n \cdot \frac{\varepsilon}{2}\right)$$

$$\leqslant \sum_{k=1}^{\infty} P\left(|S_{a,2^k}| > b_{2^k} \cdot \frac{\varepsilon}{2}\right) + \sum_{k=1}^{\infty} P\left(\max_{1\leqslant n\leqslant 2^k} |S_{2^k,n}| > b_{2^k} \cdot \frac{\varepsilon}{2}\right)$$

$$\leqslant C \cdot \sum_{k=1}^{\infty} \frac{1}{k^4} + C \cdot \sum_{k=1}^{\infty} \frac{1}{k^2} < \infty.$$

由 Borel-Cantelli 引理得

$$\frac{1}{n}|S_{a,n}| = o(1), \quad \text{a.s.}.$$

当 $a = 0$ 时, 即得 (4.5.6) 式成立.

令 $\xi_i = h(e_i) - Eh(e_i)$, 类似上面的证明也有 (4.5.6) 式成立. 由于

$$\sup_{r\in\overline{\Theta}} \frac{1}{n} \left| \sum_{i=1}^{n} \left[\psi(e_i, x_i, r) - E\psi(e_i, x_i, r) \right] \right|$$

$$\leqslant \sup_{r\in\overline{\Theta}} \frac{1}{n} \left| \sum_{i=1}^{n} [\psi(e_i, x_i, r) - E\psi(e_i, x_i, r)] \cdot I_{[|e_i|\leqslant K]} \right|$$

$$+ \sup_{r\in\overline{\Theta}} \frac{1}{n} \left| \sum_{i=1}^{n} [\psi(e_i, x_i, r) - E\psi(e_i, x_i, r)] \cdot I_{[|e_i|>K]} \right| =: I_1 + I_2, \qquad (4.5.7)$$

而 $[-K, K] \times X \times \overline{\Theta}$ 为有界闭集, 故 ψ 在 $[-K, K] \times X \times \overline{\Theta}$ 上一致连续. 因此, 对任意 $\varepsilon > 0$, 存在 $\lambda(\varepsilon) > 0$, 使得当 $|e_i| \leqslant K, x_i \in X, \|r_1 - r_2\| < \lambda$ 时

$$|\psi(e_i, x_i, r_1) - \psi(e_i, x_i, r_2)| < \varepsilon. \qquad (4.5.8)$$

又因为 $\overline{\Theta}$ 为有界闭集, 故存在 $r_1, r_2, \cdots, r_m \in \overline{\Theta}$ (并且可以要求它们依欧氏范数单增), 使得 $\overline{\Theta} \subset \bigcup_{j=1}^{m} \{\|r - r_j\| < \lambda\}$, 其中 $\|\cdot\|$ 表示欧氏范数. 依照邱瑾 (1997) 的证明方法, 根据 (4.5.6) 和 (4.5.8) 式得

$$I_1 \leqslant \max_{1\leqslant j\leqslant m} \frac{1}{n} \left| \sum_{i=1}^{n} [\psi(e_i, x_i, r_j) - E\psi(e_i, x_i, r_j)] \cdot I_{[|e_i|\leqslant K]} \right|$$

$$+ \max_{1\leqslant j\leqslant m} \sup_{\|r_{j-1}\|<\|r\|\leqslant\|r_j\|} \frac{1}{n} \left| \sum_{i=1}^{n} \{[\psi(e_i, x_i, r) \right.$$

$$\left. - \psi(e_i, x_i, r_j)] - E[\psi(e_i, x_i, r) - \psi(e_i, x_i, r_j)]\} \cdot I_{[|e_i|\leqslant K]} \right|$$

$$\to 0 + 2\varepsilon.$$

由 ε 的任意性得 $I_1 \to 0$. 再由条件 (4.5.3) 式有

$$Eh(e_i) \leqslant (E(h(e_i))^{1+\delta})^{\frac{1}{1+\delta}} < \infty, \quad i = 1, 2, \cdots, n.$$

根据 (4.5.4) 式知对任意 $\varepsilon > 0$, 存在充分大的 K, 使得

$$Eh(e_i) \cdot I_{[|e_i|>K]} \leqslant Eh(e_i)I_{[h(e_i)>aK]} < \varepsilon, \quad i = 1, 2, \cdots, n.$$

所以

$$I_2 \leqslant \sup_{r\in\overline{\Theta}} \frac{1}{n} \left\{ \sum_{i=1}^{n} (|\psi(e_i, x_i, r)|I_{[|e_i|>K]} + |E\psi(e_i, x_i, r)|I_{[|e_i|>K]}) \right\}$$

$$\leqslant \frac{1}{n} \sum_{i=1}^{n} \{|h(e_i)|I_{[|e_i|>K]} + E|h(e_i)|I_{[|e_i|>K]}\}$$

$$\leqslant \frac{1}{n}\sum_{i=1}^{n}\{|h(e_i)I_{[|e_i|>K]} - Eh(e_i)I_{[|e_i|>K]}|\} + \frac{2}{n}\sum_{i=1}^{n}\{|Eh(e_i)I_{[|e_i|>K]}|\}$$

$$< \frac{1}{n}\left|\sum_{i=1}^{n}\{h(e_i) - Eh(e_i)\}\right| + 2\varepsilon,$$

由 ε 的任意性及 (4.5.6) 式得 $I_2 \to 0$. 因此, 对整个 $\mathbb{R} \times X \times \overline{\Theta}$ 有

$$\sup_{r\in\overline{\Theta}} \frac{1}{n}\left|\sum_{i=1}^{n}[\psi(e_i,x_i,r) - E\psi(e_i,x_i,r)]\right| \to 0, \quad \text{a.s.}.$$

引理 4.5.3 设 Θ 为有界集, X 为 $\mathbb{R}^d$ 上的有界闭子集, f 为 $X \times \overline{\Theta}$ 上的连续函数, ψ 在 $\mathbb{R} \times X \times \overline{\Theta}$ 上连续且为 $\mathbb{R}$ 上的有界变差函数, $\{e_i\}$ 为具有概率密度函数的 NA 序列, 如果存在 $\mathbb{R}$ 上的有界变差函数 h 满足条件 (4.5.2)—(4.5.4) 式, 则有

$$\sup_{r\in\overline{\Theta}} \frac{1}{n}\left|\sum_{i=1}^{n}[\psi(e_i,x_i,r) - E\psi(e_i,x_i,r)]\right| \to 0, \quad \text{a.s.}.$$

证明 令 $\xi_i = \psi(e_i,x_i,r) - E\psi(e_i,x_i,r), i = 1,2,\cdots,n$, 则 $E\xi_i = 0$. 下面先证

$$\frac{1}{n}\left|\sum_{i=1}^{n}\xi_i\right| \to 0, \quad \text{a.s.}. \tag{4.5.9}$$

由于 ψ 在 $\mathbb{R}$ 上为有界变差函数, 因此存在有界变差函数 ψ_1 和 ψ_2 使得 $\psi = \psi_1 - \psi_2$, 且它们有界. 而

$$\frac{1}{n}\left|\sum_{i=1}^{n}\xi_i\right| \leqslant \frac{1}{n}\left|\sum_{i=1}^{n}[\psi_1(e_i,x_i,r) - E\psi_1(e_i,x_i,r)]\right|$$

$$+ \frac{1}{n}\left|\sum_{i=1}^{n}[\psi_2(e_i,x_i,r) - E\psi_2(e_i,x_i,r)]\right| =: \frac{1}{n}[S_n^{(1)} + S_n^{(2)}],$$

此处

$$S_n^{(1)} = \sum_{i=1}^{n}Y_i, \quad Y_i = g_1(e_i) = \psi_1(e_i,x_i,r) - E\psi_1(e_i,x_i,r);$$

$$S_n^{(2)} = \sum_{i=1}^{n}Z_i, \quad Z_i = g_2(e_i) = \psi_2(e_i,x_i,r) - E\psi_2(e_i,x_i,r), \ i = 1,2,\cdots,n.$$

显然 $EY_i = EZ_i = 0$, 由 ψ_1 和 ψ_2 的有界性可知 $E|Y_i|^p < \infty, E|Z_i|^p < \infty$, 且由 NA 序列的性质知 Y_i 和 $Z_i, i = 1, 2, \cdots, n$ 分别也为 NA 变量. 因此由 Markov 不等式、引理 1.3.12, 存在 $p > 2$ 有

$$
P\left(\frac{1}{n}\left|\sum_{i=1}^{n} \xi_i\right| \geqslant \varepsilon\right) \leqslant P\left(|S_n^{(1)}| \geqslant \frac{\varepsilon n}{2}\right) + P\left(|S_n^{(2)}| \geqslant \frac{\varepsilon n}{2}\right)
$$

$$
\leqslant \frac{E|S_n^{(1)}|^p}{\left(\frac{\varepsilon n}{2}\right)^p} + \frac{E|S_n^{(2)}|^p}{\left(\frac{\varepsilon n}{2}\right)^p} \leqslant \frac{c_p'}{n^p} n^{\frac{p}{2}-1}\left[\sum_{j=1}^{n}(E|Y_j|^p + E|Z_j|^p)\right]
$$

$$
\leqslant c_p \cdot n^{-\frac{p}{2}}.
$$

从而

$$
\sum_{n=1}^{\infty} P\left(\frac{1}{n}\left|\sum_{i=1}^{n}\xi_i\right| \geqslant \varepsilon\right) \leqslant c_p \cdot \sum_{n=1}^{\infty} n^{-\frac{p}{2}} \leqslant \infty.
$$

根据 Borel-Cantelli 引理证得 (4.5.9) 式.

令 $\xi_i = h(e_i) - Eh(e_i)$, 类似上面证明也有 (4.5.9) 式成立. 利用 (4.5.7) 式及引理 4.5.2 证明方法同样可证得引理 4.5.4.

记 $\delta(x, r) = f(x, \theta) - f(x, r)$. 如有一点 x_0 使得存在一 $r \in \Theta$, $r \neq \theta$, 而 $\delta(x_0, r) = 0$. 则在 x_0 点, 模型 (4.5.1) 式为不可辨别的. 若 x_i 集中在 x_0 点附近 (例如 $x_i \to x_0$), 则我们无法正确估计 θ. 因此对 x_i 作如下假定.

存在一常整数 $m > 0$ 及 X 的不相交闭子集 $X_1, X_2, \cdots, X_m$, 满足对任一 $r \in \Theta$, $r \neq \theta$, 至少存在一 X_t 使得

$$
\{x : \delta(x, r) = 0\} \cap X_t = \varnothing, \tag{4.5.10}
$$

$$
\liminf_{n \to \infty} \frac{\sharp(x_i \in X_t, i \leqslant n)}{n} > 0, \quad t = 1, 2, \cdots, m. \tag{4.5.11}
$$

此处 $\sharp(x_i \in X_t, i \leqslant n)$ 表示落在闭子集 X_t 中 x_i 的个数. 条件 (4.5.10) 式意味着 x_i 不宜过于集中. 给定 f, 满足 (4.5.10)-(4.5.11) 式的 $X_1, X_2, \cdots, X_m$ 容易找到, 在很多场合下 x_i 的值由试验者选取, 则可选取 x_i 使得 (4.5.10)-(4.5.11) 式对 $X_1, X_2, \cdots, X_m$ 成立.

注 4.5.2 根据条件 (4.5.10)-(4.5.11) 式及引理 4.5.2 或引理 4.5.4 知, 文献 (邵军, 1994) 中的引理 2 仍然成立.

4.5.2   主要结果

定理 4.5.1 设 Θ 为有界集, f 在 $X \times \overline{\Theta}$ 上连续. φ 为 $\mathbb{R}$ 上的非负凸函数 (若有偏导则有界). 条件 (4.5.2)—(4.5.4) 式对 $\psi(e_i, x_i, r) = \varphi(e_i + \delta(x_i, r))$ 成

立. $\{e_i\}$ 为有概率密度函数的 NA 序列, 且满足条件 (4.5.5) 式. 又设 x_i 满足条件 (4.5.10)-(4.5.11) 式, 且对 $e_i \in \mathbb{R}$, $b \in \mathbb{R}$, $b \neq 0$, 有

$$E\varphi(e_i + b) > E\varphi(e_i), \quad i = 1, 2, \cdots, n, \tag{4.5.12}$$

则对任一固定 n, $\hat{\theta}_n$ 存在且 $\hat{\theta}_n \to \theta$, a.s..

证明 对任一 n, $Q_n(r)$ 为 $\overline{\Theta}$ 上连续函数. 故 $\hat{\theta}_n$ 存在. 又对任意 $\epsilon > 0$, 令 $N(\epsilon) = \{r \in \overline{\Theta} : \|r - \theta\| \geqslant \epsilon\}$. 利用注 4.5.2 得

$$P\big(\liminf_{n\to\infty} \inf_{r\in N(\epsilon)} [Q_n(r) - Q_n(\theta)] > 0\big) = 1.$$

而 $Q_n(\hat{\theta}_n) \leqslant Q_n(\theta)$,

$$P(\limsup_{n\to\infty} \|\hat{\theta}_n - \theta\| \geqslant 2\epsilon) \leqslant P(\|\hat{\theta}_n - \theta\| \geqslant 2\epsilon \text{ 对无限个 } n \text{ 成立})$$

$$\leqslant P(\liminf_{n\to\infty} \inf_{r\in N(\epsilon)} [Q_n(r) - Q_n(\theta)] \leqslant 0) = 0.$$

由 ϵ 的任意性即证得结果.

定理 4.5.2 设 Θ 为有界集, f 在 $X \times \overline{\Theta}$ 上连续. φ 为 $\mathbb{R}$ 上的有界变差函数. 条件 (4.5.2) 和 (4.5.4) 式对 $\psi(e_i, x_i, r) = \varphi(e_i + \delta(x_i, r))$ 成立. $\{e_i\}$ 为有概率密度函数的 NA 序列. 又设条件 (4.5.9)—(4.5.12) 式满足. 则对任一固定 n, $\hat{\theta}_n$ 存在且 $\hat{\theta}_n \to \theta$, a.s..

证明 由注 4.5.2, 完全类似定理 4.5.1 的证明方法, 可证得结果.

第 5 章　相依数据平均剩余寿命函数和生存函数估计

在本章, 我们建立了正相协、拓广负相依、宽相依数据下, 平均剩余寿命函数的非参数估计的相合性和渐近正态性; 讨论了删失数据生存函数 Kaplan-Meier 估计的强逼近和强表示及其相应的收敛速度、风险率函数估计的强收敛速度.

5.1　NA 数据平均剩余寿命函数的非参数估计

设 X 是一实值非负随机变量, 具有分布 $F(x)$ 和概率密度 $f(x)$, $R(x) = 1 - F(x)$ 为其生存函数. 对任意的 $x > 0$, 平均剩余寿命函数 $e(x)$ 和有效函数 $m(x)$ 定义如下

$$e(x) = E(X - x | X \geqslant x) = \begin{cases} \dfrac{\displaystyle\int_x^\infty R(t)dt}{R(x)}, & R(x) > 0, \\ 0, & \text{否则} \end{cases}$$

和

$$m(x) = E(X | X \geqslant x).$$

注意到, 当 $R(x) > 0$ 时, 由文献 (Kupka and Loo, 1989) 知

$$e(x) = \frac{\displaystyle\int_x^\infty t f(t)dt}{R(x)} - x, \quad m(x) = \frac{\displaystyle\int_x^\infty t f(t)dt}{R(x)}. \tag{5.1.1}$$

由于平均剩余寿命函数在工程和生物科学中具有十分重要的作用, 从而基于样本 $(X_1, \cdots, X_n)$ 对平均剩余寿命函数进行估计, 是可靠性问题中的一个基本问题, 许多学者对之进行了研究. 又由于包含独立在内的 NA 相依概念在可靠性理论、渗透理论和某些多元统计分析中有广泛的应用. 因此, 本节在 NA 样本下, 考虑在可靠性问题中的总体寿命变量 X, 构造平均剩余寿命函数和有效函数的一类递归型非参数估计, 并讨论其相应的相合性和渐近正态性.

5.1.1 有效函数递归型估计的相合性

对于 (5.1.1) 式, $e(x)$ 和 $m(x)$ 的非参数估计为

$$e_n(x) = \frac{\int_x^\infty t f_n(t)dt}{R_n(x)} - x, \quad m_n(x) = \frac{\int_x^\infty t f_n(t)dt}{R_n(x)}, \tag{5.1.2}$$

其中

$$f_n(x) = \frac{1}{n}\sum_{i=1}^n \frac{1}{h_i} K\left(\frac{x-X_i}{h_i}\right), \quad R_n(x) = \frac{1}{n}\sum_{i=1}^n I_{(X_i>x)}, \tag{5.1.3}$$

而 $\{h_n\}$ 为实数列窗宽, 满足 $h_n \to 0$, $\lim\limits_{n\to\infty} nh_n = \infty$, $\lim\limits_{n\to\infty} \frac{1}{n}\sum_{i=1}^n \left(\frac{h_i}{h_n}\right)^j = \beta_j$, $j = 1, \cdots, r+1$.

我们仅考虑 $m_n(x)$, 因为 $m_n(x)$ 成立的结果对 $e_n(x)$ 也成立. 由于 $f_{n+1}(x)$ 和 $R_n(x)$ 都是递归的, 则 $m_{n+1}(x)$ 也是递归的. 更准确地说, $m_{n+1}(x)$ 可表示为

$$m_{n+1}(x) = \frac{n}{(n+1)R_{n+1}(x)} m_n(x) + \frac{\int_x^\infty t K\left(\frac{t-X_{n+1}}{h_{n+1}}\right)dt}{(n+1)h_{n+1}R_{n+1}(x)}.$$

引理 5.1.1 设 $K(x)$ 满足条件: $\sup|K(x)| < \infty$, $\int_{-\infty}^\infty |K(x)|dx < \infty$ 和 $\int_{-\infty}^\infty K(x)dx = 1$. 设 x 是 $f(x)$ 的一连续点, 则

(i)　$Ef_n(x) \to f(x)$;

(ii)　当 f 在 x 具有 $(r+1)$ 阶有界连续导数, 即 $\sup\limits_{x}|f^{(r+1)}(x)| = M < \infty$ 时, 又设 $K(x)$ 满足 $\int_{-\infty}^\infty |u|^j K(u)du < \infty$, $j = 1, \cdots, r+1$, 则有

$$E[f_n(x)] = f(x) + (1+o(1))\sum_{l=1}^r \frac{c_l\beta_l(-h_n)^l}{l!} f^{(l)}(x) + O(h_n^{r+1}),$$

$$c_l = \int_{-\infty}^\infty u^l K(u)du, \quad l = 1, \cdots, r+1.$$

证明　利用文献 (Masry and Györfi, 1987) 中引理 3 和 Taylor 展开即得所证的结果.

引理 5.1.2 设 $\{X_n, n \geqslant 2\}$ 为同分布 NA 序列, 满足:

(i) X_1 与 X_{1+k} 的联合密度 $f(x,y,k)$ 存在且

$$\sup_{x,y}|f(x,y,k)-f(x)f(y)|\leqslant M_0<\infty;$$

(ii) $h_n\downarrow 0,\ n^{-1}h_n\sum_{j=1}^n h_j^{-1}\to\beta_1,0<\beta_1<\infty;$

(iii) $K(x)$ 有限可微且 $K\in L_1,\int_{\mathbb{R}}K(u)du=1,\sup_{x\in\mathbb{R}}(1+|x|)|K(x)|<\infty;$

(iv) 存在正增常数列 $c_n,1\leqslant c_n<n$, 使得 $h_nc_n\to 0,h_n^{-3}u(c_n)\to 0$, 则

$$\operatorname{Var}f_n(x)\simeq\frac{1}{nh_n}\frac{1}{\beta_1}f(x)\int_{-\infty}^\infty K^2(u)du.$$

证明 利用文献 (李永明和杨善朝, 2003) 中引理 2.3, 即得所证的引理 5.1.2. 为了记号简单, 我们记

$$M_n(x)=\int_x^\infty tf_n(t)dt,\quad M(x)=\int_x^\infty tf(t)dt.\tag{5.1.4}$$

在 NA 条件下, 根据引理 5.1.1 和引理 5.1.2 得到 $M_n(x)$ 的偏差和方差分别为

$$\operatorname{bias}M_n(x)\simeq(1+o(1))\sum_{l=1}^r\frac{c_l\beta_l(-h_n)^l}{l!}f^{(l)}(x)+O(h_n^{r+1}),\tag{5.1.5}$$

$$\operatorname{Var}M_n(x)\simeq\frac{1}{nh_n}\frac{1}{\beta_1}\int_{-\infty}^\infty K^2(u)du\cdot\int_x^\infty u^2f(u)du.\tag{5.1.6}$$

再由 (5.1.5) 和 (5.1.6) 式得

$$\operatorname{MSE}(M_n(x))\xrightarrow{P}M(x),\quad n\to\infty.\tag{5.1.7}$$

从而由 (5.1.7) 式及 Slutsky 定理, 得到有效函数估计量 $m_n(x)$ 的相合性, 即:

定理 5.1.1 在引理 5.1.1、引理 5.1.2 条件下, 有效函数估计 $m_n(x)$ 是相合的, 即

$$m_n(x)=\frac{M_n(x)}{R_n(x)}\xrightarrow{P}\frac{M(x)}{R(x)}=m(x).$$

5.1.2 平均剩余寿命函数估计的渐近正态性

定理 5.1.2 在引理 5.1.2 条件下, 又设存在 $p_n,q_n,\ p_n+q_n<n,\ k_n=\left[\dfrac{n}{p_n+q_n}\right]$, 满足条件

$$p_nh_n\to 0,\quad\frac{p_nk_n}{n}\to 1,\quad\frac{p_n^2}{nh_n}\to 0,\quad\frac{1}{h_n^3}\sum_{j>q_n}|\operatorname{Cov}(X_1,X_j)|\to 0.$$

则 $\forall x \in c(f),\ f(x) > 0$, 有

$$(nh_n)^{1/2}\frac{f_n(x) - Ef_n(x)}{\sigma_f} \xrightarrow{d} N(0,1),\ \text{其中}\ \sigma_f^2 = \frac{1}{\beta_1}f(x)\int_{-\infty}^{\infty}K^2(u)du. \quad (5.1.8)$$

证明 利用文献 (李永明和杨善朝, 2003) 中定理 1.1 即得所证的结果.

定理 5.1.3 设 $R(x)$ 为生存函数, 其估计为 (5.1.3) 式中给出的经验生存函数 $R_n(x)$, 若满足下列条件:

(A1) 设 $X_1, X_2, \cdots$ 是严平稳的 NA 序列, 具有分布函数 F 和有界密度函数 f, 且协方差结构 $u(n) = \sum_{j=n}^{\infty}|\mathrm{Cov}(X_1, X_{j+1})|^{\frac{1}{3}}$ 满足 $u(1) < \infty$;

(A2)(i) 设 $0 < \alpha = \alpha_n < n$, $0 < \beta = \beta_n < n$ 是正整数列, 当 $n \to \infty$ 时均为无穷大;

(ii) 设 $0 < \mu = \mu_n \xrightarrow{n\to\infty} \infty$, 其中 $\mu = [n/(\alpha + \beta)]$, 有 $\mu(\alpha + \beta) \leqslant n$, $\mu(\alpha + \beta)/n \to 1$, $\mu\beta/n \to 0$, $\dfrac{\alpha^2}{n} \to 0$.

则有

$$n^{\frac{1}{2}}\frac{R_n(x) - R(x)}{\sigma_R} \xrightarrow{d} N(0,1), \quad (5.1.9)$$

其中

$$\sigma_R^2 = R(x)[1 - R(x)] + 2\sum_{j=1}^{\infty}E(Z_1 Z_{j+1}).$$

为了证明 (5.1.9) 式成立, 只要证明

$$n^{\frac{1}{2}}[R_n(x) - R(x)] \xrightarrow{d} N(0, \sigma_0^2). \quad (5.1.10)$$

记

$$n^{\frac{1}{2}}[R_n(x) - R(x)] = n^{-\frac{1}{2}}\sum_{j=1}^{n}Z_j, \quad (5.1.11)$$

其中 $Z_j = I_{(X_j > x)} - EI_{(X_j > x)}$. 显然 $Z_j, j = 1, \cdots, n$ 是有界随机变量. 利用大小块分割原理把 (5.1.11) 分解为

$$n^{-\frac{1}{2}}\sum_{j=1}^{n}Z_j = n^{-\frac{1}{2}}(S_n + T_n + T_n'), \quad (5.1.12)$$

其中

$$S_n = \sum_{m=1}^{\mu}y_m, \quad T_n = \sum_{m=1}^{\mu}y_m', \quad T_n' = y_{\mu+1}', \quad (5.1.13)$$

而

$$y_m = \sum_{i=k_m}^{k_m+\alpha-1} Z_i, \quad k_m = (m-1)(\alpha+\beta)+1, \quad m=1,\cdots,\mu, \tag{5.1.14}$$

$$y_m' = \sum_{i=l_m}^{l_m+\beta-1} Z_j, \quad l_m = (m-1)(\alpha+\beta)+\alpha+1, \quad m=1,\cdots,\mu, \tag{5.1.15}$$

$$y_{\mu+1}' = \sum_{j=\mu(\alpha+\beta)+1}^{n} Z_j. \tag{5.1.16}$$

为了证明 (5.1.10) 式成立, 先给出一些辅助结果.

引理 5.1.3　在定理 5.1.3 中 (A1) 条件下, 当 $k \geqslant 2$ 时,

$$\left| \sum_{1 \leqslant i < j \leqslant k} E(Z_i Z_j) \right| \leqslant Ck < \infty.$$

证明　由 NA 的性质得

$$\left| \sum_{1 \leqslant i < j \leqslant k} \mathrm{Cov}(Z_i, Z_j) \right| \leqslant \sum_{1 \leqslant i < j \leqslant k} |\mathrm{Cov}(Z_i, Z_j)|$$

$$\leqslant C \sum_{1 \leqslant i < j \leqslant k} |\mathrm{Cov}(X_i, X_j)|^{\frac{1}{3}}$$

$$\leqslant C \sum_{i=1}^{k} \sum_{j=1}^{\infty} |\mathrm{Cov}(X_i, X_j)|^{\frac{1}{3}} = Cku(1) = Ck < \infty.$$

引理 5.1.4　在定理 5.1.3 中 (A1) 和 (A2) 条件下

$$\frac{\mu}{n} E(y_i')^2 \to 0.$$

证明　根据平稳性及 NA 的性质易得

$$\frac{\mu}{n} E(y_i')^2 = \frac{\mu}{n} E\left(\sum_{j=\beta+1}^{\alpha+\beta} Z_j \right)^2 = \frac{\mu}{n} E\left(\sum_{j=1}^{\beta} Z_j \right)^2$$

$$= \frac{\beta\mu}{n} \sigma_1^2(x) + 2\frac{\mu}{n} \sum_{j=1}^{\beta-1} (\beta-j)\mathrm{Cov}(Z_1, Z_{j+1})$$

$$\leqslant \frac{\beta\mu}{n}\sigma_1^2(x) + 2\frac{\mu}{n}\sum_{j=1}^{\beta-1}(\beta-j)|\mathrm{Cov}(X_1, X_{j+1})|^{\frac{1}{3}}$$

$$\leqslant \frac{\beta\mu}{n}\sigma_1^2(x) + 2\left(\frac{\mu}{n}\beta\right)\sum_{j=1}^{\infty}|\mathrm{Cov}(X_1, X_{j+1})|^{\frac{1}{3}} \to 0.$$

引理 5.1.5　在定理 5.1.3 中 (A1) 和 (A2) 条件下

$$\frac{1}{n}\sum_{1\leqslant i<j\leqslant\mu}E(y_i'y_j') \to 0.$$

证明　根据平稳性及 NA 的性质易得

$$\left|E(y_1'y_{j+1}')\right|$$

$$= \left|\sum_{i=\beta+1}^{\alpha+\beta}\sum_{l=j(\alpha+\beta)+\beta+1}^{(j+1)(\alpha+\beta)}\mathrm{Cov}(Z_i, Z_l)\right|$$

$$= \left|\sum_{r=1}^{\beta}(\beta-r+1)\mathrm{Cov}(Z_1, Z_{j(\alpha+\beta)+r})\right| + \left|\sum_{r=1}^{\beta-1}(\beta-r)\mathrm{Cov}(Z_{r+1}, Z_{j(\alpha+\beta)+1})\right|$$

$$= \left|\sum_{r=1}^{\beta}(\beta-r+1)\mathrm{Cov}(Z_1, Z_{j(\alpha+\beta)+r})\right| + \left|\sum_{r=1}^{\beta-1}(\beta-r)\mathrm{Cov}(Z_1, Z_{j(\alpha+\beta)-r+1})\right|$$

$$\leqslant \beta\left|\sum_{r=j(\alpha+\beta)-(\beta-2)}^{j(\alpha+\beta)+\beta}\mathrm{Cov}(Z_1, Z_r)\right| = \beta\left|\sum_{r=j(\alpha+\beta)-(\beta-1)}^{j(\alpha+\beta)+(\beta-1)}\mathrm{Cov}(Z_1, Z_{r+1})\right|$$

$$\leqslant \beta\sum_{r=j(\alpha+\beta)-(\beta-1)}^{j(\alpha+\beta)+(\beta-1)}\left|\mathrm{Cov}(X_1, X_{r+1})\right|^{\frac{1}{3}}. \tag{5.1.17}$$

再由 (5.1.17) 式得

$$\left|\frac{1}{n}\sum_{1\leqslant i<j\leqslant\mu}E(y_1'y_j')\right| \leqslant \frac{1}{n}\sum_{j=1}^{\mu-1}(\mu-j)|E(y_1'y_{j+1}')| \leqslant \frac{\mu}{n}\sum_{j=1}^{\mu-1}|E(y_1'y_{j+1}')|$$

$$\leqslant C\frac{\beta\mu}{n}\sum_{j=1}^{\mu}\sum_{r=j(\alpha+\beta)-(\beta-1)}^{j(\alpha+\beta)+(\beta-1)}|\mathrm{Cov}(X_1, X_{r+1})|^{\frac{1}{3}}$$

$$= C\frac{\beta\mu}{n}\sum_{r=\alpha+1}^{\mu(\alpha+\beta-1)}|\mathrm{Cov}(X_1, X_{r+1})|^{\frac{1}{3}} = C\left(\frac{\beta\mu}{n}\right)u(\alpha+1) \to 0.$$

引理 5.1.6 在定理 5.1.3 中 (A1) 和 (A2) 条件下, 当数列 $\{n\}$ 的子列 $\{m\}$ 趋于无穷大时,

$$\lim_{m\to\infty} \frac{1}{m} \sum_{1\leqslant i<j\leqslant m} E(Z_iZ_j) = \lim_{m\to\infty} \sum_{j=1}^{m-1} E(Z_1Z_{j+1}) = \sigma_2(x).$$

特别当 $\sigma_2(x)$ 为有限时有

$$\frac{1}{\alpha} Ey_1^2 \to \sigma_1^2(x) + 2\sigma_2(x) = \sigma_0^2(x).$$

证明 易得

$$\frac{1}{m} \sum_{1\leqslant i<j\leqslant m} E(Z_iZ_j) = \frac{1}{m} \sum_{j=1}^{m-1} (m-j)E(Z_1Z_{j+1})$$

$$= \sum_{j=1}^{m-1} E(Z_1Z_{j+1}) - \frac{1}{m} \sum_{j=1}^{m-1} jE(Z_1Z_{j+1})$$

$$= \sum_{j=1}^{m-1} E(Z_1Z_{j+1}) - \frac{1}{m} \sum_{j=1}^{m-1} jE(Z_1Z_{j+1}) + E(Z_1Z_m).$$

但由于

$$|E(Z_1Z_m)| \leqslant C|\text{Cov}(X_1,X_m)|^{\frac{1}{3}} \to 0, \quad m \to \infty,$$

从而

$$\left|\sum_{j=1}^{\infty} E(Z_1Z_{j+1})\right| \leqslant \sum_{j=1}^{\infty} |E(Z_1Z_{j+1})| \leqslant C \sum_{j=1}^{\infty} |\text{Cov}(X_1,X_{j+1})|^{\frac{1}{3}} = Cu(1) < \infty.$$

由此得 $\sum_{j=1}^{\infty} E(Z_1Z_{j+1}) < \infty$. 由 Kronecker 引理得 $\frac{1}{m} \sum_{j=1}^{m-1} jE(Z_1Z_{j+1}) \to 0$. 从而

$$\lim_{n\to\infty} \frac{1}{m} \sum_{1\leqslant i<j\leqslant m} E(Z_iZ_j) = \lim_{n\to\infty} \sum_{j=1}^{m-1} E(Z_1Z_j) = \sigma_2(x).$$

当 $\{m\} = \{\alpha\}$ 时, 由上述证明立即得证第二个结果.

引理 5.1.7 在定理 5.1.3 中 (A1) 和 (A2) 条件下成立

$$\frac{\mu}{n} Ey_1^2 \to \sigma_0^2(x).$$

证明 由于 $\frac{\beta\mu}{n} \to 0$ 意味着 $\frac{\alpha\mu}{n} \to 1$. 由引理 5.1.6 得

$$\frac{\mu}{n}Ey_1^2 = \left(\frac{\alpha\mu}{n}\right)\frac{1}{\alpha}Ey_1^2 \to \sigma_0^2(x).$$

引理 5.1.8 在定理 5.1.3 中 (A1) 和 (A2) 条件下

(i) $\frac{1}{n}ET_n^2 \to 0$; (ii) $\frac{1}{n}E(T_n')^2 \to 0$.

证明 (i) 由引理 5.1.7 和引理 5.1.5, 得

$$\frac{1}{n}ET_n^2 = \frac{\mu}{n}E(y_1')^2 + \frac{2}{n}\sum_{1\leqslant i<j\leqslant\mu}E(y_i'y_j') \to 0.$$

(ii) 由不等式 $\mu(\alpha+\beta) \leqslant n < (\mu+1)(\alpha+\beta)$, 可得

$$\frac{n-\mu(\alpha+\beta)}{n} < \frac{1}{\mu}.$$

又由平稳性, 当 $k = n-\mu(\alpha+\beta)$ 时, 利用引理 5.1.5 得

$$\frac{1}{n}E(T_n')^2 = \frac{n-\mu(\alpha+\beta)}{n}\sigma_1^2(x) + \frac{2}{n}\sum_{\mu(\alpha+\beta)+1\leqslant i<j\leqslant n}\mathrm{Cov}(Z_j,Z_j)$$

$$\leqslant \frac{n-\mu(\alpha+\beta)}{n}\sigma_1^2(x) + C\frac{2(n-\mu(\alpha+\beta))}{n}$$

$$\leqslant \frac{1}{\mu}\left[\sigma_1^2(x) + C\right] \to 0.$$

引理 5.1.9 在定理 5.1.3 中 (A1) 和 (A2) 条件下, 有

$$\left|E\exp\left(\mathbf{i}t\sum_{m=1}^\mu n^{-\frac{1}{2}}y_m\right) - \prod_{m=1}^\mu E\exp(\mathbf{i}tn^{-\frac{1}{2}}y_m)\right| \to 0.$$

证明 由 NA 的性质, $\frac{\mu\alpha}{n} \to 0$ 以及平稳性得

$$\left|E\exp\left(\mathbf{i}t\sum_{m=1}^\mu n^{-\frac{1}{2}}y_m\right) - \prod_{m=1}^\mu E\exp(\mathbf{i}tn^{-\frac{1}{2}}y_m)\right|$$

$$\leqslant 4t^2\sum_{1\leqslant i<j\leqslant\mu}\sum_{s=k_i}^{k_i+\alpha-1}\sum_{l=k_j}^{k_j+\alpha-1}|\mathrm{Cov}(Z_s,Z_l)|$$

$$\leqslant C\frac{4t^2}{n}\sum_{1\leqslant i<j\leqslant \mu}\sum_{s=k_i}^{k_i+\alpha-1}\sum_{l=k_j}^{k_j+\alpha-1}|\mathrm{Cov}(X_s,X_l)|^{\frac{1}{3}}$$

$$\leqslant C\frac{4t^2}{n}\sum_{i=1}^{\mu-1}\sum_{s=k_i}^{k_i+\alpha-1}\sum_{j=i+1}^{\mu}\sum_{l=k_j}^{k_j+\alpha-1}|\mathrm{Cov}(X_s,X_l)|^{\frac{1}{3}}$$

$$= C\frac{4t^2}{n}\sum_{i=1}^{\mu-1}\sum_{s=k_i}^{k_i+\alpha-1}\sum_{l=\beta}^{\infty}|\mathrm{Cov}(X_s,X_l)|^{\frac{1}{3}}$$

$$\leqslant Ct^2\frac{\mu\alpha}{n}u(\beta)\to 0.$$

引理 5.1.10　在定理 5.1.3 中 (A1) 和 (A2) 条件下, 有

$$n^{-\frac{1}{2}}S_n\overset{d}{\to}N(0,\sigma_0^2).$$

证明　考虑随机变量 $n^{-1/2}y_m, m=1,2,\cdots,\mu$. 设 $z_{nm}, m=1,2,\cdots,\mu$ 是独立的随机变量, 与 $n^{-1/2}y_1$ 有相同的分布, 则 $Ez_{nm}=0$. 由引理 5.1.9 得

$$\left|E\exp\left(\mathbf{i}t\sum_{m=1}^{\mu}n^{-\frac{1}{2}}y_m\right)-\prod_{m=1}^{\mu}E\exp(\mathbf{i}tz_{nm})\right|\to 0.$$

由 z_{nm} 的独立性得

$$\left|E\exp\left(\mathbf{i}t\sum_{m=1}^{\mu}n^{-\frac{1}{2}}y_m\right)-E\exp\left(\mathbf{i}t\sum_{m=1}^{\mu}z_{nm}\right)\right|\to 0.$$

下面证明

$$\sum_{m=1}^{\mu}z_{nm}\overset{d}{\to}N(0,\sigma_0^2(x)). \tag{5.1.18}$$

记

$$s_n=\sum_{m=1}^{\mu}\mathrm{Var}(z_{nm}),\quad Z_{nm}=\frac{z_{nm}}{s_n},$$

则 $Z_{nm}, m=1,2,\cdots,\mu$ 是独立同分布的随机变量, 且

$$EZ_{n1}=0,\quad \mathrm{Var}(Z_{n1})=\frac{1}{\mu},\quad \sum_{m=1}^{\mu}\mathrm{Var}(Z_{nm})=1.$$

由引理 5.1.7 得 $s_n^2 \to \sigma_0^2(x)$. 这样要证明 (5.1.18) 式成立, 只需证明

$$\sum_{m=1}^{\mu} Z_{nm} \stackrel{d}{\to} N(0,1). \tag{5.1.19}$$

记 G_n 是 $\dfrac{n^{-1/2}y_1}{s_n}$ 的分布函数, 对任意的 $\varepsilon > 0$,

$$g_n(\varepsilon) = \mu \cdot \int_{(|x| \geqslant \varepsilon)} x^2 dG_n \to 0.$$

根据 (5.1.14) 式知, $\left| \dfrac{n^{-1/2}y_1}{s_n} \right| \leqslant (C\alpha)/(s_n\sqrt{n})$, $C \leqslant K$ 为常数, 故

$$\left| \frac{n^{-1/2}Z_{n1}}{s_n} \right| \leqslant (C\alpha)/(s_n\sqrt{n}).$$

因此, 注意到 $\dfrac{\alpha^2}{n} \to 0$, 可得

$$
\begin{aligned}
g_n(\varepsilon) &= \mu \cdot \int_{(|x| \geqslant \varepsilon)} x^2 dG_n \\
&\leqslant \mu \cdot E\Big[Z_{nm}^2 I_{(|Z_{n1}| \geqslant \varepsilon)} \Big] \leqslant \frac{C^2\alpha^2\mu}{ns_n^2} P\Big(|Z_{n1}| \geqslant \varepsilon \Big) \\
&\leqslant \frac{C^2\alpha^2\mu}{ns_n^2} \cdot \mathrm{Var}(Z_{n1}) \\
&= \frac{C^2}{s_n^2} \cdot \mu\mathrm{Var}(Z_{n1}) \cdot \frac{\alpha^2}{n} \to 0.
\end{aligned}
$$

根据 Lindeberg-Feller 中心极限定理, (5.1.18) 式得证. 这样引理 5.1.10 证毕.

定理 5.1.3 的证明　由引理 5.1.8 可得 $n^{-1}E[T_n^2 + (T_n')^2] \to 0$. 故 $n^{-\frac{1}{2}}(T_n + T_n') \xrightarrow{P} 0$. 由此及引理 5.1.10, 即证得 (5.1.10) 式成立, 从而定理 5.1.3 得证.

下面, 我们还可以得经验生存函数的强相合性, 即:

定理 5.1.4　设 $\{X_1, X_2, \cdots, X_n\}$ 为 NA 样本, $R(x) = 1 - F(x)$, $F(x)$ 为连续的分布函数, 则

$$\sup_x |R_n(x) - R(x)| = o(n^{-1/2}(\log n)^{1/2} \log\log n), \quad \text{a.s..} \tag{5.1.20}$$

证明　由文献 (杨善朝, 2003) 的引理 4 及 $|R_n(x) - R(x)| = |F_n(x) - F(x)|$ 即得证.

利用上面的结果, 我们可以得到 $m_n(x)$ 的渐近正态性.

定理 5.1.5　设 $f(x)$ 是具有有限均值的概率密度函数, 在定理 5.1.2—定理 5.1.4 的条件下, $m_n(x)$ 具有渐近正态性, 即

$$(nh_n)^{1/2} \frac{m_n(x) - m(x)}{\sigma_m} \xrightarrow{d} N(0,1),$$

其中

$$\sigma_m = \frac{1}{nh_n} \frac{1}{\beta_1} \int_{-\infty}^{\infty} K^2(u) du \cdot \int_{x}^{\infty} t^2 f(t) dt.$$

证明　由 (5.1.2) 式得

$$(nh_n)^{1/2}[m_n(x) - m(x)] = \frac{(nh_n)^{1/2}}{R_n(x)} \left(\int_{x}^{\infty} t f_n(t) dt - \frac{R_n(x)}{R(x)} \int_{x}^{\infty} t f(t) dt \right)$$

$$= \frac{1}{R_n(x)} \int_{x}^{\infty} t (nh_n)^{1/2} (f_n(t) - f(t)) dt$$

$$+ \frac{m(x)}{R_n(x)} h_n^{1/2} (n^{1/2}(R(x) - R_n(x))).$$

由 Slutsky 定理与 (5.1.8)、(5.1.9) 和 (5.1.19) 式, 定理得证.

推论 5.1.1　在定理 5.1.5 的条件下, e_n 也具有渐近正态性, 即

$$(nh_n)^{1/2} \frac{e_n(x) - e(x)}{\sigma_e} \xrightarrow{d} N(0,1),$$

其中

$$\sigma_e = \frac{1}{nh_n} \frac{1}{\beta_1} \int_{-\infty}^{\infty} K^2(u) du \cdot \int_{x}^{\infty} t^2 f(t) dt.$$

注 5.1.1　利用上述结果可以构造 $m(x)$ 和 $e(x)$ 的渐近置信区间.

5.2　WOD 相依删失数据生存函数估计

5.2.1　Kaplan-Meier 估计

设生存时间 $T_1, \cdots, T_n$ 是同分布非负连续随机变量, 其分布函数为 $F(x) = P(T_i \leqslant x)$, 随机删失时间 $Y_1, \cdots, Y_n$ 为同分布非负连续随机变量, 其分布函数为 $G(y) = P(Y_i \leqslant y)$, 且生存时间和随机删失时间之间是相互独立的. 在可靠性寿命试验、医药追踪试验及对生存分析等领域的研究中, 常见到的是随机右删失模型.

在随机右删失模型中, 随机变量 T_i 被随机删失变量 Y_i 右删失, 而不能被完全观察, 仅能观察到数据 $(Z_i, \delta_i), i = 1, \cdots, n$, 其中

$$Z_i = T_i \wedge Y_i, \quad \delta_i = I(T_i \leqslant Y_i),$$

在这里 $a \wedge b$ 表示 a 和 b 中较小者, $I(\cdot)$ 表示某事件的示性函数.

在生存分析中一个感兴趣的问题, 是基于随机删失的观察数据对生存函数 $S(t) = 1 - F(t)$ 的非参数统计推断. 为此, 先在 $[0, \infty)$ 上定义两个随机过程. 记

$$N_n(t) = \sum_{i=1}^{n} I(Z_i \leqslant t, \delta_i = 1) = \sum_{i=1}^{n} I(T_i \leqslant t \wedge Y_i)$$

为实际观察到的小于或等于 t 的样本数;

$$M_n(t) = \sum_{i=1}^{n} I(Z_i \geqslant t)$$

为删失或未删失且观测值大于或等于 t 的样本数. 基于观察数据 (Z_i, δ_i), 为估计生存函数 $S(t)$, Kaplan 和 Meier (1958) 提出如下估计, 称其为 Kaplan-Meier(K-M) 估计

$$\hat{S}_n(t) = \prod_{z \leqslant t} \left[1 - \frac{dN_n(z)}{M_n(z)} \right], \quad dN_n(z) = N_n(z) - N_n(z-).$$

设生存时间的概率密度函数为 $f(t)$, 在生存分析中另一个感兴趣的问题是对风险率函数

$$h(t) = \frac{d}{dt}[-\log S(t)] = \frac{f(t)}{S(t)}, \quad S(t) > 0$$

进行估计. 为此记 $L(t)$ 为 $\{Z_n, n \geqslant 1\}$ 的共同分布函数, $\overline{G}(x) = 1 - G(x)$. 注意到 $\{T_n, n \geqslant 1\}$ 和 $\{Y_n, n \geqslant 1\}$ 之间相互独立, 则有

$$L(t) = 1 - [1 - F(t)][1 - G(t)] = 1 - S(t)\overline{G}(t),$$

且其经验分布函数 $L_n(t)$ 为

$$L_n(t) = \frac{1}{n} \sum_{i=1}^{n} I(Z_i < t) = 1 - \frac{M_n(t)}{n} = \frac{\overline{M}_n(t)}{n}, \quad \overline{M}_n(t) = \sum_{i=1}^{n} I(Z_i < t).$$

对于分布 F, G, L, 分别记 τ_F, τ_G 和 τ_L (可能无穷) 为

$$\tau_F = \inf\{y; F(y) = 1\}, \quad \tau_G = \inf\{y; G(y) = 1\}, \quad \tau_L = \inf\{y; L(y) = 1\},$$

则有 $\tau_L = \tau_F \wedge \tau_G$. 又记

$$F_*(t) = P(Z_1 \leqslant t, \delta_1 = 1) = P(T_1 \leqslant t \wedge Y_1) = \int_0^\infty F(t \wedge z) dG(z) = \int_0^t \overline{G}(z) dF(z),$$

其对应的经验分布函数为

$$F_{*n}(t) = \frac{1}{n} \sum_{i=1}^n I(Z_i \leqslant t, \delta_i = 1) = \frac{N_n(t)}{n}.$$

风险率函数 $h(t)$ 对应的累积风险率函数 $H(t)$ 为

$$H(t) = -\log S(t) = \int_0^t \frac{dF(x)}{S(x)} = \int_0^t \frac{dF_*(x)}{\overline{L}(x)},$$

从而累积风险率函数 $H(t)$ 的估计为

$$\hat{H}_n(t) = \int_0^t \frac{dN_n(x)}{M_n(x)} = \int_0^t \frac{dF_{*n}(x)}{\overline{L}_n(x)},$$

这里 $\overline{L}(x) = 1 - L(x)$, $\overline{L}_n(x) = 1 - L_n(x)$.

注意到 $N_n(t)$ 是 t 的阶梯函数, 且 $dN_n(Z_{(i)}) = \delta_{(i)}$, $i = 1, \cdots, n$, 则 $\hat{S}_n(t)$ 和 $\hat{H}_n(t)$ 可表示为

$$\hat{S}_n(t) = \prod_{i=1}^n \left[1 - \frac{\delta_{(i)}}{n-i+1} \right]^{I(Z_{(i)} \leqslant t)} = \prod_{i=1}^n \left(\frac{n-i}{n-i+1} \right)^{I(Z_{(i)} \leqslant t,\ \delta_{(i)} = 1)} \tag{5.2.1}$$

和

$$\hat{H}_n(t) = \sum_{i=1}^n \frac{I(Z_{(i)} \leqslant t,\ \delta_{(i)} = 1)}{n-i+1}, \tag{5.2.2}$$

此处 $Z_{(1)} \leqslant \cdots \leqslant Z_{(n)}$ 是 $Z_1, \cdots, Z_n$ 的次序统计量, $\delta_{(i)}$ 为 $Z_{(i)}$ 的伴随统计量.

自 Kaplan-Meier 估计被提出以来, 已有许多学者对其进行了研究. 本节将基于右删失 WOD 宽相依数据, 利用 Kaplan-Meier 估计方法, 讨论生存函数和风险率估计量的渐近性质, 获得强逼近和强表示及其相应的收敛速度.

5.2.2　辅助引理

为了证明本节主要结果时方便叙述和引用, 先给出一些重要的辅助引理.

引理 5.2.1　设 $\{X_n,\ n \geqslant 1\}$ 是 WOD 序列, $\{Y_n,\ n \geqslant 1\}$ 是 WOD 序列, 且对任意 $i \geqslant 1$, $j \geqslant 1$, X_i 与 Y_j 相互独立. 则 $\{(X_n, Y_n),\ n \geqslant 1\}$ 也是 WOD 序列.

证明 由 WOD 序列的定义, 存在实值数列 $\{\varphi_X(n), n \geqslant 1\}$ 和 $\{\varphi_Y(n), n \geqslant 1\}$, 其分别是 $\{X_n, n \geqslant 1\}$ 和 $\{Y_n, n \geqslant 1\}$ 的控制系数. 记 $\varphi_{XY}(n) = \varphi_X(n)\varphi_Y(n), n \geqslant 1$, 则有

$$P(X_1 > x_1, Y_1 > y_1; \cdots; X_n > x_n, Y_n > y_n)$$
$$= P(X_1 > x_1, \cdots, X_n > x_n)P(Y_1 > y_1, \cdots, Y_n > y_n)$$
$$\leqslant \varphi_X(n)\prod_{i=1}^n P(X_i > x_i) \cdot \varphi_Y(n)\prod_{i=1}^n P(Y_i > y_i)$$
$$= \varphi_{XY}(n)\prod_{i=1}^n P(X_i > x_i, Y_i > y_i)$$

和

$$P(X_1 \leqslant x_1, Y_1 \leqslant y_1; \cdots; X_n \leqslant x_n, Y_n \leqslant y_n)$$
$$= P(X_1 \leqslant x_1, \cdots, X_n \leqslant x_n)P(Y_1 \leqslant y_1, \cdots, Y_n \leqslant y_n)$$
$$\leqslant \varphi_X(n)\prod_{i=1}^n P(X_i \leqslant x_i) \cdot \varphi_Y(n)\prod_{i=1}^n P(Y_i \leqslant y_i)$$
$$= \varphi_{XY}(n)\prod_{i=1}^n P(X_i \leqslant x_i, Y_i \leqslant y_i).$$

由 WOD 的定义, 可知随机序列 $\{(X_n, Y_n), n \geqslant 1\}$ 是 WOD 的.

引理 5.2.2 设生存序列 $\{T_n, n \geqslant 1\}$ 是控制系数为 $\varphi(n)$ 且满足 $\sum_{n=1}^\infty \varphi(n)n^{-2} < \infty$ 的 WOD 序列. 如果生存函数 $S(t)$ 连续, $S_n(t) = \frac{1}{n}\sum_{i=1}^n I(T_i > t)$ 为其经验生存函数. 则存在正常数列 $\tau_n = n^{-1/2}\log^{1/2} n$, 有

$$\sup_t |S_n(t) - S(t)| = O(\tau_n), \quad \text{a.s.}.$$

证明 注意到 $S(t) = 1 - F(t)$ 是连续函数, 设 $\{t_{n,k}\}$ 满足 $S(t_{n,k}) = 1 - k/n$, $n \geqslant 3, k = 1, \cdots, n-1$, 则由文献 (杨善朝, 2003) 的引理 2 可得

$$\sup_{-\infty<t<\infty} |S_n(t) - S(t)| \leqslant \max_{1\leqslant k\leqslant n-1} |S_n(t_{n,k}) - S(t_{n,k})| + \frac{2}{n}.$$

又由于

$$|S_n(t_{n,k}) - S(t_{n,k})| = \left|\frac{1}{n}\sum_{j=1}^n (I(T_j < t_{n,k}) - EI(T_j < t_{n,k}))\right| =: \left|\frac{1}{n}\sum_{j=1}^n \xi_{j,k}\right|,$$

此处 $\xi_{j,k} = I(T_j < t_{n,k}) - EI(T_j < t_{n,k})$, 则由性质 1.2.4 知 $\{\xi_{j,k}, 1 \leqslant j \leqslant n\}$ 是 WOD 序列, 且 $E\xi_{j,k} = 0$, $|\xi_{j,k}| \leqslant 1$. 又注意到 $n\tau_n = n^{1/2}\log^{1/2} n \to \infty$, 则对任意的 $\varepsilon \geqslant 4\sqrt{3}$, 存在充分大的 n, 有 $2/n < \varepsilon\tau_n/2$. 取 $r = \varepsilon\tau_n/4$, 由引理 1.3.22 得

$$
\begin{aligned}
P\left(\sup_t |S_n(t) - S(t)| > \varepsilon\tau_n\right) &\leqslant P\left(\max_{1\leqslant k\leqslant n-1} |S_n(t_{n,k}) - S(t_{n,k})| > \varepsilon\tau_n/2\right) \\
&\leqslant \sum_{k=1}^{n-1} P\left(|S_n(t_{n,k}) - S(t_{n,k})| > \varepsilon\tau_n/2\right) \\
&= \sum_{k=1}^{n-1} P\left(\left|\frac{1}{n}\sum_{j=1}^n \xi_{j,k}\right| > \varepsilon\tau_n/2\right) \\
&\leqslant 2\sum_{k=1}^{n-1} \varphi(n) \exp\left\{-r\varepsilon n\tau_n/2 + r^2\sum_{j=1}^n E\xi_{j,k}^2\right\} \\
&\leqslant 2\sum_{k=1}^{n-1} \varphi(n) \exp\left\{-r\varepsilon n\tau_n/2 + nr^2\right\} \\
&\leqslant 2\sum_{k=1}^{n-1} \varphi(n) \exp\left\{-\frac{\varepsilon^2 n\tau_n^2}{16}\right\} \leqslant 2\varphi(n)n^{-2}.
\end{aligned}
$$

这样由 $\sum_{n=1}^\infty \varphi(n)n^{-2} < \infty$ 和 Borel-Cantelli 引理, 即证得引理 5.2.2.

注 5.2.1　对任意的连续分布函数 $F(t)$ 及其对应的经验分布函数 $F_n(t)$, 如果引理 5.2.2 的条件满足, 则有

$$\sup_t |F_n(t) - F(t)| = O(\tau_n), \quad \text{a.s..}$$

5.2.3 强逼近和强表示

为了定理叙述方便和简洁, 先给出一些假设:

(A1)　设生存时间序列 $\{T_n, n \geqslant 1\}$ 是 WOD 序列, 其控制系数为 $\varphi(n)$, 且具有连续分布函数 $F(t)$ 和密度函数 $f(x)$;

(A2)　设删失时间序列 $\{Y_n, n \geqslant 1\}$ 是 WOD 序列, 其控制系数为 $\varphi(n)$, 且具有连续分布函数 G;

(A3)　设生存时间序列 $\{T_n, n \geqslant 1\}$ 与删失时间序列 $\{Y_n, n \geqslant 1\}$ 之间相互独立, 且其控制系数 $\varphi(n)$ 满足 $\sum_{n=1}^\infty \varphi(n)n^{-2} < \infty$ 和 $\sum_{n=1}^\infty \varphi^2(n)n^{-2} < \infty$;

(A4)　设 $\{\tau_n, n \geqslant 1\}$ 是正常数序列, 满足 $\tau_n \to 0$.

主要结果如下:

定理 5.2.1 假设 (A1)—(A4) 成立. 取 $\tau_n = n^{-1/2} \log^{1/2} n$, 则当 $0 < \tau < \tau_L$ 时,

$$\sup_{0 \leqslant x \leqslant \tau} |\hat{H}_n(x) - H(x)| = O(\tau_n), \quad \text{a.s.}, \tag{5.2.3}$$

$$\sup_{0 \leqslant x \leqslant \tau} |\hat{S}_n(x) - S(x)| = O(\tau_n), \quad \text{a.s..} \tag{5.2.4}$$

定理 5.2.2 在定理 5.2.1 的条件下, 有

$$\hat{H}_n(x) - H(x) = -\frac{1}{n} \sum_{i=1}^n \eta(T_i, \delta_i, x) + R_{1n}(x), \tag{5.2.5}$$

$$\hat{S}_n(x) - S(x) = \frac{S(x)}{n} \sum_{i=1}^n \eta(T_i, \delta_i, x) + R_{2n}(x), \tag{5.2.6}$$

其中

$$\sup_{0 \leqslant x \leqslant \tau} |R_{in}(x)| = O(\tau_n), \quad \text{a.s.}$$

以及

$$\eta(t, \delta, x) = g(t \wedge x) - \frac{I(t \leqslant x, \delta = 1)}{\overline{L}(t)}, \quad g(x) = \int_0^x \frac{dF_*(s)}{L^2(s)}.$$

注 5.2.2 定理 5.2.1 和定理 5.2.2 中相应估计量的强逼近收敛速度和强表示误差项的收敛速度的阶达到 $O(n^{-1/2} \log^{1/2} n)$. 特别, 当控制系数 $\varphi(n) = 1$ 时, $\sum_{n=1}^\infty \varphi(n) n^{-2} < \infty$ 和 $\sum_{n=1}^\infty \varphi^2(n) n^{-2} < \infty$, 即条件 (A3) 满足. 而由注 5.2.1 知 $\varphi(n) = 1$ 时, 随机序列 $\{T_n, n \geqslant 1\}$ 和 $\{Y_n, n \geqslant 1\}$ 是两个 NA 序列, 且其估计量的强逼近收敛速度和强表示式误差项的收敛速度达 $O(n^{-1/2} \log^{1/2} n)$.

定理 5.2.1 的证明 由性质 1.2.4、引理 5.2.1 可知, 随机序列 $\{Z_n, n \geqslant 1\}$ 和 $\{(Z_n, \delta_n), n \geqslant 1\}$ 均为 WOD 序列, 其控制系数分别为 $\varphi(n)$ 和 $\varphi^2(n)$. 则由引理 5.2.2 可得

$$\sup_{x \geqslant 0} |L_n(x) - L(x)| = O(\tau_n), \quad \text{a.s.}, \tag{5.2.7}$$

再由引理 5.2.2 以及假设 $\sum_{n=1}^\infty \varphi^2(n) n^{-2} < \infty$ 得

$$\sup_{x \geqslant 0} |F_{*n}(x) - F_*(x)| = O(\tau_n), \quad \text{a.s..} \tag{5.2.8}$$

下面先证明关系式 (5.2.3) 成立. 对 $\hat{H}_n(x) - H(x)$ 进行分解可得

$$\hat{H}_n(x) - H(x)$$

$$= \int_0^x \frac{dF_{*n}(s)}{\overline{L}_n(s)} - \int_0^x \frac{dF_*(s)}{\overline{L}(s)}$$

$$= \int_0^x \left(\frac{1}{\overline{L}_n(s)} - \frac{1}{\overline{L}(s)} \right) dF_*(s) + \int_0^x \frac{d(F_{*n}(s) - F_*(s))}{\overline{L}_n(s)}$$

$$= \int_0^x \frac{\overline{L}(s) - \overline{L}_n(s)}{\overline{L}_n(s)\overline{L}(s)} dF_*(s) + \frac{F_{*n}(x) - F_*(x)}{\overline{L}_n(x)}$$

$$- \int_0^x (F_{*n}(s) - F_*(s)) d\left(\frac{1}{\overline{L}_n(s)} \right). \tag{5.2.9}$$

由 $0 < \tau < \tau_L$, 结合 (5.2.7)—(5.2.9) 式, 可得

$$\sup_{0 \leqslant x < \tau} |\hat{H}_n(x) - H(x)|$$

$$\leqslant \frac{\sup_{x \geqslant 0} |\overline{L}(x) - \overline{L}_n(x)|}{\overline{L}_n(\tau)\overline{L}(\tau)} [F_*(\tau) - F_*(0)] + \frac{\sup_{x \geqslant 0} |F_{*n}(x) - F_*(x)|}{\overline{L}_n(\tau)}$$

$$+ \sup_{x \geqslant 0} |F_{*n}(x) - F_*(x)| \left[\frac{1}{\overline{L}_n(\tau)} - \frac{1}{\overline{L}_n(0)} \right]$$

$$\leqslant \frac{\sup_{x \geqslant 0} |\overline{L}_n(x) - \overline{L}(x)|}{\overline{L}_n(\tau)\overline{L}(\tau)} + \frac{2 \sup_{x \geqslant 0} |F_{*n}(x) - F_*(x)|}{\overline{L}_n(\tau)}$$

$$= O(\tau_n). \tag{5.2.10}$$

这样由 (5.2.9) 式, 即得关系式 (5.2.3) 成立.

下面证明关系式 (5.2.4) 成立. 注意到 $e^x = 1 + x + o(x)$, 则有

$$\hat{S}_n(x) - S(x) = - \left[e^{-H(x)} - e^{-\hat{H}_n(x)} \right] - \left[e^{-\hat{H}_n(x)} - e^{\log \hat{S}_n(x)} \right]$$

$$= -e^{-H(x)} \left[1 - e^{-\hat{H}_n(x) + H(x)} \right] - e^{\log \hat{S}_n(x)} \left[e^{-\hat{H}_n(x) - \log \hat{S}_n(x)} - 1 \right]$$

$$= -e^{-H(x)} \left\{ \hat{H}_n(x) - H(x) + o \left[\hat{H}_n(x) - H(x) \right] \right\}$$

$$- \hat{S}_n(x) \left\{ -\hat{H}_n(x) - \log \hat{S}_n(x) + o \left[-\hat{H}_n(x) - \log \hat{S}_n(x) \right] \right\}. \tag{5.2.11}$$

又由 $\hat{H}_n(x)$ 和 $\hat{S}_n(x)$ 定义 (5.2.1) 和 (5.2.2) 式, 可得

$$-\hat{H}_n(x) - \log \hat{S}_n(x)$$

$$= -\sum_{i=1}^{n} \frac{I\left(Z_{(i)} \leqslant x, \delta_{(i)}=1\right)}{n-i+1} - \sum_{i=1}^{n} I\left(Z_{(i)} \leqslant x, \delta_{(i)}=1\right) \log \frac{n-i}{n-i+1}$$

$$= \sum_{i=1}^{n} I\left(Z_{(i)} \leqslant x, \delta_{(i)}=1\right) \left(\log \frac{n-i+1}{n-i} - \frac{1}{n-i+1}\right).$$

因此, 对 $x > 0$, 注意到不等式

$$0 < \ln\left(\frac{x+1}{x}\right) - \frac{1}{x+1} < \frac{1}{x(x+1)},$$

并结合关系式 (5.2.7), 对 $0 < \tau < \tau_L$, $0 \leqslant x \leqslant \tau$ 可以推出

$$-\hat{H}_n(x) - \log \hat{S}_n(x) \leqslant \sum_{i=1}^{n} I\left(Z_{(i)} \leqslant x, \delta_{(i)}=1\right) \frac{1}{(n-i)(n-i+1)}$$

$$\leqslant \sum_{i:Z_{(i)}\leqslant x} \frac{1}{(n-i)(n-i+1)}$$

$$= \sum_{i=1}^{n-M_n(x)} \left(\frac{1}{n-i} - \frac{1}{n-i+1}\right)$$

$$= \frac{1}{M_n(x)} - \frac{1}{n} \leqslant \frac{1}{n} \frac{1}{\frac{M_n(x)}{n}} = \frac{1}{n}\frac{1}{\overline{L}_n(x)} = O\left(\frac{1}{n}\right). \quad (5.2.12)$$

由 (5.2.11) 和 (5.2.12) 式可得

$$|\hat{S}_n(x) - S(x)| \leqslant e^{-H(x)}\left|\hat{H}_n(x) - H(x) + o\left(\hat{H}_n(x)-H(x)\right)\right| + O\left(n^{-1}\right)$$

$$= S(x)\left|\hat{H}_n(x) - H(x)\right| + o(\tau_n). \quad (5.2.13)$$

由 (5.2.13) 式并结合 (5.2.3) 式得

$$\sup_{0\leqslant x\leqslant\tau} |\hat{S}_n(x) - S(x)| \leqslant \sup_{0\leqslant x\leqslant\tau}\left|\hat{H}_n(x) - H(x)\right| + o(\tau_n) = O(\tau_n), \quad \text{a.s..}$$

从而关系式 (5.2.4) 成立. 定理 5.2.1 证明完毕.

定理 5.2.2 的证明 先证 (5.2.5) 式成立. 由于

$$\hat{H}_n(x) - H(x)$$

$$= \int_0^x \left(\frac{1}{\overline{L}_n(s)} - \frac{1}{\overline{L}(s)}\right) dF_*(s) + \int_0^x \frac{d(F_{*n}(s) - F_*(s))}{\overline{L}_n(s)}$$

$$= \int_0^x \left(\frac{1}{\overline{L}_n(s)} - \frac{1}{\overline{L}(s)} \right) dF_*(s) + \int_0^x \frac{d(F_{*n}(s) - F_*(s))}{\overline{L}(s)}$$

$$+ \int_0^x \left(\frac{1}{\overline{L}_n(s)} - \frac{1}{\overline{L}(s)} \right) d(F_{*n}(s) - F_*(s))$$

$$= \left(\int_0^x \frac{dF_{*n}(s)}{\overline{L}(s)} - \int_0^x \frac{\overline{L}_n(s)}{\overline{L}^2(s)} dF_*(s) \right) + \int_0^x \left(\frac{1}{\overline{L}_n(s)} - \frac{1}{\overline{L}(s)} \right) d(F_{*n}(s)$$

$$- F_*(s)) + \int_0^x \frac{(\overline{L}_n(s) - \overline{L}(s))^2}{\overline{L}^2(s)\overline{L}_n(s)} dF_*(s)$$

$$=: I_1(x) + I_2(x) + I_3(x). \tag{5.2.14}$$

对于 $I_1(x)$, 由 $F_{*n}(s) = N_n(s)/n$ 和 $N_n(s)$ 是阶梯函数, 可得

$$I_1(x) = \frac{1}{n} \sum_{i:Z_i \leqslant x} \frac{N_n(Z_i) - N_n(Z_i^-)}{\overline{L}(Z_{(i)})} - \frac{1}{n} \int_0^x \frac{\sum_{i=1}^n I(Z_i \geqslant s)}{\overline{L}^2(s)} dF_*(s)$$

$$= \frac{1}{n} \sum_{i:Z_i \leqslant x} \frac{\delta_{(i)}}{\overline{L}(Z_{(i)})} - \frac{1}{n} \sum_{i=1}^n \int_0^{x \wedge Z_i} \frac{dF_*(s)}{\overline{L}^2(s)}$$

$$= \frac{1}{n} \sum_{i=1}^n \frac{I(Z_{(i)} \leqslant x, \delta_{(i)} = 1)}{\overline{L}(Z_{(i)})} - \frac{1}{n} \sum_{i=1}^n g(x \wedge Z_i)$$

$$= \frac{1}{n} \sum_{i=1}^n \frac{I(Z_i \leqslant x, \delta_i = 1)}{\overline{L}(Z_i)} - \frac{1}{n} \sum_{i=1}^n g(x \wedge Z_i)$$

$$= -\frac{1}{n} \sum_{i=1}^n \eta(Z_i, \delta_i, x). \tag{5.2.15}$$

根据 (5.2.14) 和 (5.2.15) 式, 为证 (5.2.5) 成立, 只需证明

$$I_2(x) + I_3(x) = O(\tau_n).$$

而对于 $I_2(x)$, 把区间 $[0, \tau]$ 分解为 $[x_1, x_2], \cdots, [x_i, x_{i+1}], \cdots, [x_{k_n}, x_{k_n+1}]$, 其中 $k_n = O(\tau_n^{-1})$ 且 $0 = x_1 < \cdots < x_{k_n+1} = \tau$, $\tau < \tau_H$, 使得 $H(x_{i+1}) - H(x_i) = O(\tau_n)$. 故由 (5.2.7) 式可得

$$|I_2(x)| = \left| \int_0^x \left(\overline{L}_n^{-1}(s) - \overline{L}^{-1}(s) \right) d(F_{*n}(s) - F_*(s)) \right|$$

$$= \left| \int_0^x \left(\overline{L}_n^{-1}(s) - \overline{L}^{-1}(s) - \overline{L}_n^{-1}(x_i) + \overline{L}^{-1}(x_i) + \overline{L}_n^{-1}(x_i) \right) \right.$$

$$- \overline{L}^{-1}(x_i) \Big) \cdot d(F_{*n}(s) - F_*(s)) \Big|$$

$$\leqslant \left| \int_0^x \left(\overline{L}_n^{-1}(s) - \overline{L}^{-1}(s) - \overline{L}_n^{-1}(x_i) + \overline{L}^{-1}(x_i) \right) d(F_{*n}(s) - F_*(s)) \right|$$

$$+ \left| \sum_{i=1}^{k_n} \int_{x_i}^{x_{i+1}} \left(\overline{L}_n^{-1}(x_i) - \overline{L}^{-1}(x_i) \right) d(F_{*n}(s) - F_*(s)) \right|$$

$$\leqslant c \max_{1 \leqslant i \leqslant k_n} \sup_{y \in [x_i, x_{i+1}]} \left| \overline{L}_n^{-1}(y) - \overline{L}_n^{-1}(x_i) - \overline{L}^{-1}(y) + \overline{L}^{-1}(x_i) \right|$$

$$+ k_n \cdot \sup_{0 \leqslant x \leqslant \tau} \left| \overline{L}_n^{-1}(x) - \overline{L}^{-1}(x) \right|$$

$$\times \max_{1 \leqslant i \leqslant k_n} |F_{*n}^{-1}(x_{i+1}) - F_{*n}^{-1}(x_i) - F_*(x_{i+1}) + F_*(x_i)|$$

$$\leqslant c \max_{1 \leqslant i \leqslant k_n} \sup_{y \in [x_i, x_{i+1}]} \left| \overline{L}_n(y) - \overline{L}_n(x_i) - \overline{L}(y) + \overline{L}(x_i) \right|$$

$$+ c \max_{1 \leqslant i \leqslant k_n} |F_{*n}(x_{i+1}) - F_{*n}(x_i) - F_*(x_{i+1}) + F_*(x_i)|$$

$$=: I_{21}(x) + I_{22}(x). \tag{5.2.16}$$

下面估计 $I_{21}(x)$. 把区间 $[x_i, x_{i+1}]$ 分解为子区间 $[x_{ij}, x_{i(j+1)}]$, $j = 1, \cdots, p_n$, 其中 $p_n = O(k_n^{1/2})$, 使得对任意 i, j, 一致地有 $|\overline{L}(x_{i(j+1)}) - \overline{L}(x_{ij})| = O(\tau_n^{3/2})$. 又

$$|\overline{L}_n(y) - \overline{L}_n(x_{ij})| \leqslant 1/n \leqslant O(\tau_n^{3/2}), \quad y \in [x_{ij}, x_{i(j+1)}],$$

则由定理 5.2.1 可得

$$I_{21}(x) = \max_{1 \leqslant i \leqslant k_n} \sup_{y \in [x_i, x_{i+1}]} \left| \overline{L}_n(y) - \overline{L}_n(x_i) - \overline{L}(y) + \overline{L}(x_i) \right|$$

$$\leqslant \max_{1 \leqslant i \leqslant k_n} \max_{1 \leqslant j \leqslant p_n} \sup_{y \in [x_{ij}, x_{i(j+1)}]} \left| \overline{L}_n(x_{ij}) - \overline{L}_n(x_i) - \overline{L}(x_{ij}) + \overline{L}(x_i) \right|$$

$$+ \max_{1 \leqslant i \leqslant k_n} \max_{1 \leqslant j \leqslant p_n} \sup_{y \in [x_{ij}, x_{i(j+1)}]} \left(|\overline{L}_n(y) - \overline{L}_n(x_{ij})| + |\overline{L}(x_{ij}) - \overline{L}(y)| \right)$$

$$\leqslant \max_{1 \leqslant i \leqslant k_n} \max_{1 \leqslant j \leqslant p_n} \left| \overline{L}_n(x_{ij}) - \overline{L}_n(x_i) - \overline{L}(x_{ij}) + \overline{L}(x_i) \right| + O(\tau_n^{3/2})$$

$$= \max_{1 \leqslant i \leqslant k_n} \max_{1 \leqslant j \leqslant p_n} \left| \frac{1}{n} \sum_{k=1}^n (\eta_k + \zeta_k) \right| + O(\tau_n^{3/2}), \tag{5.2.17}$$

其中

$$\eta_k = I(T_k \geqslant x_i) - EI(T_k \geqslant x_i), \quad \zeta_k = I(T_k \geqslant x_{ij}) - EI(T_k \geqslant x_{ij}),$$

$$\frac{1}{n} \sum_{k=1}^{n} (\eta_k + \zeta_k) = \overline{L}_n(x_{ij}) - \overline{L}_n(x_i) - \overline{L}(x_{ij}) + \overline{L}(x_i).$$

再由性质 1.2.4 知, 随机序列 $\{\eta_k, 1 \leqslant k \leqslant n\}$ 和 $\{\zeta_k, 1 \leqslant k \leqslant n\}$ 均为 WOD 的, 且

$$|\eta_k| \leqslant 1, \quad |\zeta_k| \leqslant 1, \quad E\eta_k = E\zeta_k = 0, \quad E\eta_k^2 \leqslant 1, \quad E\zeta_k^2 \leqslant 1.$$

故由引理 1.3.22, 取 $r = \tau_n$ 可得

$$P\left(\max_{1 \leqslant i \leqslant k_n} \max_{1 \leqslant j \leqslant p_n} \left| \frac{1}{n} \sum_{k=1}^{n} (\eta_k + \zeta_k) \right| \geqslant 8\tau_n \right)$$

$$\leqslant \sum_{i=1}^{k_n} \sum_{j=1}^{p_n} P\left(\left| \sum_{k=1}^{n} (\eta_k + \zeta_k) \right| \geqslant 8n\tau_n \right)$$

$$\leqslant \sum_{i=1}^{k_n} \sum_{j=1}^{p_n} P\left(\left| \sum_{k=1}^{n} \eta_k \right| \geqslant 4n\tau_n \right) + \sum_{i=1}^{k_n} \sum_{j=1}^{p_n} P\left(\left| \sum_{k=1}^{n} \zeta_k \right| \geqslant 4n\tau_n \right)$$

$$\leqslant \sum_{i=1}^{k_n} \sum_{j=1}^{p_n} 4\varphi(n) \exp(-4n\tau_n^2 + n\tau_n^2)$$

$$= 4\varphi(n) k_n p_n \exp(-3 \log n)$$

$$\leqslant C\varphi(n) n^{-9/4} \log^{3/4} n.$$

由此及 Borel-Cantelli 引理和 (5.2.17) 式可得 $I_{21}(x) = O(\tau_n), \mathrm{a.s.}$.
对于 $I_{22}(x)$, 注意到对所有的 x 和 y,

$$|F_*(x) - F_*(y)| \leqslant |\overline{L}(x) - \overline{L}(y)|,$$

$$|F_{*n}(x) - F_{*n}(y)| \leqslant |\overline{L}_n(x) - \overline{L}_n(y)|.$$

类似于 $I_{21}(x)$ 的处理方法, 可得 $I_{22}(x) = O(\tau_n), \mathrm{a.s.}$. 从而由 (5.2.16) 式得

$$|I_2(x)| = I_{21}(x) + I_{22}(x) = O(\tau_n), \quad \mathrm{a.s.}. \tag{5.2.18}$$

对于 $I_3(x)$, 由 (5.2.7) 式易得

$$I_3(x) = \int_0^x \frac{(\overline{L}_n(s) - \overline{L}(s))^2}{\overline{L}^2(s)\overline{L}_n(s)} dF_*(s) = O(\tau_n^2). \tag{5.2.19}$$

联合 (5.2.14)-(5.2.15) 式、(5.2.18)-(5.2.19) 式, 可得 (5.2.5) 式成立. 另外, 由 (5.2.11) 和 (5.2.12) 式可知

$$\hat{S}_n(x) - S(x) = S(x) \left\{ \hat{H}_n(x) - H(x) + o\left[\hat{H}_n(x) - H(x)\right] \right\} - O\left(\frac{1}{n}\right). \quad (5.2.20)$$

把 (5.2.5) 式代入 (5.2.20) 式即得 (5.2.6) 式成立. 定理 5.2.2 证明完毕.

注 5.2.3 在假设 (A1) 和 (A2) 中, 生存时间序列 $\{T_n, n \geqslant 1\}$ 和删失时间序列 $\{Y_n, n \geqslant 1\}$ 的控制系数均为 $\varphi(n)$, 这个假设条件较强. 根据定理 5.2.1 和定理 5.2.2 证明过程可知, 把假设 (A1)—(A3) 改为如下假设:

(A1.1) 设生存时间序列 $\{T_n, n \geqslant 1\}$ 是 WOD 序列, 其控制系数为 $\varphi_1(n)$, 且具有连续分布函数 $F(t)$ 和密度函数 $f(x)$.

(A2.1) 设删失时间序列 $\{Y_n, n \geqslant 1\}$ 是 WOD 序列, 其控制系数为 $\varphi_2(n)$, 且具有连续分布函数 G.

(A3.1) 设生存时间序列 $\{T_n, n \geqslant 1\}$ 与删失时间序列 $\{Y_n, n \geqslant 1\}$ 之间相互独立, 且其控制系数满足 $\sum_{n=1}^{\infty} \varphi_1(n) n^{-2} < \infty$ 和 $\sum_{n=1}^{\infty} \varphi_1(n) \varphi_2(n) n^{-2} < \infty$.

则在假设 (A1.1)—(A3.1) 和 (A4) 成立时, 取 $\tau_n = n^{-1/2} \log^{1/2} n$, 定理 5.2.1 和定理 5.2.2 的结果仍然成立.

5.3 END 相依删失数据风险率函数估计

5.3.1 风险率函数估计的一般模型

设 $X_1, \cdots, X_n$ 是一列具有未知分布 $F(x)$ 且 $F(0) = 0$ 的生存时间序列, 而 $Y_1, \cdots, Y_n$ 是一列具有共同分布 $G(y)$ 且 $G(0) = 0$ 的随机删失时间序列, 且生存时间和随机删失时间之间是相互独立的. 假设 X_i 被随机删失变量 Y_i 右删失, 仅能观察到数据 (Z_i, δ_i), 其中 $Z_i = X_i \wedge Y_i$, $\delta_i = I(X_i \leqslant Y_i)$, $i = 1, \cdots, n$.

在 $[0, \infty)$ 上定义两个随机过程, 其中

$$N_n(z) = \sum_{i=1}^{n} I(Z_i \leqslant z, \delta_i = 1) = \sum_{i=1}^{n} I(X_i \leqslant z \wedge Y_i)$$

为实际观察到的小于或等于 z 的样本数, 而

$$M_n(z) = \sum_{i=1}^{n} I(Z_i \geqslant z)$$

为删失或未删失且观测值大于或等于 z 的样本数. 基于观察数据 (Z_i, δ_i), Kaplan 和 Meier (1958) 定义了 $F(x)$ 的非参数估计

$$\widehat{F}_n(x) = 1 - \prod_{s \leqslant x} \left[1 - \frac{dN_n(s)}{M_n(s)} \right],$$

其中 $dN_n(s) = N_n(s) - N_n(s-)$.

由于 $\{X_n, n \geqslant 1\}$ 和 $\{Y_n, n \geqslant 1\}$ 相互独立, 则 $\{Z_n, n \geqslant 1\}$ 分布函数为

$$L(z) = 1 - \overline{F}(z)\overline{G}(z) = 1 - [1 - F(z)][1 - G(z)],$$

其经验分布函数为

$$L_n(z) = \frac{1}{n} \sum_{i=1}^n I(Z_i < z) = 1 - \frac{M_n(z)}{n}.$$

又记

$$F_*(z) = P(Z_1 \leqslant z, \delta_1 = 1) = \int_0^\infty F(z \wedge y) dG(y) = \int_0^z \overline{G}(t) dF(t),$$

其对应的经验分布函数为

$$F_{*n}(z) = \frac{1}{n} \sum_{i=1}^n I(Z_i \leqslant z, \delta_i = 1) = \frac{N_n(z)}{n}.$$

在生存分析中, 如果分布函数 $F(x)$ 具有密度函数 $f(x)$, 则风险率函数为

$$\lambda(x) = \frac{d}{dx} \left(-\log \overline{F}(s) \right) = \frac{f(x)}{\overline{F}(x)}, \quad F(x) < 1,$$

对应的累积风险率函数为

$$\Lambda(x) = -\log \overline{F}(x) = \int_0^x \frac{dF(s)}{\overline{F}(s)} = \int_0^x \frac{dF_*(s)}{\overline{L}(s)},$$

其经验累积风险率函数为

$$\widehat{\Lambda}_n(x) = \int_0^x \frac{dN_n(s)}{M_n(s)} = \int_0^x \frac{dF_{*n}(s)}{\overline{L}_n(s)}, \quad \overline{L}_n(s) = 1 - L_n(s).$$

注意到 $N_n(z)$ 是 t 的阶梯函数且 $dN_n(Z_{(k)}) = \delta_{(k)}$, $k = 1, \cdots, n$, 则有

$$\widehat{\Lambda}_n(x) = \sum_{k=1}^{n} \frac{I(Z_{(k)} \leqslant x, \ \delta_{(k)} = 1)}{n - k + 1}$$

和

$$\widehat{F}_n(x) = 1 - \prod_{k=1}^{n} \left[1 - \frac{\delta_{(k)}}{n - k + 1} \right]^{I(Z_{(k)} \leqslant x)} = 1 - \prod_{k=1}^{n} \left(\frac{n - k}{n - k + 1} \right)^{I(Z_{(k)} \leqslant x, \ \delta_{(k)} = 1)},$$

其中 $Z_{(1)} \leqslant Z_{(2)} \leqslant \cdots \leqslant Z_{(n)}$ 是 $Z_1, \cdots, Z_n$ 的次序统计量, $\delta_{(i)}$ 为对应于 $Z_{(i)}$ 的伴随统计量.

本节将对 END 相依删失数据分布函数的 Kaplan-Meier 估计的强表示和强逼近开展研究, 将其作为应用研究风险率函数的估计.

5.3.2 主要结果

先给出在证明本小节定理时, 要用到的一些辅助引理.

引理 5.3.1 设 $\{X_1, \cdots, X_n\}$ 是控制系数为 M 的 END 序列, 具有未知分布函数 $F(x)$ 和有界概率密度函数 $f(x)$, 其经验分布函数为 $F_n(x)$. 如果取 $\tau_n = n^{-1/2} \log^{1/2} n$, 则有

$$\sup_x |F_n(x) - F(x)| = O(\tau_n), \quad \text{a.s..} \tag{5.3.1}$$

证明 由于 $F(x_{n,k}) = k/n$, $n \geqslant 3$, $k = 1, \cdots, n-1$, 则由文献 (杨善朝, 2003) 中引理 2 可得

$$\sup_{-\infty < x < \infty} |F_n(x) - F(x)| \leqslant \max_{1 \leqslant k \leqslant n-1} |F_n(x_{n,k}) - F(x_{n,k})| + \frac{2}{n}. \tag{5.3.2}$$

易知 $n\tau_n \to \infty$, 则当 $\varepsilon \geqslant 4\sqrt{3}$ 和 n 充分大时, $2/n < \varepsilon\tau_n/2$. 由 (5.3.2) 式可得

$$P\left(\sup_x |F_n(x) - F(x)| > \varepsilon\tau_n \right)$$

$$\leqslant P\left(\max_{1 \leqslant j \leqslant n-1} |F_n(x_{n,j}) - F(x_{n,j})| > \varepsilon\tau_n/2 \right)$$

$$\leqslant \sum_{j=1}^{n-1} P\left(|F_n(x_{n,j}) - F(x_{n,j})| > \varepsilon\tau_n/2 \right). \tag{5.3.3}$$

令 $\xi_{i,j} = I(X_i < x_{n,j}) - EI(X_i < x_{n,j})$. 由性质 1.2.3 知 $\{\xi_{i,j}\}$ 是控制系数仍为 M 的 END 序列, 且有 $E\xi_{i,j} = 0, |\xi_{i,j}| \leqslant 1$. 取 $t = \varepsilon\tau_n/4$, 由引理 1.3.21 得

$$P\Big(|F_n(x_{n,j}) - F(x_{n,j})| > \varepsilon\tau_n/2\Big) = P\Big(\Big|\sum_{i=1}^{n}\xi_{i,j}\Big| > \varepsilon\tau_n/2\Big)$$

$$\leqslant 2M\exp\Big\{-t\varepsilon n\tau_n/2 + t^2\sum_{i=1}^{n}E\xi_{i,j}^2\Big\}$$

$$\leqslant 2M\exp\Big\{-t\varepsilon n\tau_n/2 + nt^2\Big\}$$

$$\leqslant 2M\exp\Big\{-\frac{\varepsilon^2 n\tau_n^2}{16}\Big\} \leqslant 2Mn^{-3}. \quad (5.3.4)$$

由 (5.3.3) 和 (5.3.4) 式可得

$$P\Big(\sup_x |F_n(x) - F(x)| > \varepsilon\tau_n\Big) \leqslant 2Mn^{-2}. \quad (5.3.5)$$

从而引理 5.3.1 得证.

引理 5.3.2　由两个独立的 END 序列生成的二维向量是 END 的.

证明　设 $\mathbf{X} = \{X_1, \cdots, X_n, \cdots\}$ 和 $\mathbf{Y} = \{Y_1, \cdots, Y_n, \cdots\}$ 是两个相互独立的 END 序列. 下面证明 $(\mathbf{X}, \mathbf{Y}) = \{(X_1, Y_1), \cdots, (X_n, Y_n), \cdots\}$ 也是 END 序列.

由于 $\{X_1, \cdots, X_n\}$ 和 $\{Y_1, \cdots, Y_n\}$ 是两个 END 序列, 则存在 $M_1 > 0, M_2 > 0$, 令 $M = M_1 M_2$, 使得

$$P(X_1 > x_1, Y_1 > y_1; \cdots; X_n > x_n, Y_n > y_n)$$

$$= P(X_1 > x_1, \cdots, X_n > x_n)P(Y_1 > y_1, \cdots, Y_n > y_n)$$

$$\leqslant M_1\prod_{i=1}^{n}P(X_i > x_i) \cdot M_2\prod_{i=1}^{n}P(Y_i > y_i)$$

$$= M\prod_{i=1}^{n}P(X_i > x_i, Y_i > y_i), \quad (5.3.6)$$

$$P(X_1 \leqslant x_1, Y_1 \leqslant y_1; \cdots; X_n \leqslant x_n, Y_n \leqslant y_n) \leqslant M\prod_{i=1}^{n}P(X_i \leqslant x_i, Y_i \leqslant y_i). \quad (5.3.7)$$

由 END 序列的定义、(5.3.6) 和 (5.3.7) 式, 可知 $(\mathbf{X}, \mathbf{Y})$ 是 END 随机向量序列.

注 5.3.1 引理 5.3.1 的收敛速度快于文献 (Li Y M, 2017) 中引理 3.5 的收敛速度. 此外, 文献 (Li Y M, 2017) 中引理 3.5 的条件 $\tau_n \to 0$, $n\tau_n^2/\log n \to \infty$ 比引理 5.3.1 中 $\tau_n = n^{-1/2}\log^{1/2} n$ 的条件更强一些.

下面给出风险率函数估计的相关结果.

定理 5.3.1 设 $\{X_n, n \geqslant 1\}$ 是 END 相依的生存时间序列, $\{Y_n, n \geqslant 1\}$ 是 END 相依的删失时间序列. 假设 $\{X_n, n \geqslant 1\}$ 和 $\{Y_n, n \geqslant 1\}$ 是相互独立的. 如果取 $\tau_n = n^{-1/2}\log^{1/2} n$, 则对任意的 $0 < \tau < \tau_L$,

$$\sup_{0 \leqslant x \leqslant \tau} |\widehat{\Lambda}_n(x) - \Lambda(x)| = O(\tau_n), \quad \text{a.s.} \tag{5.3.8}$$

和

$$\sup_{0 \leqslant x \leqslant \tau} |\widehat{F}_n(x) - F(x)| = O(\tau_n), \quad \text{a.s..} \tag{5.3.9}$$

定理 5.3.2 在定理 5.3.1 的条件成立下, 有

$$\widehat{\Lambda}_n(x) - \Lambda(x) = -\frac{1}{n}\sum_{i=1}^{n}\eta(Z_i, \delta_i, x) + R_{1n}(x) \tag{5.3.10}$$

和

$$\widehat{F}_n(x) - F(x) = -\frac{\overline{F}(x)}{n}\sum_{i=1}^{n}\eta(Z_i, \delta_i, x) + R_{2n}(x), \tag{5.3.11}$$

其中

$$\sup_{0 \leqslant x \leqslant \tau} |R_{in}(x)| = O(\tau_n), \text{ a.s.} \quad i = 1, 2, \ 0 < \tau < \tau_L$$

和

$$\eta(z, \delta, x) = g(z \wedge x) - \frac{I(z \leqslant x, \delta = 1)}{\overline{L}(z)}, \quad g(x) = \int_0^x \frac{dF_*(s)}{L^2(s)}.$$

注 5.3.2 从定理 5.3.1 和定理 5.3.2 可知, END 删失数据下 Kaplan-Meier 估计和风险率估计的一致强收敛速度和强表示余项收敛的阶为 $O(n^{-1/2}(\log n)^{1/2})$.

5.3.3 定理的证明

定理 5.3.1 的证明 由性质 1.2.3 和引理 5.3.2 知 $\{Z_n, n \geqslant 1\}$ 和 $\{(Z_n, \delta_n), n \geqslant 1\}$ 分别是两个 END 序列. 再由引理 5.3.1 得

$$\sup_{x \geqslant 0} |L_n(x) - L(x)| = O(\tau_n), \quad \text{a.s.} \tag{5.3.12}$$

和

$$\sup_{x \geqslant 0} |F_{*n}(x) - F_*(x)| = O(\tau_n), \quad \text{a.s..} \tag{5.3.13}$$

下面, 我们先给出 (5.3.8) 式的证明. 由于 $\widehat{\Lambda}_n(x) - \Lambda(x)$ 可分解为

$$\begin{aligned}
\widehat{\Lambda}_n(x) - \Lambda(x) &= \int_0^x \frac{dF_{*n}(s)}{\overline{L}_n(s)} - \int_0^x \frac{dF_*(s)}{\overline{L}(s)} \\
&= \int_0^x \left(\frac{1}{\overline{L}_n(s)} - \frac{1}{\overline{L}(s)} \right) dF_*(s) + \int_0^x \frac{d(F_{*n}(s) - F_*(s))}{\overline{L}_n(s)} \\
&= \int_0^x \frac{\overline{L}(s) - \overline{L}_n(s)}{\overline{L}_n(s)\overline{L}(s)} dF_*(s) + \frac{F_{*n}(s) - F_*(s)}{\overline{L}_n(s)} \\
&\quad - \int_0^x (F_{*n}(s) - F_*(s)) d\left(\frac{1}{\overline{L}_n(s)} \right). \tag{5.3.14}
\end{aligned}$$

对 $0 < \tau < \tau_L$, 利用 (5.3.12)—(5.3.14) 式, 可推导出

$$\sup_{0 \leqslant x < \tau} |\widehat{\Lambda}_n(x) - \Lambda(x)|$$

$$\leqslant \frac{\sup\limits_{x \geqslant 0} |\overline{L}(x) - \overline{L}_n(x)|}{\overline{L}_n(\tau)\overline{L}(\tau)} [F_*(\tau) - F_*(0)] + \frac{\sup\limits_{x \geqslant 0} |F_{*n}(x) - F_*(x)|}{\overline{L}_n(\tau)}$$

$$+ \sup_{x \geqslant 0} |F_{*n}(s) - F_*(s)| \left[\frac{1}{\overline{L}_n(\tau)} - \frac{1}{\overline{L}_n(0)} \right]$$

$$\leqslant \frac{\sup\limits_{x \geqslant 0} |\overline{L}_n(x) - \overline{L}(x)|}{\overline{L}_n(\tau)\overline{L}(\tau)} + \frac{2 \sup\limits_{x \geqslant 0} |F_{*n}(x) - F_*(x)|}{\overline{L}_n(\tau)} = O(\tau_n).$$

这样意味着 (5.3.8) 式成立.

接下来, 我们给出 (5.3.9) 式的证明. 注意到 $e^x = 1 + x + o(x)$, 则有

$$\widehat{F}_n(x) - F(x)$$

$$= \overline{F}(x) - [1 - \widehat{F}_n(x)] = \left[e^{-\Lambda(x)} - e^{-\widehat{\Lambda}_n(x)} \right] + \left\{ e^{-\widehat{\Lambda}_n(x)} - e^{\log[1 - \widehat{F}_n(x)]} \right\}$$

$$= e^{-\Lambda(x)} \left[1 - e^{-\widehat{\Lambda}_n(x) + \Lambda(x)} \right] + e^{\log[1 - \widehat{F}_n(x)]} \left\{ e^{-\widehat{\Lambda}_n(x) - \log[1 - \widehat{F}_n(x)]} - 1 \right\}$$

$$= e^{-\Lambda(x)} \left[\widehat{\Lambda}_n(x) - \Lambda(x) + o(\widehat{\Lambda}_n(x) - \Lambda(x)) \right] + \left[1 - \widehat{F}_n(x) \right]$$

$$\cdot \left\{ -\widehat{\Lambda}_n(x) - \log[1 - \widehat{F}_n(x)] + o\left(-\widehat{\Lambda}_n(x) - \log[1 - \widehat{F}_n(x)] \right) \right\}. \tag{5.3.15}$$

由 $\widehat{\Lambda}_n(x)$ 和 $\widehat{F}_n(x)$ 的定义容易得到

$$- \widehat{\Lambda}_n(x) - \log[1 - \widehat{F}_n(x)]$$

$$= -\sum_{i=1}^n \frac{I(\delta_{(i)} = 1, Z_{(i)} \leqslant x)}{n-i+1} - \sum_{i=1}^n I(\delta_{(i)} = 1, Z_{(i)} \leqslant x) \log \frac{n-i}{n-i+1}$$

$$= \sum_{i=1}^n I(\delta_{(i)} = 1, Z_{(i)} \leqslant x) \left(\log \frac{n-i+1}{n-i} - \frac{1}{n-i+1} \right).$$

类似于文献 (Wu and Chen, 2013) 中 (2.4) 式讨论, 对 $0 < \tau < \tau_L$, $0 \leqslant x \leqslant \tau$ 有

$$0 < -\widehat{\Lambda}_n(x) - \log[1 - \widehat{F}_n(x)]$$

$$\leqslant \sum_{i=1}^n I(\delta_{(i)} = 1, Z_{(i)} \leqslant x) \frac{1}{(n-i)(n-i+1)}$$

$$\leqslant \sum_{i:Z_{(i)} \leqslant x} \frac{1}{(n-i)(n-i+1)}$$

$$= \sum_{i=1}^{n-M_n(x)} \left(\frac{1}{n-i} - \frac{1}{n-i+1} \right)$$

$$= \frac{1}{M_n(x)} - \frac{1}{n} \leqslant \frac{1}{n} \frac{1}{\overline{L}_n(x)} = O\left(\frac{1}{n} \right). \tag{5.3.16}$$

因此, 结合 (5.3.15) 和 (5.3.16) 式, 得到

$$\widehat{F}_n(x) - F(x)$$

$$= e^{-\Lambda(x)} \Big[\widehat{\Lambda}_n(x) - \Lambda(x) + o(\widehat{\Lambda}_n(x) - \Lambda(x)) \Big] + O\left(\frac{1}{n} \right)$$

$$= \overline{F}(x) \Big[\widehat{\Lambda}_n(x) - \Lambda(x) + o(\widehat{\Lambda}_n(x) - \Lambda(x)) \Big] + O\left(\frac{1}{n} \right). \tag{5.3.17}$$

这样, 由 (5.3.17) 和 (5.3.8) 式, 意味着 (5.3.9) 式成立. 定理 5.3.1 证明完毕.

定理 5.3.2 的证明 首先给出 (5.3.10) 式的证明. 考虑下面的分解

$$\widehat{\Lambda}_n(x) - \Lambda(x)$$

$$= \int_0^x \left(\frac{1}{\overline{L}_n(s)} - \frac{1}{\overline{L}(s)} \right) dF_*(s) + \int_0^x \frac{d(F_{*n}(s) - F_*(s))}{\overline{L}_n(s)}$$

$$= \int_0^x \left(\frac{1}{\overline{L}_n(s)} - \frac{1}{\overline{L}(s)} \right) dF_*(s) + \int_0^x \frac{d(F_{*n}(s) - F_*(s))}{\overline{L}(s)}$$

$$+ \int_0^x \left(\frac{1}{\overline{L}_n(s)} - \frac{1}{\overline{L}(s)} \right) d(F_{*n}(s) - F_*(s))$$

$$= \int_0^x \frac{dF_{*n}(s)}{\overline{L}(s)} - \int_0^x \frac{\overline{L}_n(s)}{\overline{L}^2(s)} dF_*(s) + \int_0^x \left(\frac{1}{\overline{L}_n(s)} - \frac{1}{\overline{L}(s)} \right) d(F_{*n}(s) - F_*(s))$$

$$+ \int_0^x \frac{(\overline{L}_n(s) - \overline{L}(s))^2}{\overline{L}^2(s)\overline{L}_n(s)} dF_*(s)$$

$$=: I_{53.1}(x) + I_{53.2}(x) + I_{53.3}(x). \tag{5.3.18}$$

先考虑 $I_{53.1}(x)$. 由于 $F_{*n}(s) = N_n(s)/n$ 和 $N_n(s)$ 是阶梯函数, 则有

$$I_{53.1}(x) = \frac{1}{n} \sum_{i: Z_i \leqslant x} \frac{N_n(Z_i) - N_n(Z_i^-)}{\overline{L}(Z_{(i)})} - \frac{1}{n} \int_0^x \frac{\sum_{i=1}^n I(Z_i \geqslant s)}{\overline{L}^2(s)} dF_*(s)$$

$$= \frac{1}{n} \sum_{i: Z_i \leqslant x} \frac{\delta_{(i)}}{\overline{L}(Z_{(i)})} - \frac{1}{n} \sum_{i=1}^n \int_0^{t \wedge Z_i} \frac{dF_*(s)}{\overline{L}^2(s)}$$

$$= \frac{1}{n} \sum_{i=1}^n \frac{I(Z_{(i)} \leqslant x, \delta_{(i)} = 1)}{\overline{L}(Z_{(i)})} - \frac{1}{n} \sum_{i=1}^n g(x \wedge Z_i)$$

$$= \frac{1}{n} \sum_{i=1}^n \frac{I(Z_i \leqslant x, \delta_i = 1)}{\overline{L}(Z_i)} - \frac{1}{n} \sum_{i=1}^n g(x \wedge Z_i)$$

$$= -\frac{1}{n} \sum_{i=1}^n \eta(Z_i, \delta_i, x). \tag{5.3.19}$$

由 (5.3.18) 和 (5.3.19) 式知为证 (5.3.10) 式, 只需证

$$I_{53.2}(x) + I_{53.3}(x) = O(\tau_n).$$

考虑 $I_{53.2}(x)$. 把 $[0, \tau]$ 分为子区间 $[x_1, x_2], \cdots, [x_i, x_{i+1}], \cdots, [x_{k_n}, x_{k_n+1}]$, 且 $\Lambda(x_{i+1}) - \Lambda(x_i) = O(\tau_n)$, $k_n = O(\tau_n^{-1})$, $0 = x_1 < \cdots < x_{k_n+1} = \tau$. 从而得

$$I_{53.2}(x) \leqslant 2 \max_{1 \leqslant i \leqslant k_n} \sup_{y \in [x_i, x_{i+1}]} \left| \overline{L}_n^{-1}(y) - \overline{L}_n^{-1}(x_i) - \overline{L}^{-1}(y) + \overline{L}^{-1}(x_i) \right|$$

$$+ \sup_{0 \leqslant x \leqslant \tau} \left| \overline{L}_n^{-1}(x) - \overline{L}^{-1}(x) \right|$$

$$\cdot \max_{1 \leqslant i \leqslant k_n} \left| F_{*n}^{-1}(x_{i+1}) - F_{*n}^{-1}(x_i) - F_*(x_{i+1}) + F_*(x_i) \right|$$

$$\leqslant c \max_{1 \leqslant i \leqslant k_n} \sup_{y \in [x_i, x_{i+1}]} \left| \overline{L}_n(y) - \overline{L}_n(x_i) - \overline{L}(y) + \overline{L}(x_i) \right|$$

$$+ c \max_{1 \leqslant i \leqslant k_n} |F_{*n}(x_{i+1}) - F_{*n}(x_i) - F_*(x_{i+1}) + F_*(x_i)| + O(\tau_n^2)$$

$$=: I_{53.21}(x) + I_{53.22}(x) + O(\tau_n^2). \tag{5.3.20}$$

为了估计 $I_{53.21}(x)$, 对子区间 $[x_i, x_{i+1}]$ 再分为小子区间 $\{[x_{ij}, x_{i(j+1)}], j = 1, \cdots, b_n\}$, 这里 $b_n = O(k_n^{1/2}) = O(\tau_n^{-1/2})$, 并对 i, j 一致成立,

$$\left| \overline{L}_n(x_{i(j+1)}) - \overline{L}(x_{ij}) \right| = O(\tau_n^{3/2}).$$

利用定理 5.3.1 和 $|\overline{L}_n(y) - \overline{L}_n(x_{ij})| \leqslant 1/n \leqslant O(\tau_n^{3/2})$, 可得

$$I_{53.21}(x) \leqslant \max_{1 \leqslant i \leqslant k_n} \max_{1 \leqslant j \leqslant b_n} \sup_{y \in [x_{ij}, x_{i(j+1)}]} \left| \overline{L}_n(x_{ij}) - \overline{L}_n(x_i) - \overline{L}(x_{ij}) + \overline{L}(x_i) \right|$$

$$+ \max_{1 \leqslant i \leqslant k_n} \max_{1 \leqslant j \leqslant b_n} \sup_{y \in [x_{ij}, x_{i(j+1)}]} \left(|\overline{L}_n(y) - \overline{L}_n(x_{ij})| + |\overline{L}_n(x_{ij}) - \overline{L}(y)| \right)$$

$$\leqslant \max_{1 \leqslant i \leqslant k_n} \max_{1 \leqslant j \leqslant b_n} \left| \overline{L}_n(x_{ij}) - \overline{L}_n(x_i) - \overline{L}(x_{ij}) + \overline{L}(x_i) \right| + O(\tau_n^{3/2})$$

$$= \max_{1 \leqslant i \leqslant k_n} \max_{1 \leqslant j \leqslant b_n} \left| \frac{1}{n} \sum_{k=1}^{n} (\eta_{i,k} + \zeta_{i,j,k}) \right| + O(\tau_n^{3/2}), \tag{5.3.21}$$

此处

$$\eta_{i,k} = I(Z_k \geqslant x_i) - EI(Z_k \geqslant x_i), \quad \zeta_{i,j,k} = I(Z_k \geqslant x_{ij}) - EI(Z_k \geqslant x_{ij})$$

和

$$\overline{L}_n(x_{ij}) - \overline{L}_n(x_i) - \overline{L}(x_{ij}) + \overline{L}(x_i) = \frac{1}{n} \sum_{k=1}^{n} (\eta_{i,k} + \zeta_{i,j,k}).$$

由性质 1.2.3 知 $\{\eta_{i,k}\}$ 和 $\{\zeta_{i,j,k}\}$ 是 END 序列, 且

$$|\eta_{i,k}| \leqslant 1, \quad |\zeta_{i,j,k}| \leqslant 1, \quad E\eta_{i,k} = E\zeta_{i,j,k} = 0, \quad E\eta_{i,k}^2 \leqslant 1, \quad E\zeta_{i,j,k}^2 \leqslant 1.$$

再由引理 1.3.21, 取 $t = \tau_n$, 则有

$$P\left(\max_{1 \leqslant i \leqslant k_n} \max_{1 \leqslant j \leqslant b_n} \left| \frac{1}{n} \sum_{k=1}^{n} (\eta_{i,k} + \zeta_{i,j,k}) \right| \geqslant 8\tau_n \right)$$

$$\leqslant \sum_{i=1}^{k_n} \sum_{j=1}^{b_n} P\left(\left| \sum_{k=1}^{n} (\eta_{i,k} + \zeta_{i,j,k}) \right| \geqslant 8n\tau_n \right)$$

$$\leqslant \sum_{i=1}^{k_n} \sum_{j=1}^{b_n} P\left(\left|\sum_{k=1}^{n} \eta_{i,k}\right| \geqslant 4n\tau_n\right) + \sum_{i=1}^{k_n} \sum_{j=1}^{b_n} P\left(\left|\sum_{k=1}^{n} \zeta_{i,j,k}\right| \geqslant 4n\tau_n\right)$$

$$\leqslant \sum_{i=1}^{k_n} \sum_{j=1}^{b_n} 4M \exp(-4n\tau_n^2 + n\tau_n^2)$$

$$= 4M k_n b_n \exp(-3\log n) \leqslant Cn^{-2}. \tag{5.3.22}$$

由 Borel-Cantelli 引理, 以及 (5.3.21) 和 (5.3.22) 式, 即有

$$I_{53.21}(x) = O(\tau_n), \quad \text{a.s.}.$$

对于 $I_{53.22}(x)$, 由于对任意实数 x, y 有

$$|F_*(x) - F_*(y)| \leqslant |\overline{L}(x) - \overline{L}(y)|.$$

从而利用处理 $I_{53.21}(x)$ 的方法, 我们有

$$I_{53.22}(x) = O(\tau_n).$$

因此, 利用 (5.3.20) 式即得

$$I_2(x) = O(\tau_n). \tag{5.3.23}$$

对于 $I_{53.3}(x)$, 利用引理 5.3.1 有

$$(\overline{L}_n(s) - \overline{L}(s))^2/(\overline{L}^2(s)\overline{L}_n(s)) = O(\tau_n^2).$$

从而可得

$$I_{53.3}(x)(x) = \int_0^x \frac{(\overline{L}_n(s) - \overline{L}(s))^2}{\overline{L}^2(s)\overline{L}_n(s)} dF_*(s) = O(\tau_n^2). \tag{5.3.24}$$

这样, 结合 (5.3.18)、(5.3.19)、(5.3.23) 和 (5.3.24) 式, 即得 (5.3.10) 式. 此外由 (5.3.10) 和 (5.3.15) 式即得 (5.3.11) 式. 这样我们证得定理 5.3.2.

5.4　WOD 相依数据风险率函数估计的强收敛速度

5.4.1　假设条件

设 $\{X_i, 1 \leqslant i \leqslant n\}$ 是来自总体 X 的随机样本, 具有未知的概率密度函数 $f(x)$, 其相应的分布函数为 $F(x)$. 设 $K(x)$ 是已知的核函数, $f(x)$ 的核估计和 $F(x)$ 的经验分布函数分别为

$$\hat{f}_n(x) = \frac{1}{nh_n} \sum_{j=1}^{n} K\left(\frac{x - X_j}{h_n}\right), \quad F_n(x) = n^{-1} \sum_{j=1}^{n} I(X_j < x), \tag{5.4.1}$$

此处 $\{h_n,\ n \geqslant 1\}$ 为正窗宽序列, 当 $n \to \infty$ 时窗宽趋于 0.

记 $\lambda(t) = f(t)/(1 - F(t))$ 为分布函数 $F(x)$ 的风险率函数. $\lambda(t)$ 的估计为

$$\hat{\lambda}_n(x) = \frac{\hat{f}_n(x)}{1 - F_n(x)}. \tag{5.4.2}$$

为了方便, 我们给出 $K(\cdot)$ 和 $f(\cdot)$ 的一些基本条件.

(A1) $\quad K(u) \in L_1,\ \displaystyle\int_{-\infty}^{\infty} K(u)du = 1,\ \sup_{x \in \mathbb{R}}(1 + |x|)|K(x)| \leqslant c < \infty.$

(A2) $\quad \displaystyle\int_{-\infty}^{\infty} u^r K(u)du = 0,\ r = 1, 2, \cdots, s-1,\ \int_{-\infty}^{\infty} u^s K(u)du = M \neq 0,$ 其中 M 是有限常数、$s \geqslant 2$ 的正整数.

(A3) $\quad f(x) \in C_{2,\alpha}$, 其中 α 是正常数, $C_{2,\alpha}$ 表示 $f(x)$ 具有 p 阶导数, 且 $f^{(p)}(x)$ 连续, $|f''(x)| \leqslant \alpha$.

本节的主要目的是基于 WOD 序列, 建立 Bernstein 型不等式, 并研究 WOD 样本未知密度函数和风险率函数的强收敛速度.

5.4.2 辅助引理

引理 5.4.1 (蔡宗武, 1992; Lin, 1987) 设 $K(x)$ 满足条件 (A1), $f(\cdot) \in L_1$, 则
(i) 对于 $f(x)$ 的连续点

$$\lim_{h_n \to 0} h_n^{-1} \int_{\mathbb{R}} K\left(\frac{x-u}{h_n}\right) f(u)du = f(x)$$

和

$$\lim_{h_n \to 0} h_n^{-1} \int_{\mathbb{R}} K^2\left(\frac{x-u}{h_n}\right) f(u)du = f(x)\int_{\mathbb{R}} K^2(u)du.$$

(ii) 对任意的 $x, y \in \mathbb{R},\ x \neq y$,

$$\lim_{h_n \to 0} h_n^{-1} \int_{\mathbb{R}} K\left(\frac{x-u}{h_n}\right) K\left(\frac{y-u}{h_n}\right) du = 0.$$

引理 5.4.2 由文献 (Li, 2017) 的引理 3.4, 可得

$$h_n^{-2}\big|E\hat{f}_n(x) - f(x)\big| \leqslant h_n^{-2}\left(\frac{h_n^2}{2}\left|\int_{\mathbb{R}} K(u)f''(x - \xi h_n u)u^2 du\right|\right) \leqslant C.$$

下面, 基于 WOD 序列建立 Bernstein 型不等式.

引理 5.4.3　设 $\{X_n, n \geqslant 1\}$ 是控制系数为 $g(n)$ 的 WOD 序列, $EX_i = 0$, $|X_i| \leqslant d_i$, $\{d_i, 1 \leqslant i \leqslant n\}$ 是正常数序列. 对 $t > 0$, 如果 $t \cdot \max\limits_{1 \leqslant i \leqslant n} d_i \leqslant 1$, 则对任意的 $\varepsilon > 0$,

$$P\left(\left|\sum_{i=1}^{n} X_i\right| > \varepsilon\right) \leqslant 2g(n) \exp\left\{-t\varepsilon + t^2 \sum_{i=1}^{n} EX_i^2\right\}.$$

证明　由 $1 \leqslant i \leqslant n$, $|tX_i| \leqslant 1$ a.s., 注意到 $1 + x \leqslant e^x$, $x \in \mathbb{R}$, 则有

$$E\exp(tX_i) = \sum_{k=0}^{\infty} \frac{E(tX_i)^k}{k!} \leqslant 1 + E(tX_i)^2 \left\{\frac{1}{2!} + \frac{1}{3!} + \cdots\right\}$$

$$\leqslant 1 + t^2 EX_i^2 \leqslant \exp\left\{t^2 EX_i^2\right\}.$$

利用 Markov 不等式及引理 5.4.1(ii), 对任意的 $\varepsilon > 0$, 可得

$$P\left(\sum_{i=1}^{n} X_i > \varepsilon\right) \leqslant \exp(-t\varepsilon) E\exp\left(t\sum_{i=1}^{n} X_i\right) \leqslant g(n)\exp(-t\varepsilon) \prod_{i=1}^{n} E\exp(tX_i)$$

$$\leqslant g(n)\exp\left\{-t\varepsilon + t^2 \sum_{i=1}^{n} EX_i^2\right\}. \tag{5.4.3}$$

由性质 1.2.4 知, $\{-X_n, n \geqslant 1\}$ 仍是控制系数为 $g(n)$ 的 WOD 序列, 则有

$$P\left(\sum_{i=1}^{n} X_i \leqslant -\varepsilon\right) = P\left(\sum_{i=1}^{n} (-X_i) \geqslant \varepsilon\right)$$

$$\leqslant g(n)\exp\left\{-t\varepsilon + t^2 \sum_{i=1}^{n} EX_i^2\right\}. \tag{5.4.4}$$

结合 (5.4.3) 和 (5.4.4) 式, 证得引理 5.4.3.

推论 5.4.1　设 $\{X_n, n \geqslant 1\}$ 是一列控制系数为 $g(n)$ 的 WOD 序列, $EX_i = 0$, $|X_i| \leqslant d$, a.s., $i = 1, \cdots, n$, d 为正常数, 记 $\sigma_n^2 = n^{-1}\sum_{i=1}^{n} EX_i^2$, 则对任意 $\varepsilon > 0$,

$$P\left(\frac{1}{n}\left|\sum_{i=1}^{n} X_i\right| > \varepsilon\right) \leqslant 2g(n)\exp\left\{-\frac{n\varepsilon^2}{2(2\sigma_n^2 + d\varepsilon)}\right\}.$$

证明　由引理 5.4.3, 取 $t = \varepsilon/(2\sigma_n^2 + d\varepsilon)$, 则立即可得推论 5.4.1.

引理 5.4.4 设 $\{X_n, n \geq 1\}$ 是一列控制系数为 $g(n)$ 的 WOD 序列. $F(x)$ 是连续的分布函数. 如果存在正数列 $\{\tau_n\}$, 使得 $\tau_n \to 0$, $n\tau_n^2/[\log(ng^3(n))] \to \infty$. 则有

$$\sup_x |F_n(x) - F(x)| = o(\tau_n), \quad \text{a.s..}$$

特别, 取 $\tau_n = n^{-1/2}\Big[\log(ng^3(n))(\log\log n)^\delta\Big]^{1/2}$, 则对任意的 $\delta > 0$,

$$\sup_x |F_n(x) - F(x)| = o\Big(n^{-1/2}\Big[\log(ng^3(n))(\log\log n)^\delta\Big]^{1/2}\Big), \quad \text{a.s..}$$

证明 该证明是在对文献 (Li, 2017) 的引理 3.5 的证明进行修正的基础上进行的. 我们仅概述其不同之处. 设 $x_{n,k}$ 满足 $F(x_{n,k}) = k/n$, $k = 1, 2, \cdots, n-1$, 且 $\xi_{ik} = I(X_i \leq x_{n,k}) - EI(X_i \leq x_{n,k})$, 则有

$$P\left(\sup_{x \in \mathbb{R}} |F_n(x) - F(x)| > \varepsilon\tau_n\right) \leq \sum_{k=1}^{n-1} P\left(\frac{1}{n}\left|\sum_{i=1}^{n} \xi_{ik}\right| > \frac{\varepsilon\tau_n}{2}\right). \tag{5.4.5}$$

利用性质 1.2.4, 易知 $\{\xi_{ik}, i \geq 1\}$ 是 WOD 序列且对固定的 k, $E\xi_{ik} = 0$, $|\xi_{ik}| \leq 2$. 由引理 5.4.3, 取 $t = \varepsilon\tau_n/4$, 对充分大的 n, 有

$$P\left(\frac{1}{n}\left|\sum_{i=1}^{n} \xi_{ik}\right| > \frac{\varepsilon\tau_n}{2}\right) \leq 2g(n)\exp\left\{-\frac{\varepsilon^2 n\tau_n^2}{16}\right\} \leq 2g(n)[ng^3(n)]^{-3} \leq 2n^{-3}. \tag{5.4.6}$$

从而由 (5.4.5) 和 (5.4.6) 式, 可得

$$P\left(\sup_{x \in \mathbb{R}} |F_n(x) - F(x)| > \varepsilon\tau_n\right) \leq 2\sum_{k=1}^{n-1} n^{-3} \leq C_3 n^{-2}.$$

因此, 利用 Borel-Cantelli 引理, 即证得引理 5.4.4.

5.4.3 定理的证明

定理 5.4.1 设 $\{X_n, n \geq 1\}$ 是控制系数 $g(n)$ 的 WOD 样本数据, 条件 (A1)—(A3) 成立. 如果 $K(\cdot)$ 是有界单调密度函数, 且 $nh^6/[\log(ng^2(n))(\log\log n)^\delta] \to 0$, $\delta > 0$. 则当 $f(x) \in C_{2,\alpha}$ 时, 就有

$$\Big[nh_n^2/[\log(ng^2(n))(\log\log n)^\delta]\Big]^{1/2}(\hat{f}_n(x) - f(x)) \to 0, \quad \text{a.s..}$$

将密度核 $K(\cdot)$ 的条件由有界单调密度函数弱化为有界变差函数, 可得如下结果:

推论 5.4.2　设 $\{X_n, n \geqslant 1\}$ 是控制系数 $g(n)$ 的 WOD 样本数据, 条件 (A1)—(A3) 成立. 如果 $K(\cdot)$ 是 Borel 可测有界变差函数, 且 $nh_n^6/[\log(ng^2(n))(\log\log n)^\delta] \to 0$, $\delta > 0$. 则当 $f(x) \in C_{2,\alpha}$ 时, 有

$$\left[nh_n^2/[\log(ng^2(n))(\log\log n)^\delta]\right]^{1/2}\left(\hat{f}_n(x) - f(x)\right) \to 0, \quad \text{a.s..}$$

定理 5.4.2　在定理 5.4.1 和引理 5.4.4 的条件下, 若 $F(x_0) < 1$, 则对 $x \leqslant x_0$,

$$\left[nh_n^2/[\log(ng^2(n))(\log\log n)^\delta]\right]^{1/2}\left(\hat{\lambda}_n(x) - \lambda(x)\right) \to 0, \quad \text{a.s..}$$

推论 5.4.3　在推论 5.4.2 和引理 5.4.4 的条件下, 若 $F(x_0) < 1$, 则对 $x \leqslant x_0$,

$$\left[nh_n^2/[\log(ng^2(n))(\log\log n)^\delta]\right]^{1/2}\left(\hat{\lambda}_n(x) - \lambda(x)\right) \to 0, \quad \text{a.s..}$$

注 5.4.1　由定理 5.4.1 和定理 5.4.2、推论 5.4.2 和推论 5.4.3, 通过选择带宽 $h_n = O(n^{-1/5})$, 强收敛速度可接近 $O(n^{-2/5})$.

定理 5.4.1 的证明　记

$$nh_n\left[\hat{f}_n(x) - E\hat{f}_n(x)\right] = \sum_{j=1}^{n}\left[K\left(\frac{x - X_j}{h_n}\right) - EK\left(\frac{x - X_j}{h_n}\right)\right] = \sum_{j=1}^{n} Y_j, \quad (5.4.7)$$

此处

$$Y_j = K\left(\frac{x - X_j}{h_n}\right) - EK\left(\frac{x - X_j}{h_n}\right).$$

由性质 1.2.4, 可知 $\{Y_j, 1 \leqslant j \leqslant n\}$ 仍然是控制系数为 $g(n)$ 的 WOD 序列, 因 $K(x)$ 有界, 可得 $EY_j = 0$, $|Y_j| \leqslant C_3$,

$$EY_j^2 = EK\left(\frac{x - X_j}{h_n}\right)^2 \leqslant C_3, \quad \sigma_n^2 = n^{-1}\sum_{j=1}^{n} EY_j^2 \leqslant C_3.$$

令 $\theta_n = \{nh_n^2/[\log(ng^2(n))(\log\log n)^\delta]\}^{-1/2}$, 利用推论 5.4.1, 对任意 $\varepsilon > 0$,

$$P\left(\frac{1}{n}\left|\sum_{j=1}^{n} Y_j\right| > h_n\theta_n\varepsilon\right)$$

$$\leqslant 2g(n)\exp\left\{-\frac{n(\theta_n h_n\varepsilon)^2}{2[2\sigma_n^2 + C_3(\theta_n h_n\varepsilon)]}\right\}$$

$$\leqslant 2g(n)\exp\left\{-\frac{\log(ng^2(n))(\log\log n)^\delta\varepsilon^2}{2\Big\{2C_3 + n^{-1/2}[\log(ng^2(n))(\log\log n)^\delta]^{1/2}C_3\varepsilon\Big\}}\right\}$$

$$\leqslant 2g(n)(ng^2(n))^{-2} = 2n^{-2}.$$

由 Borel-Cantelli 引理, 有

$$\frac{1}{nh_n\theta_n}\left|\sum_{j=1}^n Y_j\right| \to 0, \quad \text{a.s..} \tag{5.4.8}$$

由 (5.4.7) 和 (5.4.8) 式, 可得

$$\theta_n^{-1}[\hat{f}_n(x) - E\hat{f}_n(x)] \to 0, \quad \text{a.s..} \tag{5.4.9}$$

注意到

$$\theta_n^{-1}[\hat{f}_n(x) - f(x)] = \theta_n^{-1}[\hat{f}_n(x) - E\hat{f}_n(x)] + \theta_n^{-1}[E\hat{f}_n(x) - f(x)] \tag{5.4.10}$$

和

$$\theta_n^{-1}h_n^2 = \frac{\sqrt{nh_n^6}}{\sqrt{\log(ng^2(n))(\log\log n)^\delta}} \to 0.$$

再由引理 5.4.2 可得

$$\theta_n^{-1}[E\hat{f}_n(x) - f(x)] = \frac{h_n^2}{\theta_n}\cdot\frac{1}{h_n^2}\cdot[E\hat{f}_n(x) - f(x)] \to 0. \tag{5.4.11}$$

由 (5.4.9)—(5.4.11) 式, 可得

$$\left\{nh_n^2/[\log(ng^2(n))(\log\log n)^\delta]\right\}^{1/2}[\hat{f}_n(x) - f(x)] \to 0, \quad \text{a.s..}$$

定理 5.4.1 证毕.

推论 5.4.2 的证明 由于 $K(x)$ 为有界变差函数, 可分解为 $K(x) = K_1(x) - K_2(x)$, 这里 $K_1(x)$ 和 $K_2(x)$ 是两个单调递增的函数. 从而

$$nh_n[\hat{f}_n(x) - E\hat{f}_n(x)] = \sum_{j=1}^n Y_{1j} - \sum_{j=1}^n Y_{2j}, \tag{5.4.12}$$

其中

$$Y_{ij} = K_i\left(\frac{x - X_j}{h_n}\right) - EK_i\left(\frac{x - X_j}{h_n}\right), \quad i = 1, 2.$$

因此, 推论 5.4.2 的证明与定理 5.4.1 的证明相同, 此处省略.

定理 5.4.2 的证明　令 $S(x) = 1 - F(x)$, $S_n(x) = 1 - F_n(x)$. 根据风险率函数的估计 (5.4.2), 可得

$$\left|\hat{\lambda}_n(x) - \lambda(x)\right| \leqslant \frac{S(x)\left|\hat{f}_n(x) - f(x)\right| + f(x)\left|S_n(x) - S(x)\right|}{S(x)S_n(x)}. \tag{5.4.13}$$

注意到当 $x \leqslant x_0$ 时, 有 $0 < S(x_0) \leqslant S(x) \leqslant 1$, $\sup\limits_x f(x) \leqslant C_5$. 由定理 5.4.1 和引理 5.4.4 得

$$\left[nh_n^2/[\log(ng^2(n))(\log\log n)^\delta]\right]^{1/2}(\hat{f}_n(x) - f(x)) \to 0, \quad \text{a.s.} \tag{5.4.14}$$

和

$$n^{1/2}/[\log(ng^3(n))(\log\log n)^\delta]^{1/2} \sup_{x \leqslant x_0} |S_n(x) - S(x)| \to 0, \quad \text{a.s..} \tag{5.4.15}$$

另一方面, 当 $x \leqslant x_0$ 时, 对于 n 足够大, 我们有

$$S_n(x) > S(x) - S(x_0) > \frac{1}{2}S(x_0) > 0.$$

因此, 由 (5.4.13)—(5.4.15) 式, 可得

$$\left[nh_n^2/\left[\log(ng^2(n))(\log\log n)^\delta\right]\right]^{1/2}\left(\hat{\lambda}_n(x) - \lambda(x)\right) \to 0, \quad \text{a.s..}$$

这样, 定理 5.4.2 证毕.

推论 5.4.3 的证明　类似于推论 5.4.2、定理 5.4.2 的证明, 这里省略.

第 6 章　相依样本的分位数估计与风险价值估计

在本章, 我们在正相协、混合相依样本下给出了分位数估计的 Bahadur 表示,
建立了风险度量 VaR 分位数估计的一致渐近正态性等渐近性质, 以及条件风险价
值 CVaR 估计的 Berry-Esseen 界.

6.1　PA 样本分位数估计的 Bahadur 表示

设 $\{X_1, \cdots, X_n, n \geqslant 2\}$ 是来自总体分布为 $F(x)$ 的随机样本, 其经验分布函
数为 $F_n(x)$. 对任意的 $p \in (0, 1)$, 称

$$\xi_p = F^{-1}(p) = \inf\{x : F(x) \geqslant p\}$$

为 $F(x)$ 的 p 阶总体分位数,

$$\xi_{p,n} = F_n^{-1}(p) = \inf\{x : F_n(x) \geqslant p\}$$

为 p 阶样本分位数, 其中 $F^{-1}(p)$, $0 < p < 1$ 是 F 的广义逆函数, 且 ξ_p 满
足 $F(\xi_p-) \leqslant p \leqslant F(\xi_p)$. 样本分位数是总体分位数的一种非线性和的估计量,
而 Bahadur 表示就是将样本分位数表示为一种线性和, 它能更方便讨论样本分
位数的大样本性质, 可见文献 (Bahadur, 1966) 中给出的独立样本下分位数估计
的 Bahadur 表示.

在本节, 利用文献 (杨善朝和陈敏, 2007) 中正相协序列的指数不等式, 在正相
协样本下建立了分位数估计的强相合性, 并给出了 Bahadur 表示.

6.1.1　假设条件和主要结果

下面先给出一些假设条件:

(A1)　随机序列 $\{X_1, \cdots, X_n\}$ 是严平稳 PA 的, 有相同分布函数 $F(x)$, 其
密度函数 $f(x)$ 有界;

(A2)　$F(x)$ 在 ξ_p 处可导, 满足 $F'(\xi_p) = f(\xi_p) > 0$;

(A3)　$F(x)$ 在 ξ_p 的邻域 N_p 内连续可导, 且 $0 < d_p = \sup\{f(x) : x \in N_p\} < \infty$;

(A4)　$u(n) = \sup_{i \geqslant 1} \sum_{j:j-i \geqslant n} \mathrm{Cov}^{1/3}(X_i, X_j)$, 满足 $u(n) = O(e^{-4n})$;

(A5)　正实数序列 $\{d_n\}_{n \geqslant 1}$ 满足 $d_n \to 0, n^{\frac{1}{4}} d_n (\log n)^{-1} \to \infty, n \to \infty.$

本节的主要结果如下.

定理 6.1.1　如果条件 (A1) 和 (A3)—(A5) 成立, 则有

$$\xi_{p,n} - \xi_p = O(n^{-\frac{1}{4}} d_n), \quad \text{a.s..}$$

定理 6.1.2　如果条件 (A1)—(A5) 成立, 则有

$$\xi_{p,n} - \xi_p = -\frac{F_n(\xi_p) - F(\xi_p)}{f(\xi_p)} + O(n^{-\frac{1}{4}} d_n), \quad \text{a.s..}$$

注 6.1.1　由条件 (A4) 可得 $\sum_{n=1}^{\infty} u^{1/2}(2^n) < \infty.$ 事实上, 当 $n \geqslant 2$ 时, 有 $2^n > n$ 成立. 从而有

$$\sum_{n=2}^{\infty} u^{1/2}(2^n) \leqslant C \sum_{n=2}^{\infty} e^{-2^n} \leqslant C_1 \sum_{n=2}^{\infty} e^{-n} < \infty.$$

由此说明 (A4) 成立则引理 6.1.1 中条件 (ii) 也成立.

注 6.1.2　定理 6.1.2 的收敛速度可以达到 $O(n^{-1/2} \log n \cdot (\log \log n)^{1/2}).$

注 6.1.3　由定理 6.1.1 及条件 (A5) 知, 样本分位数估计强收敛于总体分布的分位数, 且其收敛速度可达 $O(n^{-1/2} \log n \cdot (\log \log n)^{1/2}).$ 另外, 在定理 6.1.2 的证明中主要利用了定理 6.1.1. 由此说明可以通过分位数估计的强收敛性来给出 Bahadur 表示及其收敛速度.

6.1.2　辅助引理

下面给出证明定理所需的一些引理.

引理 6.1.1 (杨善朝和陈敏, 2007)　(i) 设 $X_1, X_2, \cdots$ 是零均值的正相协随机变量, $\max\limits_{1 \leqslant i \leqslant n} |X_i| \leqslant c_n < \infty, \text{a.s.}, n = 1, 2, \cdots;$

(ii) 设 $u(n) = \sup\limits_{i \geqslant 1} \sum_{j:j-i \geqslant n} \text{Cov}(X_i, X_j),$ 满足 $\sum_{i=1}^{\infty} u^{1/2}(2^i) < \infty;$

(iii) 设 $\{p_n, n \geqslant 1\}$ 是一串正整数序列, 满足 $p_n \leqslant \dfrac{n}{2}$ 成立, 且设 $\theta > 0,$ 满足 $0 < \theta p_n c_n \leqslant 1,$ 则存在一个不依赖于 n 的正常数 $k,$ 使得对任意的 $\varepsilon > 0$ 有

$$P\left(\left| \sum_{i=1}^{n} X_i \right| > n\varepsilon \right) \leqslant 4 \left\{ \theta^2 n u(p_n) e^{\theta n c_n} + e^{k\theta^2 n c_n^2} \right\} e^{-n\theta\varepsilon/2}.$$

引理 6.1.2 (Serfling, 1980)　设 $F(x)$ 是右连续的分布函数, 则广义逆函数 $F^{-1}(t)$ 在 $0 < t < 1$ 非降且左连续, 并且满足 (i) $F^{-1}(F(x)) \leqslant x, -\infty < x < \infty;$ (ii) $F(F^{-1}(t)) \geqslant t, 0 < t < 1;$ (iii) $F(x) \geqslant t \Longleftrightarrow x \geqslant F^{-1}(t).$

引理 6.1.3 (Wang et al., 2011)   令 $\xi_{p,n} = F_n^{-1}(p) = \inf\{x : F_n(x) \geqslant p\}$，如果 $P(X_i = X_j) = 0, i \neq j$，则

$$p < F_n(\xi_{p,n}) < p + \frac{1}{n}, \quad \text{a.s..}$$

引理 6.1.4   若条件 (A1) 和 (A3)—(A5) 成立，记 $D_n = [\xi_p - d_n, \xi_p + d_n]$，则

$$\sup_{x \in D_n} |(F_n(x) - F(x)) - (F_n(\xi_p) - p)| \leqslant (1 + d_p)n^{-\frac{1}{4}}d_n, \quad \text{a.s..}$$

证明   记

$$t_n = n^{-\frac{1}{4}}d_n, \quad S_{r,n} = \xi_p + rt_n,$$

$$\Delta_{r,n} = F_n(S_{r,n}) - F(S_{r,n}) - F_n(\xi_p) + p,$$

$$r = 0, \pm 1, \pm 2, \cdots, \pm m_n, \quad m_n = [n^{\frac{1}{4}}] + 1.$$

则

$$D_n \subset [\xi_p - m_n t_n, \xi_p + m_n t_n] = \bigcup_{r=-m_n}^{m_n-1} [\xi_p + rt_n, \xi_p + (r+1)t_n].$$

由于

$$\sup_{x \in D_n} \left| F_n(x) - F(x) - F_n(\xi_p) + p \right|$$

$$\leqslant \sup_{\xi_p - m_n t_n \leqslant x \leqslant \xi_p + m_n t_n} \left| F_n(x) - F(x) - F_n(\xi_p) + p \right|$$

$$= \max_{-m_n \leqslant r \leqslant m_n-1} \sup_{\xi_p + rt_n \leqslant x \leqslant \xi_p + (r+1)t_n} \left| F_n(x) - F(x) - F_n(\xi_p) + p \right|,$$

而对 $x \in [\xi_p + rt_n, \xi_p + (r+1)t_n]$，由 $F_n(x)$ 及 $F(x)$ 均为非降函数，利用微分中值定理可得

$$F_n(x) - F(x) - F_n(\xi_p) + p \leqslant F_n(S_{r+1,n}) - F(S_{r,n}) - F_n(\xi_p) + p$$

$$= \Delta_{r+1,n} + F(S_{r+1,n}) - F(S_{r,n}) \leqslant \Delta_{r+1,n} + d_p t_n,$$

$$\tag{6.1.1}$$

$$F_n(x) - F(x) - F_n(\xi_p) + p \geqslant F_n(S_{r,n}) - F(S_{r+1,n}) - F_n(\xi_p) + p$$

$$= \Delta_{r,n} + F(S_{r,n}) - F(S_{r+1,n}) \geqslant \Delta_{r,n} - d_p t_n.$$

$$\tag{6.1.2}$$

由 (6.1.1) 和 (6.1.2) 式可得

$$\sup_{x \in D_n} |F_n(x) - F(x) - F_n(\xi_p) + p| \leqslant \max_{-m_n \leqslant r \leqslant m_n} |\Delta_{r,n}| + d_p t_n. \tag{6.1.3}$$

下面讨论 $\max\limits_{-m_n \leqslant r \leqslant m_n} |\Delta_{r,n}|$ 的取值情况. 由于

$$\begin{aligned}
\Delta_{r,n} &= F_n(S_{r,n}) - F(S_{r,n}) - F_n(\xi_p) + p \\
&= \frac{1}{n} \sum_{i=1}^{n} (I(X_i \leqslant \xi_p + rt_n) - EI(X_i \leqslant \xi_p + rt_n)) \\
&\quad - \frac{1}{n} \sum_{i=1}^{n} (I(X_i \leqslant \xi_p) - EI(X_i \leqslant \xi_p)).
\end{aligned}$$

令

$$\eta_i = I(X_i \leqslant \xi_p + rt_n) - EI(X_i \leqslant \xi_p + rt_n),$$

$$\eta_i' = I(X_i \leqslant \xi_p) - EI(X_i \leqslant \xi_p). \tag{6.1.4}$$

下面说明 $\{\eta_i, i \geqslant 1\}$ 满足引理 6.1.1 的条件, 对于 $\{\eta_i', i \geqslant 1\}$ 讨论完全类同. 由正相协序列定义及性质知 $\eta_1, \cdots, \eta_n$ 仍是正相协序列且 $E\eta_i = 0$, $|\eta_i| \leqslant 2$, $i = 1, \cdots, n$. 从而引理 6.1.1 条件 (i) 满足. 又令 $v(n) = \sup\limits_{i \geqslant 1} \sum_{j:j-i \geqslant n} \mathrm{Cov}(\eta_i, \eta_j)$, 根据条件 (A1) 及文献 (Roussas, 1995) 中的引理 2.6, 也可见文献 (Henriques, 2003) 中的 (2.1) 式或文献 (Azevedo and Oliveira, 2011) 中的 (4) 式, 知存在某一正常数 M, 有

$$\mathrm{Cov}(\eta_i, \eta_j) \leqslant M(\mathrm{Cov}(X_i, X_j))^{1/3}. \tag{6.1.5}$$

根据条件 (A2) 有

$$v(n) \leqslant u(n) < \infty, \quad \sum_{i=1}^{\infty} v^{1/2} 2^i < \infty,$$

故引理 6.1.1 条件 (ii) 满足. 再令

$$\theta = 1/\sqrt{n} > 0, \quad p_n = \sqrt{n}/2 \leqslant n/2, \quad c_n = 2,$$

则 $0 < \theta p_n c_n \leqslant 1$, 引理 6.1.1 的条件 (iii) 满足.

综上所述, 利用经验分布函数的定义及引理 6.1.1, 计算可得

$$P\Big(|\Delta_{r,n}| > t_n \Big) = P\Big(|F_n(S_{r,n}) - F(S_{r,n}) - F_n(\xi_p) + p| > t_n \Big)$$

$$\leqslant P\Big(|F_n(S_{r,n}) - F(S_{r,n})| > \frac{t_n}{2}\Big) + P\Big(|F_n(\xi_p) - p| > \frac{t_n}{2}\Big)$$

$$\leqslant P\Big(\Big|\frac{1}{n}\sum_{i=1}^{n}\eta_i\Big| > \frac{t_n}{2}\Big) + P\Big(\Big|\frac{1}{n}\sum_{i=1}^{n}\eta_i'\Big| > \frac{t_n}{2}\Big)$$

$$\leqslant 8\Big\{\theta^2 n u(p_n)e^{2n\theta} + e^{4kn\theta^2}\Big\}e^{-nt_n\theta/4}$$

$$= 8\Big\{u(p_n)e^{2\sqrt{n}} + e^{4k}\Big\}e^{-\sqrt{n}t_n/4} \leqslant C_2\exp\Big\{-n^{\frac{1}{4}}d_n/4\Big\}$$

$$= C_3\exp\Big\{-\frac{n^{\frac{1}{4}}d_n}{4\log n}\cdot\log n\Big\} \leqslant \frac{C_4}{n^2}.$$

从而

$$P\Big(\max_{-m_n\leqslant r\leqslant m_n}|\Delta_{r,n}| > t_n\Big) \leqslant \sum_{r=-m_n}^{m_n}P(|\Delta_{r,n}| > t_n) \leqslant \frac{C_5}{n^{7/4}}.$$

故

$$\sum_{n=1}^{\infty}P\Big(\max_{-m_n\leqslant r\leqslant m_n}|\Delta_{r,n}| > t_n\Big) < \infty.$$

由此根据 Borel-Cantelli 引理及 (6.1.3) 式得

$$\sup_{x\in D_n}\Big|\big(F_n(x) - F(x)\big) - \big(F_n(\xi_p) - p\big)\Big| \leqslant (1+d_p)n^{-\frac{1}{4}}d_n, \quad \text{a.s..}$$

引理得证.

6.1.3 定理的证明

定理 6.1.1 的证明 对于任意 $\varepsilon > 0$, 有

$$P(|\xi_{p,n} - \xi_p| > \varepsilon n^{-\frac{1}{4}}d_n)$$

$$= P(\xi_{p,n} - \xi_p > \varepsilon n^{-\frac{1}{4}}d_n) + P(\xi_{p,n} - \xi_p < -\varepsilon n^{-\frac{1}{4}}d_n) =: I_1 + I_2. \tag{6.1.6}$$

由引理 6.1.4 得

$$I_1 = P(\xi_{p,n} - \xi_p > \varepsilon n^{-\frac{1}{4}}d_n) = P(\xi_{p,n} > \xi_p + \varepsilon n^{-\frac{1}{4}}d_n)$$

$$= P(p > F_n(\xi_p + \varepsilon n^{-\frac{1}{4}}d_n)) = P(-F_n(\xi_p + \varepsilon n^{-\frac{1}{4}}d_n) > -p)$$

$$= P(1 - F_n(\xi_p + \varepsilon n^{-\frac{1}{4}}d_n) - (1 - F(\xi_p + \varepsilon n^{-\frac{1}{4}}d_n)) > F(\xi_p + \varepsilon n^{-\frac{1}{4}}d_n) - p)$$

$$= P\Big(\frac{1}{n}\sum_{i=1}^{n}(w_i - Ew_i) > \delta_1\Big) \tag{6.1.7}$$

和

$$I_2 = P(\xi_{p,n} - \xi_p < -\varepsilon n^{-\frac{1}{4}} d_n)$$

$$= P(\xi_{p,n} < \xi_p - \varepsilon n^{-\frac{1}{4}} d_n) = P(p < F_n(\xi_p - \varepsilon n^{-\frac{1}{4}} d_n))$$

$$= P(F_n(\xi_p - \varepsilon n^{-\frac{1}{4}} d_n) - F(\xi_p - \varepsilon n^{-\frac{1}{4}} d_n) > p - F(\xi_p - \varepsilon n^{-\frac{1}{4}} d_n))$$

$$= P\left(\frac{1}{n} \sum_{i=1}^{n} (v_i - Ev_i) > \delta_2 \right), \tag{6.1.8}$$

其中

$$w_i = I(X_i > \xi_p + \varepsilon n^{-\frac{1}{4}} d_n), \quad \delta_1 = F(\xi_p + \varepsilon n^{-\frac{1}{4}} d_n) - p, \tag{6.1.9}$$

$$v_i = I(X_i \leqslant \xi_p - \varepsilon n^{-\frac{1}{4}} d_n), \quad \delta_2 = p - F(\xi_p - \varepsilon n^{-\frac{1}{4}} d_n). \tag{6.1.10}$$

类似于 (6.1.4) 式随机变量 $\{\eta_i, i \geqslant 1\}$ 性质的讨论, 亦得知 $\{w_i - Ew_i\}_{1 \leqslant i \leqslant n}$ 和 $\{v_i - Ev_i\}_{1 \leqslant i \leqslant n}$ 都是均值为零的正相协随机变量, 且满足 $|w_i - Ew_i| \leqslant 2$, $|v_i - Ev_i| \leqslant 2$.

也有类似于 (6.1.5) 的协方差关系成立, 且满足引理 6.1.1 中条件 (ii). 再令 $\theta = \dfrac{1}{\sqrt{n}} > 0, p_n \leqslant \dfrac{\sqrt{n}}{2}$, 则有 $0 < \theta p_n c_n \leqslant \dfrac{1}{\sqrt{n}} \cdot \dfrac{\sqrt{n}}{2} \cdot 2 \leqslant 1$.

从而 $\{w_i - Ew_i\}_{1 \leqslant i \leqslant n}$ 和 $\{v_i - Ev_i\}_{1 \leqslant i \leqslant n}$ 满足引理 6.1.1 的三个条件. 由此利用引理 6.1.1, 结合 (6.1.6)、(6.1.7) 和 (6.1.8) 式知存在常数 k 有

$$P\left(|\xi_{p,n} - \xi_p| > \varepsilon n^{-\frac{1}{4}} d_n \right)$$

$$= P\left(\frac{1}{n} \sum_{i=1}^{n} (w_i - Ew_i) > \delta_1 \right) + P\left(\frac{1}{n} \sum_{i=1}^{n} (v_i - Ev_i) > \delta_2 \right)$$

$$\leqslant 8\left\{ \theta^2 n u(p_n) e^{\theta n c_n} + e^{k\theta^2 n c_n^2} \right\} e^{-n\theta \min(\delta_1, \delta_2)/2}$$

$$= 8\left\{ u(p_n) e^{2\sqrt{n}} + e^{4k} \right\} e^{-\sqrt{n} \min(\delta_1, \delta_2)/2}$$

$$\leqslant C_6 e^{-\sqrt{n} \min(\delta_1, \delta_2)/2}. \tag{6.1.11}$$

又 $F(x)$ 在 ξ_p 点处连续, $F'(\xi_p) > 0$, ξ_p 是不等式 $F(x-) \leqslant p \leqslant F(x)$ 的唯一解且 $F(\xi_p) = p$, 故由 Taylor 展开得

$$F(\xi_p + \varepsilon n^{-\frac{1}{4}} d_n) - p = f(\xi_p) \cdot \varepsilon n^{-\frac{1}{4}} d_n + o(\varepsilon n^{-\frac{1}{4}} d_n), \tag{6.1.12}$$

$$p - F(\xi_p - \varepsilon n^{-\frac{1}{4}} d_n) = f(\xi_p) \cdot \varepsilon n^{-\frac{1}{4}} d_n + o(\varepsilon n^{-\frac{1}{4}} d_n). \tag{6.1.13}$$

根据 (6.1.9)、(6.1.10)、(6.1.12) 和 (6.1.13) 式有

$$\min(\delta_1, \delta_2) = f(\xi_p) \cdot \varepsilon n^{-\frac{1}{4}} d_n, \quad n \to \infty.$$

由此及 (6.1.11) 式得

$$P\Big(|\xi_{p,n} - \xi_p| > \varepsilon n^{-\frac{1}{4}} d_n\Big) \leqslant C_7 \exp\left\{ -\frac{\sqrt{n} \min(\delta_1, \delta_2)}{2} \right\}$$

$$= C_8 \exp\left\{ -\frac{f(\xi_p)\varepsilon n^{\frac{1}{4}} d_n}{2 \log n} \cdot \log n \right\}$$

$$\leqslant \frac{C_9}{n^2}.$$

从而得

$$\sum_{n=1}^{\infty} P\Big(|\xi_{p,n} - \xi_p| > \varepsilon n^{-\frac{1}{4}} d_n\Big) < \infty.$$

再由 Borel-Cantelli 引理可得

$$\xi_{p,n} - \xi_p = O\big(n^{-\frac{1}{4}} d_n\big), \quad \text{a.s..}$$

定理 6.1.1 证明完毕.

定理 6.1.2 的证明 由定理 6.1.1 得

$$\xi_{p,n} - \xi_p = O\big(n^{-\frac{1}{4}} d_n\big), \quad \text{a.s..} \tag{6.1.14}$$

由引理 6.1.4 可得

$$F_n(\xi_p) - F(\xi_p) = F_n(\xi_{p,n}) - F(\xi_{p,n}) + O\big(n^{-\frac{1}{4}} d_n\big), \quad \text{a.s..} \tag{6.1.15}$$

根据引理 6.1.3 知

$$F_n(\xi_{p,n}) - p = O(n^{-1}), \quad \text{a.s..} \tag{6.1.16}$$

结合 (6.1.14)—(6.1.16) 式并利用 Taylor 展开可得

$$F_n(\xi_p) - F(\xi_p) = F(\xi_p) - F(\xi_{p,n}) + F_n(\xi_{p,n}) - F(\xi_p) + O\big(n^{-\frac{1}{4}} d_n\big)$$

$$= F(\xi_p) - F(\xi_{p,n}) + O(n^{-1}) + O\big(n^{-\frac{1}{4}} d_n\big)$$

$$= F(\xi_p) - \left[F(\xi_p) + f(\xi_p)(\xi_{p,n} - \xi_p) + \frac{1}{2} f'(\theta_n)(\xi_{p,n} - \xi_p)^2 \right]$$

$$+ O(n^{-1}) + O\big(n^{-\frac{1}{4}} d_n\big)$$

$$= -f(\xi_p)(\xi_{p,n} - \xi_p) - \frac{1}{2}f'(\theta_n)(\xi_{p,n} - \xi_p)^2 + O(n^{-1}) + O(n^{-\frac{1}{4}}d_n)$$

$$= -f(\xi_p)(\xi_{p,n} - \xi_p) + O(n^{-\frac{1}{4}}d_n) + O(n^{-1}) + O(n^{-\frac{1}{2}}d_n^2)$$

$$= -f(\xi_p)(\xi_{p,n} - \xi_p) + O(n^{-\frac{1}{4}}d_n),$$

其中 θ_n 是介于 $\xi_{p,n}$ 与 ξ_p 之间的随机变量, 由此可得

$$\xi_{p,n} - \xi_p = -\frac{F_n(\xi_p) - F(\xi_p)}{f(\xi_p)} + O\left(d_n n^{-\frac{1}{4}}\right), \quad \text{a.s.,}$$

定理 6.1.2 证明完毕.

6.2　PA 样本 VaR 分位数估计的渐近性质

风险度量 (value at risk, VaR) 是指在正常的市场环境下, 金融资产或证券组合在一定的持有期内和一定的置信水平下, 预期的最大损失称为风险价值或在险价值, 其定义一般表述为:

设 $\{Y_t\}_{t=0}^n$ 是 n 个时间段资产价格序列, $X_t = -\log(Y_t/Y_{t-1})$ 是第 t 个时间段对数收益. 假设 $\{X_t\}_{t=1}^n$ 是相依严平稳序列, 其边缘分布函数为 $F(x) = P(X_t \leqslant x)$, $x \in \mathbb{R}$. 对任意给定 $p \in (0,1)$, $F(x)$ 的 p 分位数定义为

$$\xi_p = F^{-1}(p) = \inf\{u : F(u) \geqslant p\},$$

其中函数 $F^{-1}(t)$, $0 < t < 1$ 是 $F(\cdot)$ 的广义逆函数. 易知 ξ_p 满足 $F(\xi_p-) \leqslant p \leqslant F(\xi_p)$. 置信水平为 $1 - p$ 的 VaR 值定义为

$$v_p = -\xi_p = -\inf\{u : F(u) \geqslant p\}.$$

在许多金融模型中, VaR 方法能够较准确地度量由不同风险来源及其相互作用而产生的潜在损失, 而且与其他风险度量方法相比, VaR 方法的计算也相对简便. 自 1990 年以来, 国内外学者对 VaR 方法进行了一定程度的研究. 如: Dowd (2001) 给出的 VaR 样本分位数估计为 $Q_{n,p} = -X_{([np]+1)}$, 其中 $X_{(r)}$ 为样本 $X_1, \cdots, X_n$ 的第 r 个次序统计量.

记 $F_n(x) = \frac{1}{n} \sum_{i=1}^n I(X_i \leqslant x)$ 为总体 X 的经验分布函数, 其样本分位数记为 $Z_{n,p}$. 显然 $Z_{n,p} = -Q_{n,p}$. 由于 VaR 与分位数只相差一个负号, 所以分位数的各种非参数估计自然也是 VaR 的非参数估计.

本节采用文献 (杨善朝和陈敏, 2007) 中 PA 序列指数不等式以及 PA 序列协方差性质, 讨论 PA 序列下 VaR 分位数估计的强相合性和渐近正态性及其 Bahadur 表示.

6.2.1 主要结果

下面给出本节的主要结果.

定理 6.2.1 (i) 设 $\{X_n, n \geqslant 1\}$ 是具有相同分布函数 $F(x)$ 和有界密度函数 $f(x)$ 的严平稳 PA 序列, $F(x)$ 在 ξ_p 处可导且 $F'(\xi_p) = f(\xi_p) > 0$;

(ii) 设 $v(n) = \sup\limits_{i \geqslant 1} \sum_{j:j-i \geqslant n} \text{Cov}^{1/3}(X_i, X_j)$ 满足 $v(n) = O(e^{-2\sqrt{n}})$;

(iii) 设 $\{d_n\}_{n \geqslant 1}$ 为满足 $d_n \to 0, n^{\frac{1}{4}}d_n/\log n \to \infty$, $n \to \infty$ 的任意正实数序列.

则有

$$v_p - Q_{n,p} = O\big(n^{-\frac{1}{4}}d_n\big), \quad \text{a.s..}$$

定理 6.2.2 设 $\{X_n, n \geqslant 1\}$ 是具有相同分布函数 $F(x)$ 和有界密度函数 $f(x)$ 的严平稳 PA 序列, $F(x)$ 在 ξ_p 的邻域 N_p 内连续可导 $(p \in (0,1))$, 且 $0 < d = \sup\{f(x) : x \in N_p\} < \infty$. 如果定理 6.2.1 的条件 (ii)、(iii) 满足, 则

$$v_p - Q_{n,p} = \frac{p - F_n(\xi_p)}{f(\xi_p)} + O\big(n^{-\frac{1}{4}}d_n\big), \quad \text{a.s..}$$

定理 6.2.3 在定理 6.2.2 的条件下, 如果 $\sum_{j=n}^{\infty} \sup_{(x,y) \in \mathbb{R}^2} |F_{1,j+1}(x,y) - F(x)F(y)| < \infty$, 其中 $F_{1,j+1}(x,y)$ 为 (X_1, X_j) 的联合分布函数. 令 $\sigma_0^2 = F(x)[1 - F(x)] + \sum_{j=1}^{\infty} E(Z_{n1}Z_{nj+1})$, 则

$$\sqrt{n}(v_p - Q_{n,p}) \xrightarrow{d} N\big(0, \sigma_0^2 f^{-2}(\xi_p)\big).$$

6.2.2 定理的证明

定理 6.2.1 的证明 对于任意的 $\varepsilon > 0$ 有

$$P(|v_p - Q_{n,p}| > \varepsilon n^{-\frac{1}{4}}d_n)$$
$$= P(v_p - Q_{n,p} > \varepsilon n^{-\frac{1}{4}}d_n) + P(v_p - Q_{n,p} < -\varepsilon n^{-\frac{1}{4}}d_n) =: I_1 + I_2. \quad (6.2.1)$$

由引理 6.1.2 可得

$$I_1 = P(Z_{p,n} > \xi_p + \varepsilon n^{-\frac{1}{4}}d_n) = P(p > F_n(\xi_p + \varepsilon n^{-\frac{1}{4}}d_n))$$
$$= P(1 - F_n(\xi_p + \varepsilon n^{-\frac{1}{4}}d_n) - (1 - F(\xi_p + \varepsilon n^{-\frac{1}{4}}d_n)) > F(\xi_p + \varepsilon n^{-\frac{1}{4}}d_n) - p)$$
$$= P\left(\frac{1}{n}\sum_{i=1}^{n}(w_i - Ew_i) > \delta_1\right), \quad (6.2.2)$$

其中 $w_i = I(X_i > \xi_p + \varepsilon n^{-\frac{1}{4}} d_n)$, $\delta_1 = F(\xi_p + \varepsilon n^{-\frac{1}{4}} d_n) - p$. 同理可得

$$I_2 = P(Z_{p,n} < \xi_p - \varepsilon n^{-\frac{1}{4}} d_n) = P(p < F_n(\xi_p - \varepsilon n^{-\frac{1}{4}} d_n))$$

$$= P(F_n(\xi_p - \varepsilon n^{-\frac{1}{4}} d_n) - F(\xi_p - \varepsilon n^{-\frac{1}{4}} d_n) > p - F(\xi_p - \varepsilon n^{-\frac{1}{4}} d_n))$$

$$= P\left(\frac{1}{n}\sum_{i=1}^{n}(v_i - Ev_i) > \delta_2\right), \tag{6.2.3}$$

其中

$$v_i = I(X_i \leqslant \xi_p - \varepsilon n^{-\frac{1}{4}} d_n), \quad \delta_2 = p - F(\xi_p - \varepsilon n^{-\frac{1}{4}} d_n).$$

类似于 (6.1.4) 式关于 $\{\eta_i, i \geqslant 1\}$ 的性质讨论, 知 $\{w_i - Ew_i\}_{1 \leqslant i \leqslant n}$ 和 $\{v_i - Ev_i\}_{1 \leqslant i \leqslant n}$ 都为 0 均值平稳 PA 序列, 且满足 $|w_i - Ew_i| \leqslant 2$, $|v_i - Ev_i| \leqslant 2$. 令 $\theta = 1/\sqrt{n} > 0$, $p_n \leqslant \sqrt{n}/2$, 有 $\theta p_n c_n \leqslant 1$. 从而由引理 6.1.1 及 (6.2.1)—(6.2.3) 式可得

$$P\left(|v_p - Q_{n,p}| > \varepsilon n^{-\frac{1}{4}} d_n\right)$$

$$= P\left(\frac{1}{n}\sum_{i=1}^{n}(w_i - Ew_i) > \delta_1\right) + P\left(\frac{1}{n}\sum_{i=1}^{n}(v_i - Ev_i) > \delta_2\right)$$

$$\leqslant 8\left\{\theta^2 n u(p_n) e^{\theta n c_n} + e^{C_1 \theta^2 n c_n^2}\right\} e^{-n\theta \min(\delta_1, \delta_2)/2}$$

$$= 8\left\{u(p_n) e^{2\sqrt{n}} + e^{4C_2}\right\} e^{-\sqrt{n} \min(\delta_1, \delta_2)/2}$$

$$\leqslant C_3 e^{-\sqrt{n} \min(\delta_1, \delta_2)/2}, \tag{6.2.4}$$

其中 C_1, C_2, C_3 为常数, 又因为 $F(x)$ 在 ξ_p 点处连续, $F'(\xi_p) > 0$, 此处 ξ_p 是不等式 $F(x-) \leqslant p \leqslant F(x)$ 的唯一解且 $F(\xi_p) = p$, 由 Taylor 展开得

$$F\left(\xi_p + \varepsilon n^{-\frac{1}{4}} d_n\right) - p = f(\xi_p) \cdot \varepsilon n^{-\frac{1}{4}} d_n + o\left(\varepsilon n^{-\frac{1}{4}} d_n\right)$$

和

$$p - F(\xi_p - \varepsilon n^{-\frac{1}{4}} d_n) = f(\xi_p) \cdot \varepsilon n^{-\frac{1}{4}} d_n + o\left(\varepsilon n^{-\frac{1}{4}} d_n\right).$$

从而 $\min(\delta_1, \delta_2) = f(\xi_p) \cdot \varepsilon n^{-\frac{1}{4}} d_n$, 代入 (6.2.4) 式得

$$P\left(|v_p - Q_{n,p}| > \varepsilon n^{-\frac{1}{4}} d_n\right) \leqslant C_1 \exp\left\{-\frac{f(\xi_p)\varepsilon n^{\frac{1}{4}} d_n}{2\log n} \cdot \log n\right\} \leqslant \frac{C_2}{n^2}.$$

于是

$$\sum_{n=1}^{\infty} P\Big(|v_p - Q_{n,p}| > \varepsilon n^{-\frac{1}{4}} d_n\Big) < \infty.$$

故由 Borel-Cantelli 引理得

$$v_p - Q_{n,p} = O\big(n^{-\frac{1}{4}} d_n\big), \quad \text{a.s.},$$

定理得证.

定理 6.2.2 的证明 由定理 6.2.1 知

$$v_p - Q_{n,p} = O\big(n^{-\frac{1}{4}} d_n\big), \quad \text{a.s.}, \tag{6.2.5}$$

由引理 6.1.4 得

$$F_n(\xi_p) - p = F_n(Z_{p,n}) - F(Z_{p,n}) + O\big(n^{-\frac{1}{4}} d_n\big), \quad \text{a.s..} \tag{6.2.6}$$

又由引理 6.1.3 得

$$F_n(Z_{p,n}) - p = O(n^{-1}), \quad \text{a.s..} \tag{6.2.7}$$

令 θ_n 是介于 $Q_{p,n}$ 与 v_p 之间的随机变量, 由 (6.2.5)—(6.2.7) 式, 利用 Taylor 展开得

$$
\begin{aligned}
&F_n(\xi_p) - p \\
&= F(\xi_p) - F(Z_{p,n}) + F_n(Z_{p,n}) - F(\xi_p) + O(n^{-\frac{1}{4}} d_n) \\
&= F(\xi_p) - F(Z_{p,n}) + O(n^{-1}) + O(n^{-\frac{1}{4}} d_n) \\
&= F(\xi_p) - \left[F(\xi_p) + f(\xi_p)(Z_{p,n} - \xi_p) + \frac{1}{2} f'(\theta_n)(Z_{p,n} - \xi_p)^2 \right] \\
&\quad + O(n^{-1}) + O(n^{-\frac{1}{4}} d_n) \\
&= F(\xi_p) - \left[F(\xi_p) + f(\xi_p)(v_p - Q_{n,p}) + \frac{1}{2} f'(\theta_n)(v_p - Q_{n,p})^2 \right] \\
&\quad + O(n^{-1}) + O(n^{-\frac{1}{4}} d_n) \\
&= -f(\xi_p)(v_p - Q_{n,p}) - \frac{1}{2} f'(\theta_n)(v_p - Q_{n,p})^2 + O(n^{-1}) + O(n^{-\frac{1}{4}} d_n) \\
&= -f(\xi_p)(v_p - Q_{n,p}) + O(n^{-\frac{1}{4}} d_n).
\end{aligned}
$$

由此可得

$$v_p - Q_{n,p} = \frac{p - F_n(\xi_p)}{f(\xi_p)} + O\left(d_n n^{-\frac{1}{4}}\right), \quad \text{a.s..}$$

定理 6.2.2 证明完毕.

定理 6.2.3 的证明　由定理 6.2.2 得

$$v_p - Q_{n,p} = \left(p - F_n(\xi_p)\right)/f(\xi_p) + O\left(d_n n^{-\frac{1}{4}}\right), \quad \text{a.s..}$$

故只需证明 $F_n(\xi_p) - p$ 具有渐近正态性. 记 $Z_{ni} = I_{(X_i \leqslant \xi_p)} - EI_{(X_i \leqslant \xi_p)}$, 则

$$\sqrt{n}\left(F_n(\xi_p) - p\right) = n^{-1/2} \sum_{i=1}^{n} \left(I_{(X_i \leqslant \xi_p)} - EI_{(X_i \leqslant \xi_p)}\right)$$

$$= n^{-1/2} \sum_{i=1}^{n} Z_{ni} =: n^{-1/2} S_n. \tag{6.2.8}$$

令 $r_{n2} < r_{n1}$ 为正整数, $r_{n2}/r_{n1} \to 0$, 且当 $n \to \infty$ 时, $r_{n1}/n \to 0$ 成立. 又取 $k = [n/(r_{n1} + r_{n2})]$, 满足 $k(r_{n1} + r_{n2})/n \to 1$, $kr_{n2}/n \to 0$, 且 $r_{n1}^2/n \to 0$. 利用 Bernstein 分块方法, S_n 可分解为

$$S_n = S_n' + S_n'' + S_n''', \tag{6.2.9}$$

其中

$$S_n' = \sum_{m=1}^{k} y_{nm}, \quad S_n'' = \sum_{m=1}^{k} y_{nm}', \quad S_n''' = y_{nk+1}',$$

$$y_{nm} = \sum_{i=k_m}^{k_m + r_{n1} - 1} Z_{ni}, \quad y_{nm}' = \sum_{i=l_m}^{l_m + r_{n2} - 1} Z_{ni}, \quad y_{nk+1}' = \sum_{i=k(r_{n1}+r_{n2})+1}^{n} Z_{ni},$$

$$k_m = (m-1)(r_{n1} + r_{n2}) + 1, \ l_m = (m-1)(r_{n1} + r_{n2}) + r_{n1} + 1, \ m = 1, \cdots, k.$$

则在定理的条件下, 由文献 (李永明和杨善朝, 2006) 中的引理 3.4, 得到

$$\frac{1}{n} S_n'' \to 0, \quad \frac{1}{n} S_n''' \to 0, \quad \frac{k}{n} E y_{m1} \to \sigma_0^2, \tag{6.2.10}$$

再由文献 (Li et al., 2008) 中的引理 A.3、文献 (李永明和杨善朝, 2006) 中的引理 4.2 和引理 4.3, 可得

$$n^{-1/2} S_n' \xrightarrow{d} N(0, \sigma_0^2), \tag{6.2.11}$$

结合 (6.2.9)—(6.2.11) 式可得

$$n^{-1/2}S_n \xrightarrow{d} N(0, \sigma_0^2). \tag{6.2.12}$$

由此知

$$F_n(\xi_p) - p \xrightarrow{d} N(0, \sigma_0^2).$$

这样定理 6.2.3 证明完毕.

6.3 ψ 混合样本分位数和 VaR 估计的一致渐近正态性

6.3.1 主要结果

设 $\{X_n, n \geqslant 1\}$ 是概率空间 $(\Omega, \mathbf{F}, P)$ 上的随机变量序列, 具有相同的分布函数 $F(x) = P(X \leqslant x)$. 对于 $p \in (0,1)$, $F(x)$ 的 p 分位数 $\xi_p = \inf\{x : F(x) \geqslant p\}$, 记为 $F^{-1}(p)$, 其中函数 F^{-1} 是 F 的广义逆函数. 对于样本 $X_1, \cdots, X_n, n \geqslant 1$, 其经验分布函数 $F_n(x) = \frac{1}{n} \sum_{i=1}^{n} I(X_i \leqslant x)$, $x \in \mathbb{R}$. 则样本 p 分位数记为 $\xi_{p,n} = F_n^{-1}(p) = \inf\{x : F_n(x) \geqslant p\}$.

在现实生活中, 分位数作为一种解决实际问题的工具, 如最优化问题和风险分析等, 受到了广大学者的关注和研究.

本节在 ψ 混合序列下, 研究分位数估计和 VaR 估计的一致渐近正态性, 并获得正态逼近速度为 $O(n^{-\frac{1}{8}})$.

下面给出主要结果.

定理 6.3.1 假设 $\{X_n, n \geqslant 1\}$ 是一个二阶平稳且有相同分布函数 $F(x)$ 的 ψ 混合序列, 其分布函数在 ξ_p 的邻域内可导并且导函数有界. 如果 $EX_n = 0$, $n = 1, 2, \cdots, \psi(n) = O(n^{-\lambda})$, $\lambda > 3$, 那么, $p \in (0,1)$,

$$\sup_{x \in \mathbb{R}} \left| P\left(\frac{n^{\frac{1}{2}}(\xi_{p,n} - \xi_p)}{\tilde{\sigma}(\xi_p)/f(\xi_p)} \leqslant x \right) - \Phi(x) \right| = O(n^{-\frac{1}{8}}).$$

此处

$$\tilde{\sigma}^2(\xi_p) = \mathrm{Var}[I(X_1 \leqslant \xi_p)] + 2 \sum_{j=2}^{\infty} \mathrm{Cov}[I(X_1 \leqslant \xi_p), I(X_j \leqslant \xi_p)] < \infty.$$

注 6.3.1 设置信水平为 $1-p$ 的 VaR 值定义为 $v_p = -\xi_p = -\inf\{x : F(x) \geqslant p\}$. 考虑 VaR 样本分位数估计 $Q_{n,p} = -X_{([np]+1)}$, 其中 $X_{(r)}$ 为样本 $X_1, \cdots, X_n$ 的第 r 个次序统计量. 易知, $Q_{n,p} = -\xi_{p,n}$, 即该 VaR 与分位数只相差一个负号. 由此, 根据定理 6.3.1 我们自然可以证明 VaR 估计的一致渐近正态性.

注 6.3.2   由文献 (陆传荣和林正炎, 1997) 知 ψ 混合 $\Rightarrow \varphi$ 混合 $\Rightarrow \beta$ 混合 (ρ 混合) $\Rightarrow \alpha$ 混合, 反之不成立. 从而本节在 ψ 混合序列下成立的结论在 φ 混合、ρ 混合、α 混合序列下也成立. 从而本节的结果是 Yang 等 (2012a, 2012b) 的一般化和推广.

6.3.2 辅助引理

引理 6.3.1   设 $\{X_n,\ n \geqslant 1\}$ 是一个二阶平稳且有相同分布函数的 ψ 混合序列, 满足 $EX_n = 0$, $|X_n| \leqslant d < \infty$, $n = 1, 2, \cdots$. 令 $\psi(n) = O(n^{-\lambda})$, $\lambda > 3$, $0 < \sigma^2 = \mathrm{Var}(X_1) + 2\sum_{j=2}^{\infty} \mathrm{Cov}(X_1, X_j) \leqslant d^2 + 2d^2 \sum_{j=1}^{\infty} \psi(j) < \infty$, 则有

$$\sup_{x \in \mathbb{R}} \left| P\left(\frac{\sum_{i=1}^{n} X_i}{\sqrt{n}\sigma} \leqslant x \right) - \Phi(x) \right| = O(n^{-\frac{1}{8}}).$$

证明   利用 Bernstein 分段法, 取

$$p_n = [n^{\frac{5}{8}}], \quad q_n = [n^{\frac{1}{4}}], \quad k = k_n = \left[\frac{n}{p_n + q_n} \right] = [n^{\frac{3}{8}}].$$

令 $H_{n,i} = \dfrac{X_i}{\sqrt{n}\sigma}$, 则 $|H_{n,i}| \leqslant \dfrac{C}{\sqrt{n}}$. 又记

$$L_{n,j} = \sum_{i=m_j+1}^{m_j+p_n} H_{n,j}, \quad L'_{n,j} = \sum_{i=n_j+1}^{n_j+q_n} H_{n,i}, \quad L'_{n,k+1} = \sum_{i=k(p_n+q_n)+1}^{n} H_{n,i},$$

其中

$$m_j = (j-1)(p_n + q_n), \quad n_j = jp_n + (j-1)q_n, \quad j = 1, 2, \cdots, k.$$

由此可记

$$S_n = \frac{\sum_{i=1}^{n} X_i}{\sqrt{n}\sigma} = \sum_{j=1}^{k} L_{n,j} + \sum_{j=1}^{k} L'_{n,j} + L'_{n,k+1} = S_{n,1} + S_{n,2} + S_{n,3}.$$

由引理 1.3.6 和引理 1.3.7, 类似于文献 (Yang et al., 2012, (2.10)), 计算可得

$$\mathrm{Var}(S_{n,2}) \leqslant C_1 \frac{q_n}{p_n} + \frac{C_2}{n} \sum_{l_1=1}^{n-p_n} \sum_{l_2=n-p_n+1}^{n} \psi(l_2 - l_1) = O(n^{-\frac{3}{8}}), \tag{6.3.1}$$

$$\text{Var}(S_{n,3}) \leqslant C \frac{n - k(p_n + q_n)}{n} \leqslant C \frac{p_n + q_n}{n} = O(n^{-\frac{3}{8}}). \qquad (6.3.2)$$

记

$$B_n^2 = \sum_{j=1}^{k} \text{Var}(L_{n,j}), \quad \Gamma_n = \sum_{1 \leqslant i < j \leqslant k} \text{Cov}(L_{n,i}, L_{n,j}).$$

由 Hölder 不等式、引理 1.3.6、引理 1.3.7, 得

$$|B_n^2 - 1| = \left| E(S_n - S_{n,2} - S_{n,3})^2 - 2\Gamma_n - 1 \right|$$

$$\leqslant \left| \frac{\text{Var}\left(\sum_{i=1}^{n} X_i \right)}{n\sigma^2} - 1 \right| + 2[E(S_n)^2]^{\frac{1}{2}} [E(S_{n,2})^2]^{\frac{1}{2}}$$

$$+ 2[E(S_n)^2]^{\frac{1}{2}} [E(S_{n,3})^2]^{\frac{1}{2}} + E(S_{n,2})^2 + E(S_{n,3})^2$$

$$+ 2[E(S_{n,2})^2]^{\frac{1}{2}} [E(S_{n,3})^2]^{\frac{1}{2}} + \frac{C}{n} \sum_{l_1=1}^{n-q_n} \sum_{l_2=n-q_n+1}^{n} \psi(l_2 - l_1)$$

$$= O(n^{-1}) + O(n^{-\frac{3}{16}}) + O(n^{-\frac{3}{8}}) + O(n^{-\frac{1}{2}}) = O(n^{-\frac{3}{16}}), \qquad (6.3.3)$$

其中

$$E(S_n)^2 = \text{Var}\left(\sum_{i=1}^{n} X_i \right) \bigg/ n\sigma^2 \leqslant Cn/n\sigma^2 \leqslant C.$$

而

$$\left| \text{Var}\left(\sum_{i=1}^{n} X_i \right) - n\sigma^2 \right| = \left| 2n \sum_{j=1}^{n-1} \left(1 - \frac{j}{n} \right) \text{Cov}(X_1, X_{1+j}) - 2n \sum_{j=1}^{\infty} \text{Cov}(X_1, X_{1+j}) \right|$$

$$= \left| 2 \sum_{j=1}^{n-i} j \text{Cov}(X_1, X_{1+j}) + 2n \sum_{j=n}^{\infty} \text{Cov}(X_1, X_{1+j}) \right|$$

$$\leqslant 2d^2 \sum_{j=1}^{\infty} j|\psi(j)| + 2d^2 n \sum_{j=n}^{\infty} |\psi(j)|$$

$$\leqslant 2d^2 \sum_{j=1}^{\infty} j^{-2} + 2d^2 n^{-1} \leqslant C.$$

假设 $\{M_{n,j}, 1 \leqslant j \leqslant k\}$ 是一个独立随机序列, 并且 $M_{n,j}$ 与 $L_{n,j}$ 有相同的分布函数. 令 $W_n = \sum_{j=1}^{k} M_{n,j}$ 有

$$\sup_{x \in \mathbb{R}} |P(S_{n,1} \leqslant x) - \Phi(x)| \leqslant \sup_{x \in \mathbb{R}} |P(S_{n,1} \leqslant x) - P(W_n \leqslant x)|$$

$$+ \sup_{x \in \mathbb{R}} \left| P(W_n \leqslant x) - \Phi\left(\frac{x}{B_n}\right) \right| + \sup_{x \in \mathbb{R}} \left| \Phi\left(\frac{x}{B_n}\right) \right.$$

$$\left. - \Phi(x) \right| = A_1 + A_2 + A_3. \tag{6.3.4}$$

由 (6.3.3) 式可知 $B_n^2 \to 1$, $n \to \infty$. 根据 Esseen 不等式、引理 1.3.8, 有

$$\sup_{x \in \mathbb{R}} \left| P\left(\frac{W_n}{B_n} \leqslant x\right) - \Phi(x) \right| \leqslant \frac{C}{(B_n^2)^{\frac{3}{2}}} \sum_{j=1}^{k} E|L_{n,j}|^3 \leqslant \frac{C}{n^{\frac{3}{2}}} \sum_{j=1}^{k} E \left| \sum_{i=m_j+1}^{m_j+p_n} X_i \right|^3$$

$$\leqslant \frac{C}{n^{\frac{3}{2}}} \sum_{j=1}^{k} \left[\sum_{i=m_j+1}^{m_j+p_n} E|X_i|^3 + \left(\sum_{i=m_j+1}^{m_j+p_n} EX_i^2 \right)^{\frac{3}{2}} \right]$$

$$= O(n^{-\frac{3}{16}}), \tag{6.3.5}$$

再由引理 1.3.10、性质 1.2.7 和 Berry-Esseen 不等式, 取 $T = n^{\frac{1}{8}}$, 可得

$$A_1 \leqslant \int_{-T}^{T} \left| \frac{E \exp(\mathrm{i}t \sum_{j=1}^{k} L_{n,j}) - \prod_{j=1}^{k} E \exp(\mathrm{i}t L_{n,j})}{t} \right| dt$$

$$+ T \sup_{x \in \mathbb{R}} \int_{|u| \leqslant C/T} |P(W_n \leqslant u + x) - P(W_n \leqslant x)| du$$

$$\leqslant C_1 n^{-\frac{1}{2}} \psi(q_n) k p_n T + T \int_{|u| \leqslant C/T} \left\{ \sup_{x \in \mathbb{R}} \left| P\left(\frac{W_n}{B_n} \leqslant \frac{u+x}{B_n}\right) - \Phi\left(\frac{u+x}{B_n}\right) \right| \right.$$

$$\left. + \sup_{x \in \mathbb{R}} \left| P\left(\frac{W_n}{B_n} \leqslant \frac{x}{B_n}\right) - \Phi\left(\frac{x}{B_n}\right) \right| + \sup_{x \in \mathbb{R}} \left| \Phi\left(\frac{u+x}{B_n}\right) - \Phi\left(\frac{x}{B_n}\right) \right| \right\} du$$

$$\leqslant C_1 n^{-\frac{1}{8}} + T \int_{|u| \leqslant C/T} (C_2 n^{-\frac{3}{16}} + C_3 |u|) du = O(n^{-\frac{1}{8}}). \tag{6.3.6}$$

由 (6.3.5) 式可得

$$A_2 = \sup_{x \in \mathbb{R}} \left| P\left(\frac{W_n}{B_n} \leqslant \frac{x}{B_n}\right) - \Phi\left(\frac{x}{B_n}\right) \right| = O(n^{-\frac{3}{16}}). \tag{6.3.7}$$

对于 A_3. 因为 $|B_n^2 - 1| = O(n^{-\frac{3}{16}})$, 所以当 $B_n > 1$ 时有

$$A_3 \leqslant (2\pi e)^{-\frac{1}{2}} (B_n - 1) \leqslant C(B_n - 1)(B_n + 1) = O(n^{-\frac{3}{16}});$$

当 $0 < B_n \leqslant 1$ 时有

$$A_3 \leqslant (2\pi e)^{-\frac{1}{2}} \left(\frac{1}{B_n} - 1 \right) \leqslant C \frac{1 - B_n^2}{B_n^2} = O(n^{-\frac{3}{16}}).$$

由此及 (6.3.4)、(6.3.6) 和 (6.3.7) 式可得

$$\sup_{x \in \mathbb{R}} |P(S_{n,1} \leqslant x) - \Phi(x)| = O(n^{-\frac{1}{8}}) + O(n^{-\frac{3}{16}}) = O(n^{-\frac{1}{8}}). \tag{6.3.8}$$

最后, 根据 (6.3.1)、(6.3.2) 和 (6.3.8) 式、引理 1.3.25 和 Chebyshev 不等式, 有

$$\begin{aligned}
\sup_{x \in \mathbb{R}} \left| P\left(\frac{\sum\limits_{i=1}^{n} X_i}{\sqrt{n}\sigma} \leqslant x \right) - \Phi(x) \right| &= \sup_{x \in \mathbb{R}} |P(S_{n,1} + S_{n,2} + S_{n,3} \leqslant x) - \Phi(x)| \\
&\leqslant C\big(n^{-\frac{1}{8}} + P(|S_{n,2}| \geqslant n^{-\frac{1}{8}}) \\
&\quad + P\big(|S_{n,3}| \geqslant n^{-\frac{1}{8}}\big)\big) = O(n^{-\frac{1}{8}}).
\end{aligned}$$

这样引理 6.31 得证.

6.3.3　定理的证明

定理 6.3.1 的证明　由于

$$\begin{aligned}
&\sup_{x \in \mathbb{R}} \left| P\left(\frac{n^{\frac{1}{2}}(\xi_{p,n} - \xi_p)}{\tilde{\sigma}(\xi_p)/f(\xi_p)} \leqslant x \right) - \Phi(x) \right| \\
&= \sup_{x > (\log n)^{\frac{1}{2}}} \left| P\left(\frac{n^{\frac{1}{2}}(\xi_{p,n} - \xi_p)}{\tilde{\sigma}(\xi_p)/f(\xi_p)} \leqslant x \right) - \Phi(x) \right| \\
&\quad + \sup_{x < -(\log n)^{\frac{1}{2}}} \left| P\left(\frac{n^{\frac{1}{2}}(\xi_{p,n} - \xi_p)}{\tilde{\sigma}(\xi_p)/f(\xi_p)} \leqslant x \right) - \Phi(x) \right| \\
&\quad + \sup_{|x| \leqslant (\log n)^{\frac{1}{2}}} \left| P\left(\frac{n^{\frac{1}{2}}(\xi_{p,n} - \xi_p)}{\tilde{\sigma}(\xi_p)/f(\xi_p)} \leqslant x \right) - \Phi(x) \right| \\
&=: D_1 + D_2 + D_3.
\end{aligned} \tag{6.3.9}$$

下面先考虑 D_1.

$$\begin{aligned}
D_1 &\leqslant \sup_{x > (\log n)^{\frac{1}{2}}} \left| P\left(n^{\frac{1}{2}}(\xi_{p,n} - \xi_p) > \frac{\tilde{\sigma}(\xi_p)}{f(\xi_p)} x \right) \right| + \sup_{x > (\log n)^{\frac{1}{2}}} |1 - \Phi(x)| \\
&\leqslant \left| P\left(n^{\frac{1}{2}}(\xi_{p,n} - \xi_p) > \frac{\tilde{\sigma}(\xi_p)}{f(\xi_p)} (\log n)^{\frac{1}{2}} \right) \right| + \left| \frac{1}{\sqrt{2\pi}(\log n)^{\frac{1}{2}}} e^{-\frac{\log n}{2}} \right|
\end{aligned}$$

$$= D_{11} + D_{12},$$

令

$$U_i = I\left(X_i > \xi_p + n^{-\frac{1}{2}}\frac{\tilde{\sigma}(\xi_p)}{f(\xi_p)}(\log n)^{\frac{1}{2}}\right), \quad \delta_1 = F\left(\xi_p + n^{-\frac{1}{2}}\frac{\tilde{\sigma}(\xi_p)}{f(\xi_p)}(\log n)^{\frac{1}{2}}\right) - p.$$

显然 $\{U_i - EU_i\}$ 是 ψ 混合序列且混合系数不变, 故由引理 1.3.9、性质 1.2.5 和性质 1.2.6, 可得

$$
\begin{aligned}
D_{11} &= \left| P\left(\xi_{p,n} > \xi_p + n^{-\frac{1}{2}}\frac{\tilde{\sigma}(\xi_p)}{f(\xi_p)}(\log n)^{\frac{1}{2}}\right) \right| \\
&= P\left(-p + F\left(\xi_p + n^{-\frac{1}{2}}\frac{\tilde{\sigma}(\xi_p)}{f(\xi_p)}(\log n)^{\frac{1}{2}}\right) \right. \\
&\quad < \left. F\left(\xi_p + n^{-\frac{1}{2}}\frac{\tilde{\sigma}(\xi_p)}{f(\xi_p)}(\log n)^{\frac{1}{2}}\right) - F_n\left(\xi_p + n^{-\frac{1}{2}}\frac{\tilde{\sigma}(\xi_p)}{f(\xi_p)}(\log n)^{\frac{1}{2}}\right)\right) \\
&= P\left(\sum_{i=1}^{n}(U_i - EU_i) > n\delta_1\right) \\
&\leqslant 2ec_1 \exp\left\{-\frac{(n\delta_1)^2}{2c_2(8n + 2n^{1+\beta}\delta_1)}\right\}.
\end{aligned}
$$

当 $\dfrac{1}{1+\lambda} < \beta < \dfrac{1}{2}$, $\lambda > 3$ 时,

$$c_1 = \exp\left\{2en^{1-\beta}\psi(m)\right\} \leqslant \exp\left\{2eCn^{1-\beta}n^{-\beta\lambda}\right\} \leqslant \exp\{2eC\} < \infty,$$

$$c_2 = 4\left[1 + 4\sum_{i=1}^{2m}\psi(i)\right] \leqslant 4\left[1 + 4\sum_{i=1}^{\infty}\psi(i)\right] \leqslant C < \infty.$$

易知

$$
\begin{aligned}
\delta_1 &= F(\xi_p) + \tilde{\sigma}(\xi_p)n^{-\frac{1}{2}}(\log n)^{\frac{1}{2}} + o\left(n^{-\frac{1}{2}}\frac{\tilde{\sigma}(\xi_p)}{f(\xi_p)}(\log n)^{\frac{1}{2}}\right) - p \\
&\geqslant \tilde{\sigma}(\xi_p)n^{-\frac{1}{2}}(\log n)^{\frac{1}{2}}.
\end{aligned}
$$

故 $n \to \infty$ 时 $n^{\beta}\delta_1 \to 0$, 从而有

$$D_{11} \leqslant 2ec_1 \exp\left\{-\frac{(\tilde{\sigma}(\xi_p)(\log n)^{\frac{1}{2}})^2}{16c_2}\right\} = O(n^{-1}), \quad D_{12} = O(n^{-\frac{1}{2}}),$$

进而得

$$D_1 = D_{11} + D_{12} = O(n^{-\frac{1}{2}}). \tag{6.3.10}$$

下面考虑 D_2, 似于 D_1 的处理方法有

$$
\begin{aligned}
D_2 &\leqslant \left| P\left(n^{\frac{1}{2}}(\xi_{p,n} - \xi_p) \leqslant -(\log n)^{\frac{1}{2}} \frac{\tilde{\sigma}(\xi_p)}{f(\xi_p)} \right) \right| + \left| \Phi\left(-(\log n)^{\frac{1}{2}} \right) \right| \\
&= \left| P\left(n^{\frac{1}{2}}(\xi_p - \xi_{p,n}) > (\log n)^{\frac{1}{2}} \frac{\tilde{\sigma}(\xi_p)}{f(\xi_p)} \right) \right| + \left| 1 - \Phi\left((\log n)^{\frac{1}{2}} \right) \right| \\
&= D_{21} + D_{22}.
\end{aligned}
$$

令

$$
V_i = I\left(X_i \leqslant \xi_p - \frac{\tilde{\sigma}(\xi_p)}{f(\xi_p)} n^{-\frac{1}{2}}(\log n)^{\frac{1}{2}} \right), \quad \delta_2 = p - F\left(\xi_p - \frac{\tilde{\sigma}(\xi_p)}{f(\xi_p)} n^{-\frac{1}{2}}(\log n)^{\frac{1}{2}} \right).
$$

显然 $\{V_i - EV_i\}$ 是 ψ 混合序列且混合系数不变, 由引理 1.3.9、性质 1.2.5 和性质 1.2.6, 可得

$$
\begin{aligned}
D_{21} &= P\left(p \leqslant F_n\left(\xi_p - \frac{\tilde{\sigma}(\xi_p)}{f(\xi_p)} n^{-\frac{1}{2}}(\log n)^{\frac{1}{2}} \right) \right) \\
&= P\left(p - F\left(\xi_p - \frac{\tilde{\sigma}(\xi_p)}{f(\xi_p)} n^{-\frac{1}{2}}(\log n)^{\frac{1}{2}} \right) \right. \\
&\qquad \left. \leqslant F_n\left(\xi_p - \frac{\tilde{\sigma}(\xi_p)}{f(\xi_p)} n^{-\frac{1}{2}}(\log n)^{\frac{1}{2}} \right) - F\left(\xi_p - \frac{\tilde{\sigma}(\xi_p)}{f(\xi_p)} n^{-\frac{1}{2}}(\log n)^{\frac{1}{2}} \right) \right) \\
&= P\left(\sum_{i=1}^n (V_i - EV_i) > n\delta_2 \right) \\
&\leqslant 2ec_1 \exp\left\{ -\frac{(n\delta_2)^2}{2c_2(8n + 2n^{1+\beta}\delta_2)} \right\},
\end{aligned}
$$

而 c_1, c_2, δ_2 的处理方法与 D_1 中类似, 从而由 $n^\beta \delta_2 \to 0$, 可得

$$
D_{21} \leqslant 2ec_1 \exp\left\{ -\frac{(\tilde{\sigma}(\xi_p)(\log n)^{\frac{1}{2}})^2}{16c_2} \right\} = O(n^{-1}), \quad D_{22} = O(n^{-\frac{1}{2}}).
$$

由此得

$$D_2 = D_{21} + D_{22} = O(n^{-\frac{1}{2}}). \tag{6.3.11}$$

考虑 D_3. 令

$$
Q_i = I\left(X_i \leqslant \xi_p + \frac{\tilde{\sigma}(\xi_p)}{f(\xi_p)} n^{-\frac{1}{2}} x \right), \quad \delta_3 = F\left(\xi_p + \frac{\tilde{\sigma}(\xi_p)}{f(\xi_p)} n^{-\frac{1}{2}} x \right) - p,
$$

$$\sigma^2(\xi_p) = \mathrm{Var}(Q_1 - EQ_1) + 2\sum_{j=2}^{\infty} \mathrm{Cov}(Q_1 - EQ_1, Q_j - EQ_j) < \infty.$$

显然 $\{Q_i - EQ_i\}$ 是 ψ 混合序列且混合系数不变, 由性质 1.2.5 和性质 1.2.6 可得

$$D_3 = \sup_{|x| \leqslant (\log n)^{\frac{1}{2}}} \left| P\left(\frac{n^{\frac{1}{2}}(\xi_{p,n} - \xi_p)}{\tilde{\sigma}(\xi_p)/f(\xi_p)} \leqslant x \right) - \Phi(x) \right|$$

$$= \sup_{|x| \leqslant (\log n)^{\frac{1}{2}}} \left| P\left(p - F\left(\xi_p + \frac{\tilde{\sigma}(\xi_p)}{f(\xi_p)} n^{-\frac{1}{2}} x \right) \right. \right.$$

$$\leqslant F_n\left(\xi_p + \frac{\tilde{\sigma}(\xi_p)}{f(\xi_p)} n^{-\frac{1}{2}} x \right) - F\left(\xi_p + \frac{\tilde{\sigma}(\xi_p)}{f(\xi_p)} n^{-\frac{1}{2}} x \right) \right) - \Phi(x) \Bigg|$$

$$= \sup_{|x| \leqslant (\log n)^{\frac{1}{2}}} \left| \Phi(x) - P\left(\sum_{i=1}^{n}(Q_i - EQ_i) \geqslant -n\delta_3 \right) \right|$$

$$\leqslant \sup_{|x| \leqslant (\log n)^{\frac{1}{2}}} \left| P\left(\frac{\sum_{i=1}^{n}(Q_i - EQ_i)}{\sqrt{n}\sigma(\xi_p)} < -\frac{n\delta_3}{\sqrt{n}\sigma(\xi_p)} \right) - \Phi\left(-\frac{n\delta_3}{\sqrt{n}\sigma(\xi_p)} \right) \right|$$

$$+ \sup_{|x| \leqslant (\log n)^{\frac{1}{2}}} \left| \Phi(x) - \Phi\left(\frac{n\delta_3}{\sqrt{n}\sigma(\xi_p)} \right) \right|$$

$$= D_{31} + D_{32}.$$

而由引理 6.3.1 可得

$$D_{31} = O(n^{-\frac{1}{8}}).$$

类似文献 (Yang W Z et al., 2012) 中 (3.7) 式的证明, 可得

$$\left| \tilde{\sigma}^2(\xi_p) - \sigma^2(\xi_p) \right| = O\left(n^{-\frac{1}{4}}(\log n)^{\frac{1}{2}} \right).$$

故

$$D_{32} = \sup_{|x| \leqslant (\log n)^{\frac{1}{2}}} \left| \Phi\left(\frac{\tilde{\sigma}(\xi_p)}{\sigma(\xi_p)} x \right) - \Phi(x) \right| \leqslant \left| \frac{\tilde{\sigma}(\xi_p)}{\sigma(\xi_p)} - 1 \right| (\log n)^{\frac{1}{2}} = O\left(n^{-\frac{1}{4}}(\log n) \right).$$

从而

$$D_3 = D_{31} + D_{32} = O(n^{-\frac{1}{8}}). \tag{6.3.12}$$

最后, 由 (6.3.9)—(6.3.12) 式可得

$$\sup_{x \in \mathbb{R}} \left| P\left(\frac{n^{\frac{1}{2}}(\xi_{p,n} - \xi_p)}{\tilde{\sigma}(\xi_p)/f(\xi_p)} \leqslant x \right) - \Phi(x) \right| = D_1 + D_2 + D_3 = O\big(n^{-\frac{1}{8}}\big).$$

定理 6.3.1 证明完毕.

6.4 ψ 混合样本条件风险价值估计的 Berry-Esseen 界

6.4.1 假设条件和辅助引理

设 F 和 G 是定义在实值 $\mathbb{R}^2$ 上的两个分布函数, 其特征函数分别是 f 和 g, 令

$$U_1 = \sup\left\{ \frac{\partial G(x,y)}{\partial x};\ x, y \in \mathbb{R} \right\}, \quad U_2 = \sup\left\{ \frac{\partial G(x,y)}{\partial y};\ x, y \in \mathbb{R} \right\},$$

$$\widehat{f}(s,t) = f(s,t) - f(s,0)f(0,t), \quad \widehat{g}(s,t) = g(s,t) - g(s,0)g(0,t).$$

引理 6.4.1 (Sadikova, 1966) 对于任意 $T > 0$,

$$\sup_{x,y \in \mathbb{R}} \left\{ |F(x,y) - G(x,y)| \right\} \leqslant \frac{2}{(2\pi)^2} \int_{-T}^{T} \int_{-T}^{T} \left| \frac{\widehat{f}(s,t) - \widehat{g}(s,t)}{st} \right| ds\, dt$$

$$+ 2\sup_{x \in \mathbb{R}} |F(x,\infty) - G(x,\infty)| + 2\sup_{y \in \mathbb{R}} |F(\infty,y)$$

$$- G(\infty,y)| + \frac{2(U_1 + U_2)}{T}(3\sqrt{2} + 4\sqrt{3}). \quad (6.4.1)$$

设 $\xi = (\xi_1, \cdots, \xi_k)$ 和 $\xi' = (\xi_1', \cdots, \xi_k')$ 是两个 k 维的随机向量, 各自具有特征函数 ϑ_ξ 和 $\vartheta_{\xi'}$. Roussas (2001) 对于 ξ 和 ξ' 的概率密度函数, 在如下条件下推导了一类 (6.4.1) 不等式:

(C1) 概率密度函数 f_ξ 和 $f_{\xi'}$ 是有界且满足一阶 Lipschitz 条件, 即对 $\mathbf{x} \in \mathbb{R}^k$ 和某个有限的正常数 C, 使得

$$|f_\xi(\mathbf{x} + \mathbf{u}) - f_\xi(\mathbf{x})| \leqslant C \sum_{j=1}^{k} |u_j|, \quad |f_{\xi'}(\mathbf{x} + \mathbf{u}) - f_{\xi'}(\mathbf{x})| \leqslant C \sum_{j=1}^{k} |u_j|.$$

此外, 特征函数 ϑ_ξ 和 $\vartheta_{\xi'}$ 是绝对可积的.

引理 6.4.2 (Roussas, 2001) 假设条件 (C1) 成立. 对任意的 $T_j > 0$, $j = 1, \cdots, k$, 如果存在一个绝对常数 C, 那么

$$\sup_{\mathbf{x} \in \mathbb{R}^k} \left\{ |f_\xi(\mathbf{x}) - f_{\xi'}(\mathbf{x})| \right\}$$

$$\leqslant \frac{1}{(2\pi)^k}\int_{-T_k}^{T_k}\cdots\int_{-T_1}^{T_1}|\vartheta_\xi(\mathbf{t})-\vartheta_{\xi'}(\mathbf{t})|d\mathbf{t}+4C\sqrt{3}\sum_{j=1}^k\frac{1}{T_j}. \tag{6.4.2}$$

进一步, 如果 $\xi_1,\cdots,\xi_k$ 是相协的随机变量, $\xi_1',\cdots,\xi_k'$ 是独立的随机变量, 且 ξ_j' 的分布与 ξ_j 相同, 则有

$$\sup_{x_j\in\mathbb{R},j=1,\cdots,k}\{|f_{\xi_1,\cdots,\xi_k}(x_1,\cdots,x_k)-f_{\xi_1}(x_1)\cdots f_{\xi_k}(x_k)|\}$$

$$\leqslant\frac{1}{4\pi^k}\sum_{1\leqslant i<j\leqslant k}(T_i^2T_j^2)\left(\prod_{l\neq i,j}T_l\right)\times|\mathrm{Cov}(\xi_i,\xi_j)|+4C\sqrt{3}\sum_{j=1}^k\frac{1}{T_j}. \tag{6.4.3}$$

实际上, 假设 $\mathrm{Cov}(\xi_1,\xi_2)\neq 0$, 当 $k=2$ 时, 很容易得到

$$\sup_{x_1,x_2\in\mathbb{R}}\{|f_{\xi_1,\xi_2}(x_1,x_2)-f_{\xi_1}(x_1)f_{\xi_2}(x_2)|\}\leqslant\left(\frac{1}{4\pi^2}+8C\sqrt{3}\right)|\mathrm{Cov}(\xi_1,\xi_2)|^{1/5}.$$
$$\tag{6.4.4}$$

事实上, 不等式 (6.4.1)—(6.4.4) 可以用来基于中心极限定理处理分布函数和密度函数的逼近.

本节对 ψ 混合随机向量特征函数差绝对值的上限值的一些不等式进行了研究. 作为它的应用, 在 ψ 混合序列下建立了条件风险价值估计的 Berry-Esseen 型界.

6.4.2　密度函数的 Esseen-型不等式

在建立 ψ 混合随机变量下密度函数的 Esseen-型不等式之前, 我们将介绍以下特征函数的不等式.

定理 6.4.1　设 $\{\xi_i,1\leqslant i\leqslant k\}$ 是 ψ 混合随机序列, 则存在常数 C, 使得

$$|\vartheta_{\xi_1,\cdots,\xi_k}(t_1,\cdots,t_k)-\vartheta_{\xi_1}(t_1)\cdots\vartheta_{\xi_k}(t_k)|\leqslant C\psi(1)\sum_{i=1}^k|t_i|E|\xi_i|. \tag{6.4.5}$$

此外, 对 ξ_i, ξ_j, $j>i$, 不等式 (6.4.5) 为

$$|\vartheta_{\xi_i,\xi_j}(t_i,t_j)-\vartheta_{\xi_i}(t_i)\vartheta_{\xi_j}(t_j)|\leqslant C\psi(j-i)\sum_{l=i,j}|t_l|\cdot E|\xi_l|. \tag{6.4.6}$$

推论 6.4.1　设 $\{\xi_i,i\geqslant 1\}$ 是 ψ 混合随机序列, p 和 q 是两个正整数. 记 $\eta_l:=\sum_{i=(l-1)(p+q)+1}^{(l-1)(p+q)+p}\xi_i$, $1\leqslant l\leqslant k$, 则存在一个常量 C, 使得

$$|\vartheta_{\eta_1,\cdots,\eta_k}(t,\cdots,t)-\vartheta_{\eta_1}(t)\cdots\vartheta_{\eta_k}(t)|\leqslant C|t|\psi(q)\sum_{l=1}^k E|\eta_l|.$$

下面, 为了给出密度函数的 Esseen-型不等式, 我们给出如下条件:

(C2) 设 $\xi = (\xi_1, \cdots, \xi_k)$ 和 $\xi' = (\xi'_1, \cdots, \xi'_k)$ 是两个 k 维的随机向量, 其中, $\xi_1, \cdots, \xi_k$ 是 ψ 混合随机变量, $\xi'_1, \cdots, \xi'_k$ 是独立的随机变量, 且 ξ'_j 和 ξ_j 分布相同.

由条件 (C2) 容易得到

$$f_{\xi'_1,\cdots,\xi'_k}(x_1, \cdots, x_k) = f_{\xi_1}(x_1) \cdots f_{\xi_k}(x_k),$$

$$\vartheta_{\xi'_1,\cdots,\xi'_k}(x_1, \cdots, x_k) = \vartheta_{\xi}(x_1) \cdots \vartheta_{\xi_k}(x_k).$$

定理 6.4.2 假设条件 (C1) 和 (C2) 成立, 则对任意的 $T_j > 0, j = 1, \cdots, k$, 有

$$\sup_{x_j \in \mathbb{R}, j=1,\cdots,k} \left\{ \left| f_{\xi_1,\cdots,\xi_k}(x_1, \cdots, x_k) - f_{\xi_1}(x_1) \cdots f_{\xi_k}(x_k) \right| \right\}$$

$$\leqslant \frac{1}{2\pi^k} \psi(1) \sum_{i=1}^{k} T_i^2 \left(\prod_{l \neq i} T_l \right) E|\xi_i| + 4C\sqrt{3} \sum_{j=1}^{k} \frac{1}{T_j}.$$

推论 6.4.2 假设条件 (C1) 和 (C2) 成立. 如果 $\psi(|j - i|) \neq 0$, 则有

$$\sup_{x_i, x_j \in \mathbb{R}} \left\{ \left| f_{\xi_i,\xi_j}(x_i, x_j) - f_{\xi_i}(x_i) f_{\xi_j}(x_j) \right| \right\} \leqslant \left(\frac{1}{2\pi^2} \sum_{l=i,j} E|\xi_l| + 8C\sqrt{3} \right) \psi^{\frac{1}{4}}(|j - i|).$$

为了证明本节的主要结果, 需要下面的重要引理.

引理 6.4.3 (Xing et al., 2015) 设 ξ 和 η 分别是 $\mathscr{F}_1^k$-可测和 $\mathscr{F}_{k+n}^\infty$-可测的随机变量, 使得 $E|\xi| < \infty$, $P(|\eta| > C) = 0$. 则在 ψ 混合下,

$$|E(\xi\eta) - (E\xi)(E\eta)| \leqslant C\psi(n)E|\xi|.$$

下面, 我们将给出定理的证明.

定理 6.4.1 的证明 由于不等式 (6.4.6) 的证明与不等式 (6.4.5) 的证明类似, 所以我们只需要证明不等式 (6.4.5). 记

$$T_0 := \left| \vartheta_{\xi_1,\cdots,\xi_k}(t_1, \cdots, t_k) - \vartheta_{\xi_1}(t_1) \cdots \vartheta_{\xi_k}(t_k) \right|$$

$$= \left| \vartheta_{\xi_1,\cdots,\xi_k}(t_1, \cdots, t_k) - \vartheta_{\xi_1,\cdots,\xi_{k-1}}(t_1, \cdots, t_{k-1}) \cdot \vartheta_{\xi_k}(t_k) \right|$$

$$+ \left| \vartheta_{\xi_1,\cdots,\xi_{k-1}}(t_1, \cdots, t_{k-1}) - \vartheta_{\xi_1}(t_1) \cdots \vartheta_{\xi_{k-1}}(t_{k-1}) \right|$$

$$= T_1 + T_2. \tag{6.4.7}$$

因为 $e^{\mathrm{i}x} = \cos x + \mathrm{i}\sin x$, $\sin(x+y) = \sin x \cos y + \cos x \sin y$, $\cos(x+y) = \cos x \cos y - \sin x \sin y$, 所以可以得到

$$
\begin{aligned}
T_1 &= \left| E \exp\left(\mathrm{i}\sum_{l=1}^{k} t_l \xi_l \right) - E \exp\left(\mathrm{i}\sum_{l=1}^{k-1} t_l \xi_l \right) E \exp(\mathrm{i}t\xi_k) \right| \\
&\leqslant \left| \mathrm{Cov}\left(\cos\left(\sum_{l=1}^{k-1} t_l \xi_l \right), \cos(t_k\xi_k) \right) \right| + \left| \mathrm{Cov}\left(\sin\left(\sum_{l=1}^{k-1} t_l \xi_l \right), \sin(t_k\xi_k) \right) \right| \\
&\quad + \left| \mathrm{Cov}\left(\sin\left(\sum_{l=1}^{k-1} t_l \xi_l \right), \cos(t_k\xi_k) \right) \right| + \left| \mathrm{Cov}\left(\cos\left(\sum_{l=1}^{k-1} t_l \xi_l \right), \sin(t_k\xi_k) \right) \right| \\
&=: T_{11} + T_{12} + T_{13} + T_{14}.
\end{aligned}
\tag{6.4.8}
$$

再由引理 6.4.3 及 $|\sin x| \leqslant |x|$ 可得

$$
T_{12} \leqslant C\psi(1)E|\sin(t_k\xi_k)| \leqslant C\psi(1)|t_k| \cdot E|\xi_k|, \quad T_{14} \leqslant C\psi(1)|t_k| \cdot E|\eta_k|. \tag{6.4.9}
$$

注意到 $\cos 2x = 1 - 2\sin^2 x$, 易证得

$$
\begin{aligned}
T_{11} &= \left| \mathrm{Cov}\left(\cos\left(\sum_{l=1}^{k-1} t_l \xi_l \right), 1 - 2\sin^2(t_k\xi_k/2) \right) \right| \\
&= 2\left| \mathrm{Cov}\left(\cos\left(\sum_{l=1}^{k-1} t_l \xi_l \right), \sin^2(t_k\xi_k/2) \right) \right| \\
&\leqslant C\psi(1)E|\sin^2(t_k\xi_k/2)| \\
&\leqslant C\psi(1)E|\sin(t_k\xi_k/2)| \leqslant C\psi(1)|t_k|E|\xi_k|.
\end{aligned}
\tag{6.4.10}
$$

类似地, 可以得到

$$
T_{13} \leqslant C\psi(1)|t_k|E|\xi_k|. \tag{6.4.11}
$$

由此, 联合 (6.4.8)—(6.4.11) 式, 可得

$$
T_1 \leqslant C\psi(1)|t_k|E|\xi_k|. \tag{6.4.12}
$$

因此, 由 (6.4.7)—(6.4.12) 式, 我们得出

$$
T_0 = |\vartheta_{\xi_1,\cdots,\xi_k}(t_1,\cdots,t_k) - \vartheta_{\xi_1}(t_1)\cdots\vartheta_{\xi_k}(t_k)| \leqslant C\psi(1)|t_k|E|\xi_k| + T_2. \tag{6.4.13}
$$

对于 (6.4.13) 式中的 T_2, 我们也使用 (6.4.7) 式中相同的分解, 可得

$$
T_2 = |\vartheta_{\xi_1,\cdots,\xi_{k-1}}(t_1,\cdots,t_{k-1}) - \vartheta_{\xi_1}(t_1)\cdots\vartheta_{\xi_{k-1}}(t_{k-1})|
$$

$$= \left|\vartheta_{\xi_1,\cdots,\xi_{k-1}}(t_1,\cdots,t_{k-1}) - \vartheta_{\xi_1,\cdots,\xi_{k-2}}(t_1,\cdots,t_{k-2}) \cdot \vartheta_{\xi_{k-1}}(t_{k-1})\right|$$

$$+ \left|\vartheta_{\xi_1,\cdots,\xi_{k-2}}(t_1,\cdots,t_{k-2}) - \vartheta_{\xi_1}(t_1)\cdots\vartheta_{\xi_{k-2}}(t_{k-2})\right|$$

$$= T_{21} + T_{22}. \tag{6.4.14}$$

进一步, 类似于 T_1 的计算, 得到

$$T_{21} \leqslant C\psi(1)|t_{k-1}| \cdot E|\xi_{k-1}|.$$

因此

$$T_2 \leqslant C\psi(1)|t_{k-1}| \cdot E|\xi_{k-1}| + T_{22}. \tag{6.4.15}$$

这样, 由 (6.4.13)—(6.4.15) 式并重复上述过程, 可以得到定理 6.4.1 的证明.

推论 6.4.1 的证明 推论 6.4.1 的证明与定理 6.4.1 的证明类似, 故此处省略.

定理 6.4.2 的证明 由引理 6.4.2, 可得

$$\sup_{x_j\in\mathbb{R},j=1,\cdots,k}\left\{|f_{\xi_1,\cdots,\xi_k}(x_1,\cdots,x_k) - f_{\xi_1}(x_1)\cdots f_{\xi_k}(x_k)|\right\}$$

$$\leqslant \frac{1}{(2\pi)^k}\int_{-T_k}^{T_k}\cdots\int_{-T_1}^{T_1}|\vartheta_{\xi_1,\cdots,\xi_k}(t_1,\cdots,t_k) - \vartheta_{\xi_1}(t_1)\cdots\vartheta_{\xi_k}(t_k)|dt_1\cdots dt_k$$

$$+ 4C\sqrt{3}\sum_{j=1}^{k}\frac{1}{T_j}. \tag{6.4.16}$$

因此, 用式 (6.4.5) 通过简单的计算, 就可以得到定理的证明.

推论 6.4.2 的证明 由表达式 (6.4.16) 和 (6.4.6), 有

$$\sup_{x_i,x_j\in\mathbb{R}}\left\{\left|f_{\xi_i,\xi_j}(x_i,x_j) - f_{\xi_i}(x_i)f_{\xi_j}(x_j)\right|\right\}$$

$$\leqslant \frac{T_iT_j}{2\pi^2}\psi(|j-i|)\sum_{l=i,j}T_lE|\xi_l| + 4C\sqrt{3}\sum_{l=i,j}\frac{1}{T_l}.$$

取 $T_i = T_j = T$, 则

$$\sup_{x_i,x_j\in\mathbb{R}}\left\{|f_{\xi_i,\xi_j}(x_i,x_j) - f_{\xi_i}(x_i)f_{\xi_j}(x_j)|\right\} \leqslant \frac{T^3}{2\pi^2}\psi(|j-i|)\sum_{l=i,j}E|\xi_l| + \frac{8C\sqrt{3}}{T}.$$

取 $T = (\psi(|j-i|))^{-1/4}$, 可得

$$\sup_{x_i,x_j\in\mathbb{R}}\left\{\left|f_{\xi_i,\xi_j}(x_i,x_j) - f_{\xi_i}(x_i)f_{\xi_j}(x_j)\right|\right\} \leqslant \left(\frac{1}{2\pi^2}\sum_{l=i,j}E|\xi_l| + 8C\sqrt{3}\right)(\psi(|j-i|))^{1/4}.$$

推论 6.4.2 的证明完毕.

6.4.3　条件风险价值估计的 Berry-Esseen 界

设 X 是一个随机成本变量, 令 $F(u) = P(X \leqslant u)$. 假设 $F^{-1}(v)$ 是右连续逆, 即 $F^{-1}(v) = \inf\{u : F(u) \geqslant v\}$. 对固定的 β, 定义风险价值 VaR_β 作为 β 分位数, 即

$$\mathrm{VaR}_\beta(X) = F^{-1}(\beta).$$

VaR 是巴塞尔协议要求金融机构对金融风险进行刻画和管理的一种风险度量. 尽管 VaR 是一种非常流行的风险度量, 但它不是一种一致性风险度量, 而是具有不良数学特征的, 如缺乏次可加性和凸性. 此外, 当从计算 VaR 时很难进行优化.

为了弥补 VaR 的不足, 一些学者提出用条件风险价值 (conditional value-at-risk, CVaR) 作为一种一致性风险度量来替代 VaR. 作为一种一致性风险度量, CVaR 在金融风险管理中越来越受欢迎. 对风险的测量, CVaR 被证明了比 VaR 具有更好的性质. 定义 CVaR_β 如下

$$\mathrm{CVaR}_\beta(X) = E(X | X \geqslant \mathrm{VaR}_\beta(X)),$$

即 CVaR_β 被认为是有条件的预期损失、超过 VaR_β 部分的水平. Pflug (2000) 提出 CVaR_β 可以看作一个优化问题的解, 即

$$\mathrm{CVaR}_\beta(X) = \inf_{x \in \mathbb{R}} \left\{ x + \frac{1}{1-\beta} E[X - x]^+ \right\},$$

其中 $[a]^+ := \max\{0, a\}$ 为 a 的正数部分, $a \in \mathbb{R}$.

CVaR 模型作为一种金融风险度量被国际金融界广泛支持和接受, 其优化形式被认为是一种优化的确定性等价风险度量. 因此, CVaR 越来越受到管理者和学者的重视. 学者们还得出, CVaR 作为一种连贯的风险测度有以下几个特点: 转移-等变, 凸性, 正齐次, 等等. 关于细节, 可以参考 (Artzner et al., 1997) 等.

令

$$h_\beta(X, x) = x + \frac{1}{1-\beta}[X - x]^+, \quad \theta^* = \mathrm{CVaR}_\beta(X),$$

则

$$\mathrm{CVaR}_\beta(X) = \inf_{x \in \mathbb{R}} E h_\beta(X, x).$$

假设样本 $X_1, \cdots, X_n$ 是随机变量 X 的 n 个观察值, 则 θ^* 的估计为

$$\widehat{\theta}_n := \inf_{x \in \mathbb{R}} n^{-1} \sum_{i=1}^n h_\beta(X_i, x).$$

对 $\forall\, x \in \mathbb{R}$, 记

$$\widehat{\theta}_n(x) := n^{-1} \sum_{i=1}^{n} h_\beta(X_i, x) := n^{-1} \sum_{i=1}^{n} Z_i(x).$$

下面考虑 CVaR 估计在 ψ 混合序列下的 Berry-Esseen 界.

现在我们给出定理中所陈述的应用的一组条件:

(C3)　$\{X_i, i \geqslant 1\}$ 是同分布的 ψ 混合序列, 且 $E|X_i|^{2+\delta} < \infty, 0 < \delta \leqslant 1$, 则对某一 $\lambda > 0$, 有 $\psi(n) = O(n^{-\lambda})$;

(C4)　记 $u(n) := \sum_{i=n}^{\infty} \psi(i)$, $u(1) = \sum_{i=1}^{\infty} \psi(i) < \infty$, 且对 $\forall\, x \in \mathbb{R}$, $\sigma_n^2(x) := \mathrm{Var}\big(\widehat{\theta}_n(x)\big)$, $\sigma^2(x) := \lim\limits_{n \to \infty} n\sigma_n^2(x) > 0$, $E(Z_i(x)) > 0$;

(C5)　存在正整数 $p := p(n)$, $q := q(n)$ 使得 $p + q \leqslant n$, $\gamma_{1n} = qp^{-1} \to 0$, $\gamma_{2n} = pn^{-1} \to 0$, $\gamma_{3n} = n^{1/2}\psi(q) \to 0$.

为了方便起见, 我们记

$$S_n(x) := \sigma_n^{-1}(x)\left\{\widehat{\theta}_n(x) - E\widehat{\theta}_n(x)\right\},$$

$$Y_i := \sigma_n^{-1}(x)n^{-1}\{Z_i(x) - EZ_i(x)\}, \quad i = 1, 2, \cdots, n.$$

从而 $S_n(x) = \sum_{i=1}^{n} Y_i$. 用 Bernstein 的大小块分化方法, 则 $S_n(x)$ 可拆分为

$$S_n(x) = \sum_{m=1}^{k} y_{nm} + \sum_{m=1}^{k} y'_{nm} + y'_{nk+1} = S'_n(x) + S''_n(x) + S'''_n(x),$$

其中

$$y_{nm} = \sum_{i=k_m}^{k_m+p-1} Y_i, \quad y'_{nm} = \sum_{i=l_m}^{l_m+q-1} Y_i, \quad y'_{nk+1} = \sum_{i=k(p+q)+1}^{n} Y_i,$$

$k = [n/(p+q)]$, $k_m = (m-1)(p+q)+1$, $l_m = (m-1)(p+q)+p+1$, $m = 1, \cdots, k$.

推论 6.4.1 的应用如下:

定理 6.4.3　假设条件 (C3)—(C5) 成立. 则 $\forall\, x \in \mathbb{R}$, 有

$$\sup_u \big|P\big(S_n(x) \leqslant u\big) - \Phi(u)\big| \leqslant C\big(\gamma_{1n}^{1/3} + \gamma_{2n}^{1/3} + \gamma_{2n}^{\delta/2} + \gamma_{3n}^{1/2} + u(q)\big).$$

推论 6.4.3　在定理 6.4.3 的条件下, 令 $\delta = 2/3$, $\psi(n) = O(n^{-\lambda})$, $\lambda > 9/8$. 则 $\forall\, x \in \mathbb{R}$, 有

$$\sup_u \big|P\big(S_n(x) \leqslant u\big) - \Phi(u)\big| = O\big(n^{-\frac{2\lambda-1}{12\lambda+4}}\big).$$

注 6.4.1　至于推论 6.4.3, 对于任何 $\lambda > 9/8$, 易得 $\dfrac{2\lambda - 1}{12\lambda + 4}$ 是关于 λ 单调递增的函数. 因此, 对于足够大的 λ, 有 $\dfrac{2\lambda - 1}{12\lambda + 4} \to \dfrac{1}{6}$. 因此, CVaR 估计量 $\widehat{\theta}_n(x)$ 的 Berry-Esseen 界的阶接近于 $O\left(n^{-1/6}\right)$.

为了证明定理 6.4.3, 需要下列引理.

引理 6.4.4　假设条件 (C3) 和 (C4) 成立. 则 $\forall\, x \in \mathbb{R}$, $\sigma^2(x) < \infty$, 有

$$\sigma_n^2(x) = O(n^{-1}).$$

证明　由引理 1.3.6 可得

$$\left| n\sigma_n^2(x) \right| = \left| n^{-1}\left\{ \sum_{i=1}^n \mathrm{Var}(Z_i(x)) + 2 \sum_{1 \leqslant i < j \leqslant n} \mathrm{Cov}(Z_i(x), Z_j(x)) \right\} \right|$$

$$\leqslant \mathrm{Var}(Z_1(x)) + 2n^{-1} \sum_{i=1}^{n-1} \sum_{j=1}^{n-i} \left| \mathrm{Cov}\Big(Z_j(x), Z_{j+i}(x) \Big) \right|$$

$$\leqslant \mathrm{Var}(Z_1(x)) + 2n^{-1} E(Z_1(x)) \sum_{i=1}^{n-1} \sum_{j=1}^{n-i} \psi(i)$$

$$= \mathrm{Var}(Z_1(x)) + 2 E(Z_1(x)) \sum_{i=1}^{n-1} \frac{n-i}{n} \psi(i)$$

$$\leqslant \mathrm{Var}(Z_1(x)) + 2 E(Z_1(x)) \sum_{i=1}^{n-1} \psi(i).$$

又由条件 (C4) 可得 $\lim\limits_{n \to \infty} \sum_{i=1}^{n-1} \psi(i) = u(1) < \infty$, 因此

$$\sigma^2(x) = \lim_{n \to \infty} n\sigma_n^2(x) \leqslant C.$$

从而, $\forall\, x \in \mathbb{R}$, 可得

$$\sigma^2(x) < \infty, \quad \sigma_n^2(x) = O(n^{-1}).$$

引理 6.4.5　假设条件 (C3)—(C5) 成立, 则有

$$E(S_n''(x))^2 \leqslant C\gamma_{1n}, \quad E(S_n'''(x))^2 \leqslant C\gamma_{2n}, \tag{6.4.17}$$

$$P\left(|S_n''(x)| \geqslant \gamma_{1n}^{1/3} \right) \leqslant C\gamma_{1n}^{1/3}, \quad P\left(|S_n'''(x)| \geqslant \gamma_{2n}^{1/3} \right) \leqslant C\gamma_{2n}^{1/3}. \tag{6.4.18}$$

证明 由条件 (C3) 和 (C4)、引理 1.3.4 和引理 6.4.4, 可得

$$E(S_n''(x))^2 \leqslant C \sum_{m=1}^{k} \sum_{i=l_m}^{l_m+q-1} \sigma_n^{-2}(x)n^{-2} \leqslant Ckqn^{-1} \leqslant Cqp^{-1} = C\gamma_{1n},$$

$$E(S_n'''(x))^2 \leqslant C \sum_{i=k(p+q)+1}^{n} \sigma_n^{-2}(x)n^{-2} \leqslant C(n-k(p+q))n^{-1} \leqslant Cpn^{-1} = C\gamma_{2n}.$$

此外, 由 Markov 不等式和 (6.4.17) 式立即导出 (6.4.18) 式.

引理 6.4.6 假设条件 (C3)—(C5) 成立, 记 $s_n^2 = \sum_{m=1}^{k} \text{Var}(y_{nm})$. 则

$$\left| s_n^2 - 1 \right| \leqslant C \left(\gamma_{1n}^{1/2} + \gamma_{2n}^{1/2} + u(q) \right).$$

证明 记 $\Gamma_n = \sum_{1 \leqslant i < j \leqslant k} \text{Cov}(y_{ni}, y_{nj})$, 则 $s_n^2 = E(S_{1n}'(x))^2 - 2\Gamma_n$. 由 $E(S_n(x))^2 = \text{Var}(S_n(x)) = 1$ 和 (6.4.17) 式, 可得

$$E(S_n'(x))^2 = E[S_n(x) - (S_n''(x) + S_n'''(x))]^2$$
$$= 1 - 2E[S_n(x)(S_n''(x) + S_n'''(x))] + E[S_n''(x) + S_n'''(x)]^2,$$

再由 C_r-不等式和 Cauchy-Schwarz 不等式可得

$$E[S_n''(x) + S_n'''(x)]^2 \leqslant 2[E(S_n''(x))^2 + E(S_n'''(x))^2] \leqslant C \left(\gamma_{1n} + \gamma_{2n} \right),$$

$$E[S_n(x)(S_n''(x) + S_{1n}'''(x))] \leqslant \sqrt{E(S_n(x))^2} \sqrt{E(S_n''(x) + S_n'''(x))^2}$$
$$\leqslant C \left(\gamma_{1n}^{1/2} + \gamma_{2n}^{1/2} \right).$$

因此

$$\left| E(S_n'(x))^2 - 1 \right| = \left| E(S_n''(x) + S_n'''(x))^2 - 2E[S_n(x)(S_n''(x) + S_n'''(x))] \right|$$
$$\leqslant C \left(\gamma_{1n}^{1/2} + \gamma_{2n}^{1/2} \right). \tag{6.4.19}$$

再由引理 6.4.5 可得

$$|\Gamma_n| \leqslant \sum_{1 \leqslant i < j \leqslant k} \sum_{s=k_i}^{k_i+p-1} \sum_{t=k_j}^{k_j+p-1} |\text{Cov}(Y_s, Y_t)|$$

$$\leqslant \sum_{1 \leqslant i < j \leqslant k} \sum_{s=k_i}^{k_i+p-1} \sum_{t=k_j}^{k_j+p-1} \sigma_n^{-2}(x)n^{-2}|\text{Cov}(Z_s(x), Z_t(x))|$$

$$\leqslant C \sum_{1\leqslant i<j\leqslant k} \sum_{s=k_i}^{k_i+p-1} \sum_{t=k_j}^{k_j+p-1} n^{-1}\psi(t-s)$$

$$\leqslant C \sum_{i=1}^{k-1} \sum_{s=k_i}^{k_i+p-1} n^{-1} \sum_{j=i+1}^{n} \sum_{t=k_j}^{k_j+p-1} \psi(t-s)$$

$$\leqslant C \sum_{s=1}^{n} n^{-1} \sum_{j=q}^{\infty} \psi(j) \leqslant Cu(q). \tag{6.4.20}$$

从而由 (6.4.19) 和 (6.4.20) 式, 可得

$$\left|s_n^2 - 1\right| \leqslant \left|E(S'_{1n}(x))^2 - 1\right| + 2|\Gamma_n| \leqslant C\left(\gamma_{1n}^{1/2} + \gamma_{2n}^{1/2} + u(q)\right).$$

令 $\{\eta_{nm}, m=1,\cdots,k\}$ 是独立随机变量, 且 $\eta_{nm} \overset{\mathscr{D}}{=} y_{nm}$, $m=1,\cdots,k$. 记 $T_n = \sum_{m=1}^{k} \eta_{nm}$. 我们得到以下引理.

引理 6.4.7　假设条件 (C3)—(C5) 成立, 则

$$\sup_u |P(T_n/s_n \leqslant u) - \Phi(u)| \leqslant C\gamma_{2n}^{\delta/2}.$$

证明　根据 Berry-Esseen 不等式, 可得

$$\sup_u |P(T_n/s_n \leqslant u) - \Phi(u)| \leqslant C\frac{\displaystyle\sum_{m=1}^{k} E|y_{nm}|^r}{s_n^r}, \quad 2 < r \leqslant 3. \tag{6.4.21}$$

由于引理 1.3.4 和 C_r-不等式, 对 $0 < \delta \leqslant 1$, 有

$$\sum_{m=1}^{k} E|y_{nm}|^{2+\delta} \leqslant C \sum_{m=1}^{k} \left\{ \sum_{i=k_m}^{k_m+p-1} E|Y_i|^{2+\delta} + \left(\sum_{i=k_m}^{k_m+p-1} E|Y_i|^2 \right)^{(2+\delta)/2} \right\}$$

$$\leqslant C\left\{ \sum_{m=1}^{k} \sum_{i=k_m}^{k_m+p-1} n^{-(2+\delta)/2} + \sum_{m=1}^{k} \left(\sum_{i=k_m}^{k_m+p-1} n^{-1} \right)^{(2+\delta)/2} \right\}$$

$$\leqslant C\left\{ \sum_{i=1}^{n} n^{-(2+\delta)/2} + \sum_{m=1}^{k} p^{\delta/2} \sum_{i=k_m}^{k_m+p-1} n^{-(2+\delta)/2} \right\}$$

$$\leqslant C\left\{ n^{-\delta/2} + p^{\delta/2} n^{-\delta/2} \right\} \leqslant Cp^{\delta/2} n^{-\delta/2} = C\gamma_{2n}^{\delta/2}. \tag{6.4.22}$$

因此, 由引理 6.4.6、(6.4.21) 和 (6.4.22) 式立即得到引理.

引理 6.4.8 假设条件 (C3)—(C5) 成立, 则

$$\sup_u |P(S'_n(x) \leqslant u) - P(T_n \leqslant u)| \leqslant C\left\{\gamma_{2n}^{\delta/2} + \gamma_{3n}^{1/2}\right\}.$$

证明 假设 $\mu(t)$ 和 $\nu(t)$ 分别是 $S'_n(x)$ 和 T_n 的特征函数. 由推论 6.4.1 和引理 6.4.4, 可得

$$|\mu(t) - \nu(t)| = \left|E\exp\left(\mathbf{i}t\sum_{m=1}^k y_{nm}\right) - \prod_{m=1}^k E\exp(\mathbf{i}ty_{nm})\right|$$

$$\leqslant C|t|\psi(q)\sum_{m=1}^k E|y_{nm}| \leqslant C|t|\psi(q)\sum_{m=1}^k\sum_{i=k_m}^{k_m+p-1} E|Y_i|$$

$$\leqslant C|t|\psi(q)\sum_{m=1}^k\sum_{i=k_m}^{k_m+p-1} n^{-1/2} \leqslant C|t|\psi(q)kpn^{-1/2}$$

$$\leqslant C|t|n^{1/2}\psi(q) = C|t|\gamma_{3n},$$

相应地

$$\int_{-T}^{T}\left|\frac{\mu(t) - \nu(t)}{t}\right|dt \leqslant C\gamma_{3n}T. \tag{6.4.23}$$

注意到

$$P(T_n \leqslant u) = P(T_n/s_n \leqslant u/s_n).$$

则由引理 6.4.7, 可得

$$\sup_u |P(T_n \leqslant u + y) - P(T_n \leqslant u)|$$

$$= \sup_u P\left|\left(\frac{T_n}{s_n} \leqslant \frac{u+y}{s_n}\right) - P\left(\frac{T_n}{s_n} \leqslant \frac{u}{s_n}\right)\right|$$

$$\leqslant \sup_u\left|P\left(\frac{T_n}{s_n} \leqslant \frac{u+y}{s_n}\right) - \Phi\left(\frac{u+y}{s_n}\right)\right|$$

$$+ \sup_u\left|\Phi\left(\frac{u+y}{s_n}\right) - \Phi\left(\frac{u}{s_n}\right)\right| + \sup_u\left|P\left(\frac{T_n}{s_n} \leqslant \frac{u}{s_n}\right) - \Phi\left(\frac{u}{s_n}\right)\right|$$

$$\leqslant 2\sup_u\left|P\left(\frac{T_n}{s_n} \leqslant \frac{u}{s_n}\right) - \Phi(u)\right| + \sup_u\left|\Phi\left(\frac{u+y}{s_n}\right) - \Phi(\frac{u}{s_n})\right|$$

$$\leqslant C\left\{\gamma_{2n}^{\delta/2} + \frac{|y|}{s_n}\right\} \leqslant C\left\{\gamma_{2n}^{\delta/2} + |y|\right\},$$

因此

$$T \sup_u \int_{|y| \leqslant c/T} \left| P(T_n \leqslant u + y) - P(T_n \leqslant u) \right| dy \leqslant C \left\{ \gamma_{2n}^{\delta/2} + \frac{1}{T} \right\}. \qquad (6.4.24)$$

因此, 利用表达式 (6.4.23) 和 (6.4.24), 取 $T = \gamma_{3n}^{-1/2}$, 则有

$$\sup_u \left| P(S_n'(x) \leqslant u) - P(T_n \leqslant u) \right|$$

$$\leqslant \int_{-T}^{T} \left| \frac{\mu(t) - \nu(t)}{t} \right| dt + T \sup_u \int_{|y| \leqslant c/T} \left| P(T_n \leqslant u + y) - P(T_n \leqslant u) \right| dy$$

$$\leqslant C \left\{ \gamma_{3n} T + \gamma_{2n}^{\delta/2} + \frac{1}{T} \right\} \leqslant C \left\{ \gamma_{2n}^{\delta/2} + \gamma_{3n}^{1/2} \right\}.$$

这样完成了引理 6.4.8 的证明.

定理 6.4.3 的证明　由于

$$\sup_u \left| P(S_n'(x) \leqslant u) - \Phi(u) \right|$$

$$\leqslant \sup_u \left| P(S_n'(x) \leqslant u) - P(T_n \leqslant u) \right| + \sup_u \left| P(T_n \leqslant u) - \Phi(u/s_n) \right|$$

$$+ \sup_u \left| \Phi\left(\frac{u}{s_n} \right) - \Phi(u) \right|$$

$$:= J_{1n} + J_{2n} + J_{3n}. \qquad (6.4.25)$$

由引理 6.4.8、引理 6.4.7 和引理 6.4.6, 可分别得到

$$J_{1n} \leqslant C \left\{ \gamma_{2n}^{\delta/2} + \gamma_{3n}^{1/2} \right\}, \qquad (6.4.26)$$

$$J_{2n} = \sup_u \left| P\left(\frac{T_n}{s_n} \leqslant \frac{u}{s_n} \right) - \Phi\left(\frac{u}{s_n} \right) \right| = \sup_u \left| P\left(\frac{T_n}{s_n} \leqslant u \right) - \Phi(u) \right| \leqslant C \gamma_{2n}^{\delta/2},$$

$$\qquad (6.4.27)$$

$$J_{3n} \leqslant C |s_n^2 - 1| \leqslant C \left\{ \gamma_{1n}^{1/2} + \gamma_{2n}^{1/2} + u(q) \right\}. \qquad (6.4.28)$$

再由表达式 (6.4.25)—(6.4.28), 得到

$$\sup_u \left| P(S_n'(x) \leqslant u) - \Phi(u) \right| \leqslant C \left\{ \gamma_{1n}^{1/2} + \gamma_{2n}^{1/2} + \gamma_{2n}^{\delta/2} + \gamma_{3n}^{1/2} + u(q) \right\}. \qquad (6.4.29)$$

因此, 结合引理 1.3.24、(6.4.18) 和 (6.4.29) 式, 可得

$$\sup_u \left| P(S_n(x) \leqslant u) - \Phi(u) \right|$$

$$\leqslant C\Big\{\sup_u \Big|P(S_n'(x) \leqslant u) - \Phi(u)\Big| + \gamma_{1n}^{1/3} + \gamma_{2n}^{1/3} + P\Big(|S_n''(x)| \geqslant \gamma_{1n}^{1/3}\Big)$$

$$+ P\Big(|S_n'''(x)| \geqslant \gamma_{2n}^{1/3}\Big)\Big\}$$

$$\leqslant C\Big\{\gamma_{1n}^{1/3} + \gamma_{2n}^{1/3} + \gamma_{2n}^{\delta/2} + \gamma_{3n}^{1/2} + u(q)\Big\}.$$

定理 6.4.3 证明完毕.

推论 6.4.3 的证明 令

$$p = [n^\tau], \quad q = [n^{2\tau-1}], \quad \tau = \frac{1}{2} + \frac{5}{2(6\lambda+2)},$$

则

$$\gamma_{1n}^{1/3} = \gamma_{2n}^{1/3} = O\big(n^{-\frac{1-\tau}{3}}\big) = O\big(n^{-\frac{2\lambda-1}{12\lambda+4}}\big),$$

$$\gamma_{3n}^{1/2} = O\big(n^{-\frac{2\lambda\tau-\lambda-1/2}{2}}\big) = O\big(n^{-\frac{2\lambda-1}{12\lambda+4}}\big).$$

令 $\lambda > 9/8$, 可得

$$u(q) = O\Big(\sum_{i=q}^{\infty} i^{-\lambda}\Big) = O\big(q^{-\lambda+1}\big) = O\big(n^{-((2\lambda-2)\tau-\lambda+1)}\big)$$

$$= O\big(n^{-\frac{5\lambda-5}{6\lambda+2}}\big) = O\big(n^{-\frac{2\lambda-1}{12\lambda+4}}\big).$$

因此, 推论 6.4.3 证明完毕.

参 考 文 献

蔡择林, 胡宏昌. 2011. 半参数回归模型小波估计的弱收敛速度. 数学杂志, 31(2): 331-340.

蔡宗武. 1990. 相依随机变量的密度估计的强收敛速度. 系统科学与数学, 10(4): 360-370.

蔡宗武. 1992. 相依随机变量的密度函数的递归核估计的渐近正态性. 应用概率统计, 8(3): 123-129.

柴根象, 刘元金. 2001. 固定设计下混合序列回归函数的小波估计. 数学研究与评论, 21(4): 555-560.

柴根象, 徐克军. 1999. 半参数回归的线性小波光滑. 应用概率统计, 15(1): 97-105.

陈明华. 1998. 固定设计下半参数回归模型估计的相合性. 高校应用数学学报, 13A(3): 301-310.

陈希孺. 1981. 最近邻密度估计的收敛速度. 中国科学, (12): 1419-1428.

胡宏昌, 胡迪鹤. 2006. 半参数回归模型小波估计的强相合性. 数学学报, 49(6): 1417-1424.

胡舒合. 1994. 固定设计下半参数回归模型估计的强相合性. 数学学报, 37(3): 393-401.

胡舒合, 李晓琴, 杨文志, 等. 2012. 混合序列的 Bernstein 不等式及其逆矩. 数学物理学报 (A), 32(3): 441-449.

胡太忠. 2000. 随机变量的负超可加相依及其应用 (英文). 应用概率统计, 16(2): 133-144.

黎玉芳, 杨善朝. 2005. 相协样本分布函数光滑估计的正态逼近速度. 应用数学学报, 28(4): 639-651.

李永明. 2004. 一类函数估计在负相协下的强一致相合性. 数学的实践与认识, 34(8): 115-120.

李永明, 李佳. 2013. 正相协随机变量列生成平均移动过程的矩完全收敛及精确渐近性 (英文). 数学杂志, 33(6): 989-999.

李永明, 韦程东. 2009. 强混合误差回归函数小波估计的 Berry-Esseen 界. 数学物理学报, 29(5): 1453-1463.

李永明, 杨善朝. 2003. NA 随机变量的递归密度核估计的渐近正态性. 应用概率统计, 19(4): 383-393.

李永明, 张文婷, 饶贤清. 2014. 一类混合序列下分位数估计的一致渐近正态性. 应用概率统计, 30(3): 313-321.

李永明, 杨善朝. 2006. NA 序列下经验分布函数的渐近正态性及其应用 (英文). 数学研究与评论, 26(3): 457-464.

林正炎, 陆传荣, 苏中根. 1999. 概率极限理论基础. 北京: 高等教育出版社.

陆传荣, 林正炎. 1997. 混合相依变量的极限理论. 北京: 科学出版社.

潘建敏. 1997. NA 序列中心极限定理的收敛速度 (英文). 应用概率统计, 13(2): 183-192.

潘雄, 付宗堂. 2006. 随机删失半参数回归模型小波估计的渐近性质. 应用数学学报, 29(1): 68-80.

钱伟民, 柴根象. 1999. 半参数回归模型小波估计的强逼近. 中国科学 A 辑, 29(3): 233-240.

钱伟民, 柴根象, 将凤瑛. 2000. 半参数回归模型的误差方差的小波估计. 数学年刊 A 辑, 21(3): 341-350.

邱瑾. 1997. 相依误差下非线性模型的 M 估计. 杭州大学学报, 24(4): 290-296.

任哲, 陈明华. 2002. NA 样本下部分线性模型参数中估计的强相合性. 应用概率统计, 18(1): 60-66.

邵军. 1994. 非线性模型参数 M 估计的大样本性质. 应用概率统计, 10(2): 125-132.

史及民. 2019. 离散鞅及其应用. 北京: 科学出版社.

苏淳, 赵林城, 王岳宝. 1996. NA 序列的矩不等式与弱收敛. 中国科学, 26(12): 1091-1099.

孙燕, 柴根象. 2004. 固定设计下回归函数的小波估计. 数学物理学报, 24(5): 597-606.

吴群英. 2006. 混合序列的概率极限理论. 北京: 科学出版社.

薛留根. 2002. 混合误差下回归函数小波估计的一致收敛速度. 数学物理学报, 22(4): 528-535.

薛留根. 2003. 半参数回归模型小波估计的随机加权逼近速度. 应用数学学报, 26(1): 11-25.

杨善朝. 1995. 混合序列加权和的强收敛性. 系统科学与数学, 15(3): 254-265.

杨善朝. 2000a. 随机变量部分和的矩不等式. 中国科学 (A 辑), 30(3): 218-223.

杨善朝. 2000b. 强混合序列的矩不等式及其应用 (英文). 数学研究与评论, 20(3): 349-359.

杨善朝. 2001. PA 序列部分和的完全收敛性. 应用概率统计, 17(2): 197-202.

杨善朝. 2003. NA 样本最近邻密度估计的相合性. 应用数学学报, 26(3): 385-395.

杨善朝, 陈敏. 2007. 相协随机变量的指数不等式与强大数律. 中国科学 (A 辑), 37(2): 200-208.

杨善朝, 黎玉芳. 2005. PA 样本回归权函数估计的一致渐近正态性. 应用概率统计, 21(2): 150-160.

杨善朝, 李永明. 2006. 强混合样本下回归加权估计的一致渐近正态性. 数学学报, 49(5): 1163-1170.

杨善朝, 王岳宝. 1999. NA 样本回归函数估计的强相合性. 应用数学学报, 22(4): 522-530.

袁明, 苏淳. 2000. 基于负相协样本的经验过程的弱收敛. 应用概率统计, 16(1): 45-46.

Antoniadis A, Gregoire G, McKeague I W. 1994. Wavelet methods for curve estimation. Journal of the American Statistical Association, 89(428): 1340-1353.

Artzner P, Delbaen F, Eber J M, et al. 1997. Thinking coherently. Risk, 10(11): 68-71.

Auestad B, Tjøstheim D. 1990. Identification of nonlinear time series: First order characterization and order determination. Biometrika, 77(4): 669-687.

Azevedo C M, Oliveira P E. 2011. On the kernel estimation of a multivariate distribution function under positive dependence. Chilean Journal of Statistics, 2(1): 99-113.

Bahadur R R. 1966. A note on quantiles in large samples. Annals of Mathematical Statistics, 37(3): 577-580.

Block H W, Savits T H, Shaked M. 1982. Some concepts of negative dependence. Annals of Probability, 10(3): 765-772.

Blum J R, Hanson D L, Koopmans L H. 1963. On the strong law of large numbers for a class of stochastic processes. Zeitschrift Fur Wahrscheinlichkeitstheorie Und Verwandte Gebiete, 2(1): 1-11.

Cai Z W, Roussas G G. 1999. Berry-Esseen bounds for smooth estimator of a function under association. Journal of Nonparametric Statistics, 10(1-3): 79-106.

Clark R M. 1997. Nonparametric estimation of a smooth regression function. Journal of the Royal Statistical Society, 39(B): 107-113.

Devroye L P, Wagner T J. 1977. The strong uniform consistency of nearest neighbor density estimates. Annals of Statistics, 5(3): 536-540.

Dobrushin R. 1956. Central limit theorems for non-stationary Markov chains II. Theory of Probability and Its Applications, 1(4): 329-383.

Dowd K. 2001. VaR with order statistics. The Journal of Derivatives, 8(3): 23-30.

Fan Y. 2008. Consistent nonparametric multiple regression for dependent heterogeneous processes: The fixed design case. Journal of Multivariate Analysis, 33(1): 72-88.

Henriques C, Oliveira P E. 2003. Covariance of the limit empirical process under association: Consistency and rates for the histogram. Pré-Publicações do Departamento de Matemática, 23(3): 1-22.

Hu H C, Lu D H, Zhu D D. 2013. Weighted wavelet estimation in semiparametric regression models with χ-mixing heteroscedastic errors. Acta Mathematicae Applicatae Sinica, 36(1): 126-140.

Joag-Dev K, Proschan F. 1983. Negative association of random variables with applications. Annals of Statistics, 11(1): 286-295.

Kaplan E L, Meier P. 1958. Nonparametric estimation from incomplete observations. Journal of the American Statistical Association, 53(282): 457-481.

Kupka J, Loo S. 1989. The hazard and vitality measure of aging. Journal of Applied Probability, 26(3): 532-542.

Li Y M. 2017. On the rate of strong convergence for a recursive probability density estimator of END samples and its applications. Journal of Mathematical Inequalities, 11(2): 335-343.

Li Y M, Wei C D, Xing G D. 2011. Berry-Esseen bounds for wavelet estimator in a regression model with linear process errors. Statistics and Probability Letters, 81(1): 103-110.

Li Y M, Yang S C, Zhou Y. 2008. Consistency and uniformly asymptotic normality of wavelet estimator in regression model with associated samples. Statistics and Probability Letters, 78(17): 2947-2956.

Li Y M, Zhou Y, Liu C. 2018. On the convergence rates of kernel estimator and hazard estimator for widely dependent samples. Journal of Inequalities and Applications, 2018(1): 71.

Liang H Y, Li Y Y. 2008. A Berry-Esseen type bound of regression estimator based on linear process errors. Journal of the Korean Mathematical Society, 45(6): 1753-1767.

Liang H Y, Qi Y Y. 2007. Asymptotic normality of wavelet estimator of regression function under NA assumptions. Bulletin of the Korean Mathematical Society, 44(2): 247-257.

Liang H Y, Una-Alvarez J. 2009. A Berry-Esseen type bound in kernel density estimation for strong mixing censored samples. Journal of Multivariate Analysis, 100(6): 1219-1231.

Liang H Y, Wang X Z. 2010. Convergence rate of wavelet estimator in semiparametric models with dependent MA(∞) error process. Journal of Applied Probability and Statistics, 26(1): 35-46.

Lin L, Zhang R C. 2004. Bootstrap wavelet in the nonparametric regression model with weakly dependent processes. Acta Mathematica Scientia, 24B(1): 61-70.

Lin Z Y. 1987. Asymptotic normality of kernel regression function estimates. Advances in Mathematics, 16(1): 97-102.

Lin Z Y, Lu C R. 1996. Limit Theory for Mixing Dependent Random Variables. Beijing/New York: Science Press and K. A. P..

Liu L. 2009. Precise large deviations for dependent random variables with heavy tails. Statistics and Probability Letters, 79(9): 1290-1298.

Liu L. 2010. Necessary and sufficient conditions for moderate deviations of dependent random variables with heavy tails. Science China Mathematics, 53(6): 1421-1434.

Loftsgaarden D O, Quesenberry C P. 1965. A nonparametric estimate of a multivariate density function. Annals of Mathematical Statistics, 36(3): 1049-1051.

Masry E. 1986. Recursive probability density estimation for weakly dependent statoinary processes. IEEE Transactions on Information Theory, 32(2): 254-267.

Masry E, Györfi L. 1987. Strong consistency and rates for recursive probability density estimators of stationary processes. Journal of Multivariate Analysis, 22(1-6): 79-93.

Moore D S, Henrichon E G. 1969. Uniform consistency of some estimates of a density function. Annals of Mathematical Statistics, 40(4): 1499-1502.

Newman C M. 1984. Asymptotic independence and limit theorems for positively and negatively dependent random variables. Inequalities in Statistics and Probability, 5(Lecture Notes-Monograph Series): 127-140.

Parzen E. 1962. On estimation of a probability density function and mode. Annals of the Institute of Statistical Mathematics, 33(3): 1065-1076.

Petrov V V. 1996. Limit Theory for Probability Theory. New York: Oxford University Press.

Pflug G C. 2000. Some remarks on the value-at-risk and the conditional value-at-risk. Probabilistic Constrained Optimization, 49: 272-281.

Pollard D. 1984. Convergence of Stochastic Processes. Berlin: Spring-Verlag.

Priestley M B, Chao M T. 1972. Nonparametric function fitting. Journal of the Royal Statistical Society, 34(B): 385-392.

Rosenblatt M. 1956. A central limit theorem and a strong mixing condition. Proceedings of the National Academy of Sciences of the United States of America, 42(1): 43-47.

Roussas G G. 1989. Consistent regression estimation with fixed design points under dependence conditions. Statistics and Probability Letters, 8(1): 41-50.

Roussas G G. 1995. Asymptotic normality of a smooth estimate of a random field distribution function under association. Statistics and Probability Letters, 24(1): 77-90.

Roussas G G. 2000. Asymptotic normality of the kernel estimate of a probability density function under association. Statistics and Probability Letters, 50(1): 1-12.

Roussas G G. 2001. An Esseen-type inequality for probability density functions with an application. Statistics and Probability Letters, 51(4): 397-408.

Sadikova S M. 1966. Two-dimensional analogues of an inequality of Esseen with applications to the central limit theorem. Theory of Probability and Its Applications, 12(2): 325-335.

Serfling R J. 1980. Approximation Theorems of Mathematical Statistics. New York: John Wiley & Sons.

Shen A T. 2013. Bernstein-type inequality for widely dependent sequence and its application to nonparametric regression models. Abstract and Applied Analysis, 2013(1): 1-9.

Shen A T, Wang X H. 2016. Kaplan-Meier estimator and hazard estimator for censored negatively superadditive dependent data. Statistics, 50(2): 377-388.

Shen A T, Zhang Y, Volodin A. 2015. Applications of the Rosenthal-type inequality for negatively superadditive dependent random variables. Metrika, 78(3): 295-311.

Speckman P. 1988. Kemel smoothing in partial linear models. Journal of the Royal Statistical Society Series B, 50(3): 413-436.

Stout W F. 1974. Almost Sure Convergence. New York: Academic Press.

Walter G G. 1994. Wavelets and other orthogonal Systems with Applications. Boca Taton, Florida: CRC Press.

Wang X J, Hu S H, Yang W Z. 2011. The Bahadur representation for sample quantiles under strongly mixing sequence. Journal of Statistical Planning and Inference, 141(2): 655-622.

Wang X J, Zheng L L, Xu C, Hu S H. 2015. Complete consistency for the estimator of nonparametric regression models based on extended negatively dependent errors. Statistics: A Journal of Theoretical and Applied Statistics, 49(2): 396-407.

Wang Y B, Cheng D Y. 2011. Basic renewal theorems for random walks with widely dependent increments. Journal of Mathematical Analysis and Applications, 384(2): 597-606.

Wegman E T, Dvis H I. 1979. Remarks on some recursive estimators of a probability density. The Annals of Statistics, 7(2): 316-327.

Wolverton C, Wagner T. 1969. Asymptotically optimal discriminant functions for pattern classification. IEEE Transactions on Information Theory, 15(2): 258-265.

Wu Q Y, Chen P Y. 2013. Strong representation results of the Kaplan-Meier estimator for censored negatively associated data. Journal of Inequalities and Applications,

2013(1): 1-9.

Xing G D, Yang S C, Liang X. 2015. On the uniform consistency of frequency polygons for χ-mixing samples. Journal of the Korean Statistical Society, 44(2): 179-186.

Yang S C. 2003. Uniformly asymptotic normality of the regression weighted estimator for negatively associated samples. Statistics and Probability Letters, 62(2): 101-110.

Yang S C. 2007. Maximal moment inequality for partial sums of strong mixing sequences and application. Acta Mathematica Sinica, 26B(3): 1013-1024.

Yang W Z, Hu S H, Wang X J, et al. 2012. The Berry-Esseen type bound of sample quantiles for strong mixing sequence. Journal of Statistical Planning and Inference, 142(3): 660-672.

Yang W Z, Wang X J, Li X Q, et al. 2012a. Berry-Esseen bound of sample quantiles for ϕ-mixing random variables. Journal of Mathematical Analysis and Applications, 388(1): 451-462.

Yang W Z, Wang X J, Wang X H, et al. 2012b. The consistency for estimator of nonparametric regression model based on NOD errors. Journal of Inequalities and Applications, 2012(1): 140.

You J H, Chen M, Chen G. 2004. Asymptotic normality of some estimators in a fixed-design semiparametric regression model with linear time series errors. Journal of Systems Science and Complexity, 17(4): 511-522.

索　引